远程火箭飞行动力学建模与仿真

郑伟 周祥 王磊 王鹏 著

国防工业出版社

·北京·

内 容 简 介

飞行动力学建模与仿真是飞行器总体设计、验证评估的重要手段。本书以远程火箭为应用背景，从面向对象思想出发，建立了远程火箭飞行动力学数学模型，构建了包括状态变量类体系、基础数学类体系、地球引力场类体系、火箭发动机与执行机构类体系、大气与气动作用类体系、GNC 类体系、弹道设计类体系等在内的动力学仿真类库，又将所述模型与类库集成为一个通用仿真软件，并提供了应用实例。所涉及的类库具备多样、通用的接口，在支持运载火箭、弹道导弹等飞行器的同时，可方便地拓展到其他空天飞行器，为相关人员开展飞行动力学研究提供支撑。

本书面向工程应用，适合从事飞行器总体设计、飞行力学、制导控制等领域的工程设计人员和研究人员阅读，也可以作为航空航天相关专业本科生、研究生的教学参考书。

图书在版编目（CIP）数据

远程火箭飞行动力学建模与仿真/郑伟等著. —北京：国防工业出版社，2024.5
ISBN 978 – 7 – 118 – 13266 – 3

Ⅰ.①远… Ⅱ.①郑… Ⅲ.①火箭 – 飞行力学 – 系统建模 – 研究②火箭 – 飞行力学 – 系统仿真 – 研究 Ⅳ.①V412.1

中国国家版本馆 CIP 数据核字（2024）第 064774 号

※

国防工业出版社出版发行
（北京市海淀区紫竹院南路 23 号　邮政编码 100048）
三河市天利华印刷装订有限公司印刷
新华书店经售

*

开本 710×1000　1/16　印张 16¾　字数 295 千字
2024 年 5 月第 1 版第 1 次印刷　印数 1—1600 册　定价 128.00 元

（本书如有印装错误，我社负责调换）

国防书店：(010)88540777　　书店传真：(010)88540776
发行业务：(010)88540717　　发行传真：(010)88540762

序

国防科技大学从 1953 年创办的著名"哈军工"一路走来,到今年正好建校 70 周年,也是习主席亲临学校视察 10 周年。

七十载栉风沐雨,学校初心如炬、使命如磐,始终以强军兴国为己任,奋战在国防和军队现代化建设最前沿,引领我国军事高等教育和国防科技创新发展。坚持为党育人、为国育才、为军铸将,形成了"以工为主、理工军管文结合、加强基础、落实到工"的综合性学科专业体系,培养了一大批高素质新型军事人才。坚持勇攀高峰、攻坚克难、自主创新,突破了一系列关键核心技术,取得了以天河、北斗、高超、激光等为代表的一大批自主创新成果。

新时代的十年间,学校更是踔厉奋发、勇毅前行,不负党中央、中央军委和习主席的亲切关怀和殷切期盼,当好新型军事人才培养的领头骨干、高水平科技自立自强的战略力量、国防和军队现代化建设的改革先锋。

值此之年,学校以"为军向战、奋进一流"为主题,策划举办一系列具有时代特征、军校特色的学术活动。为提升学术品位、扩大学术影响,我们面向全校科技人员征集遴选了一批优秀学术著作,拟以"国防科技大学迎接建校 70 周年系列学术著作"名义出版。该系列著作成果来源于国防自主创新一线,是紧跟世界军事科技发展潮流取得的原创性、引领性成果,充分体现了学校应用引导的基础研究与基础支撑的技术创新相结合的科研学术特色,希望能为传播先进文化、推动科技创新、促进合作交流提供支撑和贡献力量。

在此,我代表全校师生衷心感谢社会各界人士对学校建设发展的大力支持!期待在世界一流高等教育院校奋斗路上,有您一如既往的关心和帮助!期待在国防和军队现代化建设征程中,与您携手同行、共赴未来!

国防科技大学校长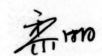

2023 年 6 月 26 日

前言

弹道导弹、运载火箭（本书统称为远程火箭）等的飞行动力学与控制是飞行器设计、应用的核心技术。研究飞行器在内外部环境及控制系统作用下的运动规律，与飞行器的总体论证及设计、控制系统设计、结构设计、飞行试验设计及评定、任务规划、运行管理、效能评估等密切相关。因此，提供一套功能完善、方便好用的分析与仿真工具至关重要，而本书的创作目的就试图来解决这一问题。

这本书是我及团队近20年来工作的总结。1997年毕业留校到教研室的时候，自己还是飞行力学的"门外汉"，需要跟着上本科生课来恶补相关知识。之后，又受命编写一个弹道计算程序，因此我的飞行力学主要是通过编程来学习的。因为在此之前我对面向对象程序设计一直很感兴趣，就尝试把面向对象思想引入飞行力学。那个时候经常是白天上班处理其他事务，晚上编程一直到半夜，到2000年终于完成飞行动力学类库（FDC）第一版。之后，在此基础上陆续为航天科技集团公司一院、五院、八院，原总装备部某研究所，海军某试验基地等单位开发了相关的软件系统，到2005年，较为完善的FDC V2.0成形，但却因为忙于其他事务没有再推进。2013年，与航天科技集团公司一院合作申请到一个国家级项目，并受命负责最后成果的集成。在这前后，太原卫星发射中心、西昌卫星发射中心也委托我开发弹道分析软件。也是在这个时候，王鹏博士留校，并愿意协助我处理相关事务。博士生马宝林、王磊、周祥等先后参与了以上工作。因此，2014—2019年，在原来类库版本的基础上，增加了对扰动引力场影响、显式制导、风场影响等的支持，优化了类库设计，形成了FDC V3.0，并与湖南创智艾泰克公司合作开发了完善的软件系统——飞行动力学通用框架（FDGF V1.0）。这本书可以看作这一系统的理论版。

全书共包括11章。第1章介绍基本概念、相关领域研究进展、本书特点及意义；第2章介绍远程火箭空间运动模型与控制基础；第3章介绍远程火箭飞行动力学的面向对象建模；第4章介绍基础数学模型及类设计；第5章介绍远程火箭及再入体的状态变量类体系建模;第 6 章介绍地球引力场建模;第 7 章介绍火箭发动机模型及类设计;第 8 章介绍大气与气动作用模型及类设计;第 9 章介绍 GNC 建模与类设计;第 10 章介绍远程火箭弹道设计及面向对象建模;第 11 章介绍远程火箭飞行动力学通用仿真软件设计与开发。郑伟负责类库设计、全书框架设计以及修改定稿,并提供了部分章节的初稿;王鹏负责撰写第 2、第 4 章;王磊负责撰写第 6、第 11 章;周祥负责其余章节的撰写。江森根工程师协助完成了全书 UML 图的绘制。

  全书付梓之际,深切怀念指导我学习飞行力学的领路人——贾沛然教授,短短五年的相处,耳提面命,把我一个门外汉领进飞行力学研究的殿堂。感谢任萱教授,作为他最后一个弟子,先生在治学为人上树立的丰碑是我一生的榜样。感谢汤国建教授、陈克俊教授长期的关心和提点。感谢王增寿研究员、宋建英高工、彭宗尧高工,本书从他们丰富的工作经验中受益颇多。感谢先后参与相关工作的张洪波教授、安雪滢教授及博士生马宝林等所做的贡献,感谢湖南创智艾泰克公司陈建伟总经理、雷春林副总经理、周正雨工程师及公司航天仿真团队在合作中提供的帮助。

郑伟
2021 年春于长沙

目 录

第1章 绪论 ·· 1
  1.1 基本概念 ·· 1
  1.2 相关领域研究进展 ·· 2
    1.2.1 弹道设计与优化方法研究进展 ································· 2
    1.2.2 远程火箭制导控制方法研究进展 ······························ 3
    1.2.3 航天领域面向对象建模与仿真研究进展 ··················· 4
  1.3 本书的特点与意义 ·· 6

第2章 远程火箭空间运动模型与控制基础 ································ 7
  2.1 常用坐标系及其转换关系 ·· 7
    2.1.1 常用坐标系 ·· 7
    2.1.2 坐标系间的转换关系 ·· 9
  2.2 远程火箭的空间运动方程 ·· 15
    2.2.1 远程火箭矢量形式的动力学方程 ···························· 15
    2.2.2 质心动力学方程在不同坐标系下的分解 ················· 16
    2.2.3 绕质心动力学方程在箭体坐标系的分解 ················· 22
    2.2.4 补充方程 ·· 23
    2.2.5 伪六自由度模型 ··· 27
  2.3 再入体的运动方程 ·· 30
  2.4 轨道根数的计算 ··· 32
  2.5 远程火箭控制系统基础知识 ··· 33
    2.5.1 GNC 系统组成及基本原理 ···································· 33
    2.5.2 导航系统 ·· 34

2.5.3 制导系统 ··· 37
2.5.4 姿控系统 ··· 38

第3章 远程火箭飞行动力学的面向对象建模 ·································· 40

3.1 面向对象方法的基本概念 ··· 40
3.1.1 面向对象方法的发展历程 ··· 40
3.1.2 基本概念 ··· 41

3.2 统一建模语言 ··· 42
3.2.1 简介 ··· 42
3.2.2 UML 构造块 ·· 43

3.3 设计样式 ·· 44
3.3.1 手柄本体样式 ··· 45
3.3.2 关系环样式 ··· 45
3.3.3 通用积分样式 ··· 46
3.3.4 层次聚合样式 ··· 46

3.4 面向对象的远程火箭飞行动力学总体框架 ································ 47
3.4.1 飞行动力学类库总体设计 ·· 47
3.4.2 飞行器类体系设计 ··· 49

第4章 基础数学模型及类设计 ·· 60

4.1 基础数学模型介绍 ··· 60
4.1.1 插值函数计算模型 ·· 60
4.1.2 矩阵、矢量计算模型 ··· 64
4.1.3 数值积分运算计算模型 ··· 66
4.1.4 随机数计算模型 ··· 68

4.2 数学基础计算类体系设计 ·· 69
4.2.1 一元函数类体系及实现 ··· 69
4.2.2 二元函数类体系及实现 ··· 75
4.2.3 多元函数类体系及实现 ··· 79
4.2.4 矩阵、矢量与坐标转换 ··· 80
4.2.5 数值积分运算 ·· 86
4.2.6 随机数类体系 ·· 87

目 录

第 5 章 远程火箭及再入体的状态变量类体系建模 ········· 90

5.1 远程火箭状态变量类体系及实现 ················ 90
5.1.1 远程火箭的类体系设计 ················ 90
5.1.2 六自由度状态变量类设计 ·············· 94
5.1.3 基于瞬时平衡假设的状态变量类设计 ········ 96
5.1.4 三自由度状态变量类设计 ·············· 98

5.2 弹头状态变量类体系及实现 ·················· 99
5.2.1 弹头类体系设计 ···················· 99
5.2.2 主体类设计 ······················ 100
5.2.3 六自由度状态变量类设计 ·············· 102
5.2.4 三自由度状态变量类设计 ·············· 104

第 6 章 地球引力场建模及类设计 ··················· 106

6.1 地球形状与引力场 ······················ 106
6.1.1 地球形状 ······················· 106
6.1.2 引力场 ························ 107

6.2 地球扰动引力场计算模型 ··················· 109
6.2.1 扰动引力场计算的球谐函数法 ············ 109
6.2.2 扰动引力场计算的直接法 ·············· 119
6.2.3 扰动引力场计算的点质量法 ············· 122
6.2.4 扰动引力场的有限元重构模型 ············ 125

6.3 地球引力场表征的面向对象类体系 ·············· 132
6.3.1 类体系设计 ······················ 132
6.3.2 类设计 ························· 132

第 7 章 火箭发动机模型及类设计 ··················· 140

7.1 火箭推进的基本原理 ····················· 140
7.2 火箭发动机推力与力矩计算模型 ··············· 141
7.2.1 推力与流量计算模型 ················· 141
7.2.2 控制力与控制力矩计算模型 ············· 143

7.3 火箭发动机的面向对象类体系 ················ 148
7.3.1 动力系统类体系设计 ················· 148

7.3.2　发动机类体系设计 ……………………………………… 151
   7.3.3　执行机构类体系设计 …………………………………… 154
   7.3.4　推力与流量模型 ………………………………………… 156
   7.3.5　液体推进剂储箱 ………………………………………… 162

第8章　大气与气动作用模型及类设计 …………………………… 164

8.1　大气与气动作用模型 …………………………………………… 164
   8.1.1　大气模型 …………………………………………………… 164
   8.1.2　气动力和气动力矩模型 …………………………………… 168
   8.1.3　高空风计算模型 …………………………………………… 169
8.2　大气与气动作用的类体系设计 ………………………………… 171
   8.2.1　大气模型的类体系及实现 ………………………………… 171
   8.2.2　气动力及力矩的类体系及实现 …………………………… 175

第9章　GNC建模与类设计 ………………………………………… 179

9.1　GNC系统的面向对象总体框架 ………………………………… 179
9.2　导航系统建模及其面向对象类体系 …………………………… 180
   9.2.1　平台惯性系统 ……………………………………………… 180
   9.2.2　捷联惯性系统 ……………………………………………… 183
   9.2.3　导航系统的面向对象类体系 ……………………………… 185
9.3　制导系统建模及其面向对象类体系 …………………………… 188
   9.3.1　摄动制导 …………………………………………………… 188
   9.3.2　闭路制导 …………………………………………………… 193
   9.3.3　制导系统的面向对象类体系 ……………………………… 197
9.4　控制系统的面向对象类体系 …………………………………… 201

第10章　远程火箭弹道设计及其面向对象建模 ………………… 206

10.1　远程火箭弹道设计问题建模 ………………………………… 206
   10.1.1　弹道设计问题的数学描述 ……………………………… 206
   10.1.2　弹道设计主要约束条件建模 …………………………… 207
10.2　弹道设计的工程方法 ………………………………………… 208
   10.2.1　飞行程序的参数化描述 ………………………………… 208
   10.2.2　弹道设计的牛顿迭代法 ………………………………… 212

  10.2.3 基于落点目标约束的弹道导弹标准弹道设计 …………… 213
  10.2.4 基于入轨根数约束的运载火箭上升段弹道设计 ………… 214
  10.2.5 仿真算例 ………………………………………………… 216
 10.3 弹道设计的优化方法 ……………………………………………… 218
  10.3.1 弹道优化问题的描述 …………………………………… 218
  10.3.2 常用优化算法简介 ……………………………………… 220
  10.3.3 仿真算例 ………………………………………………… 223
 10.4 弹道设计及优化的面向对象建模 ………………………………… 225
  10.4.1 弹道设计与优化类体系 ………………………………… 225
  10.4.2 局部设计与优化类 ……………………………………… 226
  10.4.3 全局设计与优化类 ……………………………………… 227
  10.4.4 弹道设计与优化运行类 ………………………………… 228

第 11 章 远程火箭飞行动力学通用仿真软件设计与开发 ………… 230

 11.1 基本设计思想 ……………………………………………………… 230
 11.2 软件设计方案 ……………………………………………………… 231
  11.2.1 软件架构设计 …………………………………………… 231
  11.2.2 服务组件设计 …………………………………………… 233
  11.2.3 功能模块设计 …………………………………………… 239
  11.2.4 运行流程设计 …………………………………………… 242
  11.2.5 软件特色 ………………………………………………… 243
 11.3 扰动引力场影响分析与补偿软件设计实例 ……………………… 244
  11.3.1 设计目标 ………………………………………………… 244
  11.3.2 实现流程 ………………………………………………… 245
  11.3.3 软件界面实现 …………………………………………… 248
 11.4 弹道设计与优化软件设计实例 …………………………………… 250
  11.4.1 设计目标 ………………………………………………… 250
  11.4.2 实现流程 ………………………………………………… 250
  11.4.3 软件界面实现 …………………………………………… 251

参考文献 ……………………………………………………………………… 253

第1章 绪 论

1.1 基本概念

远程火箭一般是指弹道导弹和运载火箭等飞行器,这两类飞行器以火箭发动机为动力,在飞行控制系统作用下按照预先设计的轨迹飞行至目标落点或者目标轨道。从是否有动力的角度讲,远程火箭的飞行阶段可以分为主动段和被动段。其中,主动段靠火箭发动机进行加速飞行,被动段进行无动力惯性飞行。弹道导弹的飞行过程将经历大气层内飞行、大气层外飞行和再入大气层3个阶段;运载火箭的主动段(也称为上升段)从稠密大气层起飞,在飞出大气层后,不再进入大气层,当火箭满足入轨条件时星箭分离,运载火箭的飞行过程结束。

远程火箭飞行动力学是以远程火箭的质心运动为研究对象,深入研究远程火箭在各种受力作用下的运动规律,与研究一般力学对象运动规律的理论力学既有区别又有联系。飞行动力学在理论力学基础上,还结合了火箭发动机、空气动力学、大地物理学等多个学科相关内容,共同组成了该研究方向的基础知识。

控制系统是远程火箭的"大脑",一般可分为导航、制导、姿态控制3个子系统。在控制系统的作用下,远程火箭能够保持稳定飞行,并完成预定飞行任务。由于远程火箭的动力学模型比较复杂,其控制系统也涉及多个学科知识的交叉融合。只有深入了解控制系统的内部原理、工作流程,以及与飞行力学的相互关系,才能更好地掌握飞行器的运行规律。

1.2 相关领域研究进展

1.2.1 弹道设计与优化方法研究进展

对于运载火箭或弹道导弹,决定其终端状态的都是关机点参数,因此其弹道设计一般指的是主动段弹道设计[1]。传统的弹道设计是一种"参数迭代修正方法",基本思想是首先给出一个初始值作为迭代初值,通过不断求解偏导数实现对前一步迭代结果的修正,从而得到一个新的设计结果。若该迭代过程收敛,则新的设计结果将更接近设计目标[2]。该方法具有思路简单、实现方便等特点,但对于考虑多种复杂形式约束和多学科耦合的弹道设计问题无能为力。这种设计方法常用的算法是牛顿迭代法及其改进算法[3]。

计算机技术的发展为解决大规模复杂计算问题提供了可能,各种优化算法被广泛应用于航空航天领域,为弹道设计问题带来了新的解决思路。弹道优化需要事先确定一个目标函数,优化的目标就是使该目标函数最大或最小,本质上也是设计一条满足"任务要求"的弹道。弹道优化问题可以概括为对包括微分方程、代数方程、等式和(或)不等式约束等条件确定的数学系统求解泛函极值的开环最优控制问题。

对于弹道优化问题的求解,我国航天事业的奠基人钱学森早在 20 世纪 50 年代就用古典变分法研究了探空火箭上升段实现最大飞行高度的最优推力飞行程序设计问题,该项研究对后来弹道优化设计领域的发展产生了深远的影响。后来提出的庞特 - 李亚金极大值原理为弹道优化问题的求解提供了更有效的数学工具。上述两种方法的共同点是将最优解表示为关于状态变量和其他中间变量的函数形式,再将原问题转化为两点边值问题进行求解,而不是对目标函数直接寻优,因此该方法也被称为间接法[2]。目前,国内外基于间接法进行弹道设计时一般都对优化模型作了很大程度的简化,很少涉及一些复杂的路径约束条件[4-6],对间接法的研究也主要集中在对边值问题的求解上。目前求解两点边值问题主要采用(改进)打靶法、遗传算法、(改进)临近极值法,以及对这些方法的综合运用[7]。此外,也有部分学者尝试寻求间接法协调变量的初值猜测方法,以降低边值问题的求解难度[8-9]。

优化方法的另一个较大分支是直接法,该方法最早可追溯到 1874 年 Cauchy 提出的梯度法。直接法虽然出现的时间比间接法早,但受限于计算工具的发展,其应用范围很小[9-10]。直到近几十年随着计算机技术的发展,人类的计算能力有了质的飞跃,直接法以其收敛性好、对初值不敏感(相比间接法)等优点被广泛应用于弹道优化设计领域[11-13],特别是对求解具有复杂约束的高超声速飞行器弹道优化问题,直接法更有优势。波音公司两个著名的弹道优化软件 POST(Program to Optimize Simulated Trajectories)和 ClebyTOP(Chebychev Trajectory Optimization Program)均是基于直接法而开发的[14]。

应用直接法求解弹道优化问题,具体方法包括3类:①配点算法,包括伪谱法、凸优化等。伪谱法是目前应用比较广泛的一种轨迹规划方法,著名的工具包 GPOPS(Gauss Pseudospectral Optimization Software)有力推动了该方法的广泛应用。它采用正交多项式的根作为离散节点,将连续最优控制问题转化为非线性规划问题,实现原问题的求解,比较常用的是高斯伪谱法[15-17]。该方法具有收敛性好、精度高等特点,不足是对初值选择比较敏感。近年来,凸优化由于具备良好的理论性质和快速的收敛性质,在轨迹优化领域得到了越来越多的应用[18]。它采用合适的凸化和离散方法,将原始连续非凸问题转化为有限维的凸优化问题,从而可以利用内点法等算法实现快速求解[19-20]。凸优化的快速求解优势使该方法具备在线应用的潜力。如何实现对原问题的等价凸化是该方法应用的主要难点[21-22]。②智能优化算法,包括遗传算法、粒子群算法、模拟退火算法及神经网络方法等。该类方法具有使用简单、易于找到全局最优解的优势,不足是求解效率较低。③混合算法。目前,有学者开始将上述两类方法组合起来形成所谓的混合算法[23-25],如先利用遗传算法获得初步最优解,将其作为非线性规划算法的初值,以提高优化效率。

1.2.2 远程火箭制导控制方法研究进展

制导控制系统是飞行器的"大脑",对于飞行器的稳定飞行和完成飞行任务至关重要。制导方法一般用于控制火箭的质心运动,而姿态控制方法一般用于控制火箭的姿态运动。制导方法的发展经历了从跟踪标准轨迹到自主计算飞行轨迹的过程[26]。美国土星五号火箭发射"阿波罗"飞船采用的迭代制导是一个重要里程碑[27],其首次将闭环最优制导方法应用于运载火箭,此后航天飞行所采用的显式制导则是在此基础上进行的功能扩展[28-29]。

目前,远程火箭常用的制导方法分为摄动制导和显式制导两种[30]。摄动制导方法是把实际关机量(如射程、速度等)在标准关机点处进行一阶泰勒展开,获得关机量关于关机点偏差的一阶偏导数,从而大大简化关机量偏差的计算。这种处理方法基于小偏差假设,实现简单可靠,但在大干扰条件下误差比较大。摄动制导的精度依赖标准轨迹与标准关机点的确定,同时实际弹道必须在标准轨迹附近,从而符合小偏差假设[31]。大量工程实践表明,摄动制导方法能够比较好地完成固定发射点的发射任务,此时需要进行大量的地面计算和诸元装订;对于发射点位置不固定,发射准备时间较短的情况,摄动制导具有较大的局限性[32]。

显式制导是利用箭上的惯性测量元件和计算机,实时计算火箭的位置和速度,并利用瞬时位置和速度作为起始条件计算当前状态关机时的预测落点和目标落点之间的偏差,利用该偏差量确定当前制导指令[33]。该运算过程在主动段飞出大气层后(一般为末级)在线进行,直到偏差量等于零时进行关机。与摄动制导相比,显式制导不依赖标准轨迹,有利于缩短发射准备时间,便于进行机动发射,同时具有较高的制导精度。但是,显式制导对弹上计算机的计算性能和存储量要求较高。显式制导主要包括闭路制导、迭代制导等[34-35]。

远程火箭控制系统的基本任务是通过对飞行过程进行控制,使飞行器能够可靠地以容许误差到达预定的终端状态[36]。狭义的控制特指姿态控制,其目的是使飞行器在各种干扰作用下能够稳定飞行,同时接受制导系统的指令,通过改变控制力矩实现姿态调整,最终实现对质心运动的控制。姿控系统控制信号处理包括信号检波滤波、信号综合和网络校正等,然后将处理过的控制信号转换为摆角信号,由弹上伺服系统作为执行机构驱动发动机或舵机进行摆动[37-38]。

远程火箭控制系统设计一般是将非线性运动方程分解为3个独立通道,再分别对每个通道设计控制器。传统控制算法包括基于经典控制理论的时域法、频率响应法和根轨迹法。该类方法可以有效消除系统偏差、增加系统稳定性,且易于工程实现。然而随着火箭系统的逐渐复杂化,经典控制方法呈现出很大的局限性,包括对不确定干扰的适应性较低、鲁棒性较差,难以处理复杂非线性控制系统等[39]。

与经典控制方法相比,现代控制方法可以有效抑制参数摄动及各种干扰的影响,具有更优的控制性能。比较有代表性的现代控制方法包括滑模变结构控制、鲁棒控制、反馈线性化控制等。这些控制方法已经在不同飞行器的控制器设计中取得了较好的效果[40-41]。

1.2.3　航天领域面向对象建模与仿真研究进展

航天领域针对面向对象建模与仿真研究的主要任务是设计并建立一个易使用、易维护、易拓展的航天动力学仿真平台,为运载火箭、弹道导弹等飞行器的动力学计算分析、导航、制导、控制系统设计等相关问题研究提供统一软件基础。面向对象仿真(object-oriented simulation,OOS)技术由于其具有模块化、可重用、可扩充、易理解、易于实现并行和分布仿真等特点,成为飞行器动力学仿真的主要手段[42]。

自 1957 年苏联发射世界上第一颗人造卫星以来，人类开展了大量航天任务。动力学理论是航天任务设计规划的基础，随着航天技术的不断进步，航天任务分析与设计工作复用性需求不断增加，因此，自主化、标准化、适用性广的航天动力学软件应运而生[43]。

作为面向航天领域的专业软件，航天动力学软件是飞行力学、数值计算、软件工程等多项技术的交叉成果。借助多项重大工程任务，如"阿波罗"计划、国际空间站等，航天动力学软件的功能越来越强大，通用性也逐渐提高。这些软件有效提高了航天任务设计的效率和水平，降低了人力物力成本，促进了航天工程的发展。经过几十年的发展，国外已经形成了一批成熟的航天动力学软件，如侧重于仿真分析的 STK、FreeFlyer 等，以及侧重于航天器轨迹优化的 POST、ASTOS 等。这些软件已经成功应用于多个航天任务中[44]。

然而，与国外相比，我国在航天动力学软件研制方面差距显著，尚未形成有影响力的软件成品。我国从 20 世纪 90 年代开始陆续引进国外航天动力学软件，但随着我国航天实力的提升，西方国家加紧对我国进行技术封锁，大部分航天动力学软件对我国用户进行限制。因此，研发具有自主知识产权的航天动力学软件尤为迫切[44]。20 世纪 90 年代，李启军、李云芝在分析运载火箭受力情况的基础上，运用面向对象的分析方法和设计方法，建立了运载火箭面向对象的动力学仿真模型，通过类的设计体现了系统问题域和求解域的一致性[45]。陈磊等提出了面向框架的弹道仿真方法[46]。罗亚中等基于面向对象思想，从运载火箭一体化设计实际要求出发，设计开发了运载火箭优化设计通用仿真类库[47]。王华等设计了面向对象的交会对接仿真系统[48]。Li H、Ke. L、Jose N Hinckel 等分别针对弹道导弹、防空导弹和反坦克导弹等不同飞行器开发了面向对象仿真系统[49-51]。姚雯等从多学科设计优化（MDO）思想出发，提出了战略导弹多学科设计优化通用平台的概念，运用统一建模语言（UML）对其建模，并设计了通用飞行动力学类库[52]。

本书作者郑伟从 1998 年起，在面向对象思想基础上，引入统一建模语言设计了多种飞行动力学仿真框架，先后开发了航天器、运载火箭、弹道导弹、再入体的面向对象模型，提出了适用于不同飞行器、不同应用背景、不同粒度的通用仿真框架[53-57]。其构建的动力学仿真框架具有易拓展、易维护等优势，可以此为基础开展针对其他飞行器的动力学仿真软件开发研究[58]。在此基础上抽象出可广泛应用于动力学建模的设计样式[59]。针对飞行器仿真中的连续/离散混合性质，提出了一种混合系统自动机模型，并建立了面向对象仿真框架[60-61]。本书的主要内容是作者基于前期工作，并融入最新研究成果形成的。

1.3 本书的特点与意义

飞行动力学与控制是飞行器总体设计的基础，一套设计合理、便于工程应用的飞行动力学与控制软件对提高工程研制效率、快速验证相关方法等具有重要意义。由于国防工业的特殊背景，目前，国内大多数研究机构采用以自主开发为主、商用软件为辅的体系进行飞行动力学与控制相关仿真工作，但由于缺乏统一规划，大部分自主软件并不具备较强的通用性，结构功能也比较单一，未能充分发挥出通用软件架构的优势。同时，国外软件封锁也倒逼国内相关研究机构必须开发具有完全自主可控知识产权的飞行动力学与控制软件体系。本书正是基于这一现实需求，结合作者多年研究成果，以面向对象思想为核心，建立一套通用的飞行动力与控制类体系框架，以期为相关从业人员的研究工作提供有益的参考。

目前，国内外已经出版的飞行动力学与控制相关教材和专著主要以介绍飞行动力学与控制基本模型、方法为主，鲜有专门介绍飞行动力学与控制软件体系开发与仿真建模的专著，这也是本书与其他相关教材或专著的显著区别。

本书是一部全面阐述用于远程火箭飞行动力学与控制建模仿真体系设计的专著，其主要特点是将飞行动力学与控制的基本理论与仿真建模紧密结合，兼具理论性与工程实用性。写作风格上力求准确易懂，便于工程技术人员独立掌握实现。

第 2 章 远程火箭空间运动模型与控制基础

2.1 常用坐标系及其转换关系

2.1.1 常用坐标系

1. 发射惯性坐标系 $O_0X_AY_AZ_A$，简记为 A

发射惯性坐标系固连于惯性空间,如图 2.1 所示,该坐标系的原点 O_0 为初始时刻火箭的地心矢径与标准地球椭球体表面的交点,O_0Y_A 轴沿地心矢径方向且向上为正,O_0X_A 轴指向射向方向且垂直于 O_0Y_A 轴,O_0Z_A 轴与其他两轴构成右手直角坐标系。

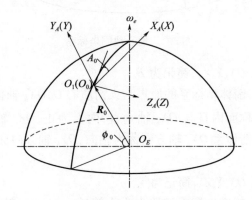

图 2.1 发射惯性坐标系(初始时刻发射坐标系)

2. 发射坐标系 O_1XYZ，简记为 G

发射坐标系在初始时刻与发射惯性坐标系重合,之后与地球表面固连在一起,随地球一同转动,故发射坐标系是一个动坐标系。

3. 地心惯性坐标系 $O_EX_IY_IZ_I$,简记为 I

地心惯性坐标系原点定义在地心 O_E,O_EX_I 轴在赤道面内指向平春分点(1976 年国际天文协会规定以 2000 年 1 月 1.5 日的平春分点为基准),O_EZ_I 轴垂直于赤道平面,与地球自转轴重合,指向北极,O_EY_I 轴的方向满足右手直角坐标系定义法则。

该坐标系常用于描述洲际弹道导弹、运载火箭的飞行轨迹以及地球卫星、飞船等航天器的轨道。

4. 地心地固坐标系 $O_EX_eY_eZ_e$,简记为 E

如图 2.2 所示,地心地固坐标系的原点为地心 O_E,O_EX_e 轴在赤道面内指向初始时刻火箭质心所在子午面与赤道面的交点,且与初始时刻地心矢径方向的夹角不大于 90°,O_EZ_e 轴垂直于赤道面且指向北极,O_EY_e 轴与其他两轴构成右手直角坐标系。该坐标系随地球一同转动,也属于动坐标系。

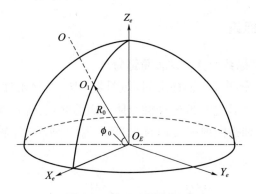

图 2.2　地心地固坐标系

5. 箭体坐标系 $OX_bY_bZ_b$,简记为 B

如图 2.3 所示,箭体坐标系的原点为火箭质心 O,OX_b 轴指向火箭头部,OY_b 轴位于火箭纵向对称面内且与 OX_b 轴垂直,向上为正,OZ_b 轴与其他两轴构成右手直角坐标系。箭体系 OX_b 轴方向称为轴向,OY_b 轴方向称为法向,OZ_b 轴方向称为侧向。

6. 速度坐标系 $OX_vY_vZ_v$,简记为 V

如图 2.4 所示,速度坐标系的原点为火箭质心 O,OX_v 轴沿火箭速度方向,OY_v 轴位于火箭纵向对称面内且与 OX_v 轴垂直,向上为正,OZ_v 轴与其他两轴构成右手直角坐标系。

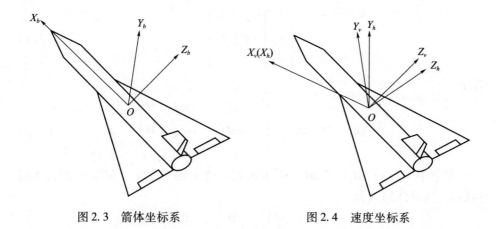

图 2.3　箭体坐标系　　　　　　图 2.4　速度坐标系

7. 当地地理坐标系 $O_2X_tY_tZ_t$，简记为 T

如图 2.5 所示，当地地理坐标系的原点为火箭地心矢径与标准地球椭球体表面的交点 O_2，O_2Y_t 轴垂直于地球表面且向上为正，O_2X_t 轴位于过原点 O_2 的子午面内且垂直于 O_2Y_t 轴，指向北极为正，O_2Z_t 轴与其他两轴构成右手直角坐标系。当地地理坐标系又称当地北天东坐标系，也属于动坐标系。

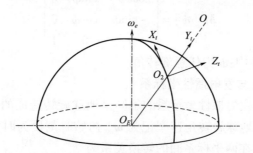

图 2.5　当地地理坐标系

2.1.2　坐标系间的转换关系

1. 地心惯性坐标系与地心地固坐标系

由定义可知这两个坐标系的 Z 轴，即 O_EZ_I 和 O_EZ_E 是重合的。O_EX_I 指向平春分点，O_EX_E 指向所讨论时刻格林尼治天文台所在本初子午线与赤道的交点，O_EX_I 与 O_EX_E 的夹角可通过查询天文年历表或测量恒星时得到，记该角为 Ω_G。显然，这两个坐标系之间仅存在一个欧拉角 Ω_G，两个坐标系的转换矩阵如下：

$$\begin{bmatrix} X_E \\ Y_E \\ Z_E \end{bmatrix} = \boldsymbol{E}_I \begin{bmatrix} X_I \\ Y_I \\ Z_I \end{bmatrix} \tag{2.1}$$

其中,

$$\boldsymbol{E}_I = \boldsymbol{M}_3[\Omega_G] = \begin{bmatrix} \cos\Omega_G & \sin\Omega_G & 0 \\ -\sin\Omega_G & \cos\Omega_G & 0 \\ 0 & 0 & 1 \end{bmatrix} \tag{2.2}$$

本书中 $\boldsymbol{M}_1[\cdot]$、$\boldsymbol{M}_2[\cdot]$、$\boldsymbol{M}_3[\cdot]$ 依次表示绕 x 轴、y 轴和 z 轴对应的初等转换矩阵,其具体形式为

$$\boldsymbol{M}_1[\phi] = \begin{bmatrix} 1 & 0 & 0 \\ 0 & \cos\phi & \sin\phi \\ 0 & -\sin\phi & \cos\phi \end{bmatrix} \tag{2.3}$$

$$\boldsymbol{M}_2[\phi] = \begin{bmatrix} \cos\phi & 0 & -\sin\phi \\ 0 & 1 & 0 \\ \sin\phi & 0 & \cos\phi \end{bmatrix} \tag{2.4}$$

$$\boldsymbol{M}_3[\phi] = \begin{bmatrix} \cos\phi & \sin\phi & 0 \\ -\sin\phi & \cos\phi & 0 \\ 0 & 0 & 1 \end{bmatrix} \tag{2.5}$$

式(2.3)~式(2.5)中:ϕ 为任意旋转角。

2. 发射坐标系与发射惯性坐标系

发射坐标系与发射惯性坐标系的不同是地球旋转造成的,二者间的转换关系如图 2.6 所示。地球旋转角速率记为 ω_e,初始时刻设为时间零点,当前时刻记为 t,则同一矢量在两坐标系间的转换关系为

$$\begin{bmatrix} x_A \\ y_A \\ z_A \end{bmatrix} = \boldsymbol{A}_G(A_0, \phi_0, \omega_e t) \begin{bmatrix} x \\ y \\ z \end{bmatrix} \tag{2.6}$$

式中:ϕ_0 为发射初始时刻发射点的地心纬度,若假设地球为椭球,则采用地理纬度 B_0;A_0 为发射方位角(射向与北向的夹角,沿 $-O_1Y$ 轴看去顺时针为正);$\boldsymbol{A}_G$ 为发射坐标系至发射惯性坐标系的转换矩阵,其具体形式为

$$\boldsymbol{A}_G(A_0, \phi_0, \omega_e t) = \boldsymbol{M}_2[-A_0]\boldsymbol{M}_3[-\phi_0]\boldsymbol{M}_1[\omega_e t]\boldsymbol{M}_3[\phi_0]\boldsymbol{M}_2[A_0] \tag{2.7}$$

3. 当地地理坐标系与发射坐标系

火箭发射初始时刻的当地地理坐标系与发射坐标系仅相差一个发射方位角。随着火箭的运动,经度和地心纬度不断变化,两种坐标系间产生了差异,此

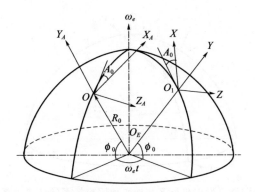

图 2.6　发射惯性坐标系与发射坐标系转换关系

时,二者间的转换关系如图 2.7 所示。

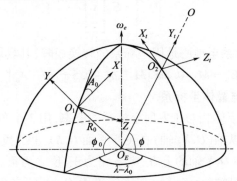

图 2.7　当地地理坐标系与发射坐标系转换关系

当前时刻和初始时刻火箭所在位置的经度和地心纬度分别记为 λ、ϕ、λ_0、ϕ_0,则同一矢量在当地地理坐标系和发射坐标系之间的转换关系为

$$\begin{bmatrix} x \\ y \\ z \end{bmatrix} = \boldsymbol{G}_T \begin{bmatrix} x_t \\ y_t \\ z_t \end{bmatrix} \tag{2.8}$$

式中:$\boldsymbol{G}_T$ 为当地地理坐标系至发射坐标系的转换矩阵,其具体形式为

$$\boldsymbol{G}_T = \boldsymbol{M}_2[-A_0]\boldsymbol{M}_3[0.5\pi - \phi_0]\boldsymbol{M}_2[\lambda_0 - \lambda]\boldsymbol{M}_3[\phi - 0.5\pi] \tag{2.9}$$

4. 发射坐标系与地心地固坐标系

发射坐标系与地心地固坐标系的相对位置关系如图 2.8 所示。

由图 2.8 可知,同一矢量在发射坐标系和地心地固坐标系之间的转换关系为

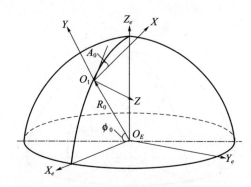

图 2.8　发射坐标系与地心地固坐标系的转换关系

$$\begin{bmatrix} x_e \\ y_e \\ z_e \end{bmatrix} = \boldsymbol{E}_G \begin{bmatrix} x \\ y \\ z \end{bmatrix} \quad (2.10)$$

式中：$\boldsymbol{E}_G$ 为发射坐标系至地心地固坐标系的转换矩阵，其具体形式为

$$\boldsymbol{E}_G = \boldsymbol{M}_1[0.5\pi]\boldsymbol{M}_3[\phi_0+0.5\pi]\boldsymbol{M}_2[A_0] \quad (2.11)$$

5. 发射坐标系与箭体坐标系

如图 2.9 所示，箭体相对于发射坐标系的姿态，用 3 个角度来确定。

俯仰角 φ：箭体纵轴（O_1X_1 轴）在飞行平面 O_1XY 上的投影量与发射系 O_1X 轴的夹角。投影量在 O_1X 轴的上方，则 φ 角为正，反之为负。

偏航角 ψ：箭体纵轴（O_1X_1 轴）与飞行平面 O_1XY 的夹角。若 O_1X_1 轴在飞行平面的左方，则 ψ 角为正，反之为负。

滚转角 γ：箭体坐标系的 O_1Y_1 轴与飞行平面 O_1XY 之间的夹角。由箭体尾部顺纵轴前视，若 O_1Y_1 轴位于飞行平面的右侧，则 γ 角为正，反之为负。

从发射坐标系至箭体坐标系采用 3—2—1 的转序，具体如下：第一次，绕发射坐标系的 O_1Z 轴（角速度 $\dot{\varphi}$ 的方向）旋转 φ 角，O_1X 轴、O_1Y 轴分别转到 O_1x'、O_1y' 轴上，形成坐标系 $O_1x'y'Z$。第二次，绕 O_1y' 轴（角速度 $\dot{\psi}$ 的方向）旋转 ψ 角，O_1x' 轴、O_1Z 轴分别转到 O_1X_1 轴、O_1z' 轴上，形成新的过渡坐标系 $O_1X_1y'z'$。第三次，绕 O_1X_1 轴（角速度 $\dot{\gamma}$ 的方向）旋转 γ 角，O_1y' 轴、O_1z' 轴分别转到 O_1Y_1 轴、O_1Z_1 轴上，最终获得箭体坐标系 $O_1X_1Y_1Z_1$。

箭体坐标系与发射坐标系之间的关系以矩阵形式表示为

$$\begin{bmatrix} x_1 \\ y_1 \\ z_1 \end{bmatrix} = \boldsymbol{B}_G(\varphi,\psi,\gamma) \begin{bmatrix} x \\ y \\ z \end{bmatrix} \quad (2.12)$$

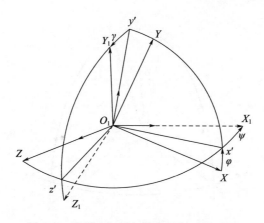

图2.9 发射坐标系与箭体坐标系的关系

$$\boldsymbol{B}_G(\varphi,\psi,\gamma) = \boldsymbol{M}_1[\gamma]\boldsymbol{M}_2[\psi]\boldsymbol{M}_3[\varphi]$$

$$= \begin{bmatrix} \cos\varphi\cos\psi & \sin\varphi\cos\psi & -\sin\psi \\ \cos\varphi\sin\psi\sin\gamma - \sin\varphi\cos\gamma & \sin\varphi\sin\psi\sin\gamma + \cos\varphi\cos\gamma & \cos\psi\sin\gamma \\ \cos\varphi\sin\psi\cos\gamma + \sin\varphi\sin\gamma & \sin\varphi\sin\psi\cos\gamma - \cos\varphi\sin\gamma & \cos\psi\cos\gamma \end{bmatrix}$$

(2.13)

6. 发射坐标系与速度坐标系

如图2.10所示,发射坐标系与速度坐标系之间的关系可用3个角度来确定。

速度倾角 θ:火箭的速度矢量 $\boldsymbol{V}(O_1X_v$ 轴) 在飞行平面 O_1XY 上的投影与 O_1X 轴间的夹角。若速度矢量投影 O_1X 轴上方,则 θ 角为正,反之为负。

航迹偏航角 σ:火箭的速度矢量 $\boldsymbol{V}$ 与飞行平面 O_1XY 之间的夹角。若 O_1X_v 轴在飞行平面的左方,则 σ 角为正,反之为负。

倾侧角 γ_V:速度坐标系的 O_1y_v 轴与飞行平面 O_1XY 之间的夹角。由箭体尾部顺纵轴前视,若 O_1Y_v 轴位于飞行平面的右侧,则 γ_V 角为正,反之为负。

从发射坐标系至速度坐标系采用3—2—1的转序,具体如下:第一次,绕发射坐标系的 O_1Z 轴(角速度 $\dot{\theta}$ 的方向)旋转 θ 角,O_1X 轴、O_1Y 轴分别转到 O_1x'、O_1y' 轴上,形成坐标系 $O_1x'y'Z$。第二次,绕 O_1y' 轴(角速度 $\dot{\psi}$ 的方向)旋转 σ 角,O_1x' 轴、O_1Z 轴分别转到 O_1x_v 轴、O_1z' 轴上,形成新的过渡坐标系 $O_1x_v y'z'$。第三次,绕 O_1x_v 轴(角速度 $\dot{\gamma}_V$ 的方向)旋转 γ_V 角,O_1y' 轴、O_1z' 轴分别转到 O_1Y_v 轴、O_1Z_v 轴上,最终获得箭体坐标系 $O_1X_v Y_v Z_v$。

发射坐标系与速度坐标系之间的关系以矩阵形式表示为

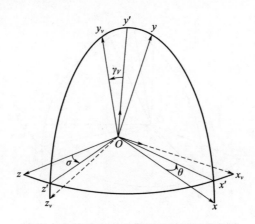

图 2.10 发射坐标系与速度坐标系的关系

$$\begin{bmatrix} x_V \\ y_V \\ z_V \end{bmatrix} = \boldsymbol{V}_G(\theta,\sigma,\gamma_V) \begin{bmatrix} x \\ y \\ z \end{bmatrix} \quad (2.14)$$

$$\boldsymbol{V}_G(\theta,\sigma,\gamma_V) = \boldsymbol{M}_1[\gamma_V]\boldsymbol{M}_2[\sigma]\boldsymbol{M}_3[\theta]$$

$$= \begin{bmatrix} \cos\theta\cos\sigma & \sin\theta\cos\sigma & -\sin\sigma \\ \cos\theta\sin\sigma\sin\gamma_V - \sin\theta\cos\gamma_V & \sin\theta\sin\sigma\sin\gamma_V + \cos\theta\cos\gamma_V & \cos\sigma\sin\gamma_V \\ \cos\theta\sin\sigma\cos\gamma_V + \sin\theta\sin\gamma_V & \sin\theta\sin\sigma\cos\gamma_V - \cos\theta\sin\gamma_V & \cos\sigma\cos\gamma_V \end{bmatrix}$$

$$(2.15)$$

7. 速度坐标系与箭体坐标系

如图 2.11 所示，速度坐标系与箭体坐标系之间的转换关系可用两个角度来确定。

攻角（迎角）α：速度坐标系 OX_v 在箭体主对称面内投影（Ox' 轴）与 OX_b 的夹角，沿 OX_b 正向看去，若 OX_v 的投影量位于 OX_b 下方，则 α 角为正，反之为负。

侧滑角 β：速度坐标系 OX_v 与箭体主对称面的夹角，沿 OX_b 正向看去，若 OX_v 位于主对称面 OX_bY_b 右侧，则 β 角为正，反之为负。

同一矢量在箭体坐标系与速度坐标系之间的转换关系为

$$\begin{bmatrix} x_b \\ y_b \\ z_b \end{bmatrix} = \boldsymbol{B}_V(\alpha,\beta) \begin{bmatrix} x_v \\ y_v \\ z_v \end{bmatrix} \quad (2.16)$$

式中：$\boldsymbol{B}_V$ 为速度坐标系至箭体坐标系的转换矩阵，其具体形式为

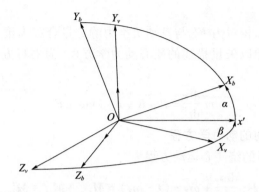

图 2.11　速度坐标系与箭体坐标系的转换关系

$$\boldsymbol{B}_V(\beta,\alpha) = \boldsymbol{M}_3[\alpha]\boldsymbol{M}_2[\beta] = \begin{bmatrix} \cos\beta\cos\alpha & \sin\alpha & -\sin\beta\cos\alpha \\ -\cos\beta\sin\alpha & \cos\alpha & \sin\beta\sin\alpha \\ \sin\beta & 0 & \cos\beta \end{bmatrix} \quad (2.17)$$

2.2　远程火箭的空间运动方程

2.2.1　远程火箭矢量形式的动力学方程

1. 质心动力学方程

火箭上升过程是一个变质量质点系,在惯性坐标系中的质心动力学矢量方程为

$$m\frac{\mathrm{d}^2 \boldsymbol{r}_{c,m}}{\mathrm{d}t^2} = \boldsymbol{F}_s + \boldsymbol{F}'_k + \boldsymbol{F}'_{rel} \quad (2.18)$$

根据火箭上升过程中的受力情况,可得

$$\boldsymbol{F}_s = m\boldsymbol{g} + \boldsymbol{R} + \boldsymbol{P}_{st} + \boldsymbol{F}_c \quad (2.19)$$

式中:$\boldsymbol{r}_{c,m}$ 为质点系质心的位置矢量;$m\boldsymbol{g}$ 为作用在火箭上的引力矢量;$\boldsymbol{R}$ 为作用在火箭上的气动力矢量;$\boldsymbol{P}_{st}$ 为发动机推力静分量矢量;$\boldsymbol{F}_c$ 为作用在火箭上的控制力矢量。

$\boldsymbol{F}'_k$ 为附加相对力,$\boldsymbol{F}'_{rel}$ 为附加科氏力,其表达式为

$$\boldsymbol{F}'_k = -2\dot{m}\boldsymbol{\omega}_T \cdot \boldsymbol{\rho}_e \quad (2.20)$$

$$\boldsymbol{F}'_{rel} = -\dot{m}\boldsymbol{u}_e \quad (2.21)$$

式中:$\boldsymbol{\rho}_e$ 为火箭质心到发动机喷口截面中心点的矢量;$\dot{m}$ 为推进剂的质量秒耗量;$\boldsymbol{\omega}_T$ 为箭体相对惯性坐标系的姿态角速度;$\boldsymbol{u}_e$ 为喷口截面上的流体相对于箭

体的速度。

考虑到将附加相对力 F'_{rel} 与发动机推力静分量合成为推力 P，则可得到火箭在惯性坐标系中以矢量描述的质心动力学方程（为书写方便，以后 $r_{c,m}$ 均写成 r）：

$$m\frac{d^2 r}{dt^2} = P + R + F_c + mg + F'_k \tag{2.22}$$

2. 绕质心转动的动力学方程

变质量质点系的绕质心运动方程为

$$I \cdot \frac{d\omega_T}{dt} + \omega_T \cdot (I \cdot \omega_T) = M_{c,m} + M'_k + M'_{rel} \tag{2.23}$$

式中：I 为火箭的惯量积矩阵。结合火箭受到的外界力矩可得

$$M_{c,m} = M_{st} + M_c + M_d \tag{2.24}$$

式中：M_{st} 为作用在火箭上的气动力矩；M_c 为控制力矩；M_d 为火箭相对大气有转动时引起的阻尼力矩。

附加相对力矩、附加哥氏力矩为

$$M'_{rel} = -\dot{m}\rho_e \times u_e \tag{2.25}$$

$$M'_k = -\frac{\delta I}{dt} \cdot \omega_T - \dot{m}\rho_e \times (\omega_T \times \rho_e) \tag{2.26}$$

即可得到矢量描述的火箭绕质心转动动力学方程为

$$I \cdot \frac{d\omega_T}{dt} + \omega_T \times (I \cdot \omega_T) = M_{st} + M_c + M_d + M'_k + M'_{rel} \tag{2.27}$$

2.2.2 质心动力学方程在不同坐标系下的分解

1. 发射坐标系下的分解

用矢量描述的火箭质心动力学方程和绕质心转动的动力学方程形式简洁、概念清晰，但为了求解这些微分方程还必须将其投影到选定的参考坐标系中。通常选择发射坐标系或发射惯性坐标系作为描述火箭运动的参考系。

首先介绍发射坐标系中的空间运动方程。由于发射坐标系为动参考系，其相对于惯性坐标系以角速度 ω_e 转动，故由矢量导数法则可知

$$m\frac{d^2 r}{dt^2} = m\frac{\delta^2 r}{\delta t^2} + 2m\omega_e \cdot \frac{\delta r}{\delta t} + m\omega_e \cdot (\omega_e \cdot r) \tag{2.28}$$

将其代入式(2.22)，整理得

$$m\frac{\delta^2 r}{\delta t^2} = P + R + F_c + mg + F'_k - 2m\omega_e \cdot \frac{\delta r}{\delta t} - m\omega_e \cdot (\omega_e \cdot r) \tag{2.29}$$

将上面等式各项在发射坐标系中分解，可得到火箭在发射坐标系中质心动

力学方程的各个分量。

1）相对加速度项

$$\frac{\delta^2 \boldsymbol{r}}{\delta t^2} = \begin{bmatrix} \dfrac{\mathrm{d}v_x}{\mathrm{d}t} \\ \dfrac{\mathrm{d}v_y}{\mathrm{d}t} \\ \dfrac{\mathrm{d}v_z}{\mathrm{d}t} \end{bmatrix} \tag{2.30}$$

2）推力 $\boldsymbol{P}$ 项

推力 $\boldsymbol{P}$ 在弹体坐标系内描述形式最简单，即

$$\boldsymbol{P} = \begin{bmatrix} -\dot{m}u_e + S_e(p_e - p_H) \\ 0 \\ 0 \end{bmatrix} = \begin{bmatrix} P \\ 0 \\ 0 \end{bmatrix} \tag{2.31}$$

式中：S_e 为发动机喷口截面积；p_e 为发动机喷口截面上的燃气静压平均值；p_H 为发动机所处高度的大气压。

已知弹体坐标系到地面发射坐标系的方向余弦阵为 $\boldsymbol{G}_B$，则可得推力 $\boldsymbol{P}$ 在地面发射坐标系的分量为

$$\begin{bmatrix} P_x \\ P_y \\ P_z \end{bmatrix} = \boldsymbol{G}_B \begin{bmatrix} P \\ 0 \\ 0 \end{bmatrix} \tag{2.32}$$

3）气动力 $\boldsymbol{R}$ 项

火箭飞行中所受气动力一般在速度坐标系中进行描述，其分量为

$$\boldsymbol{R} = \begin{bmatrix} -X \\ Y \\ Z \end{bmatrix} \tag{2.33}$$

式中：X 为阻力；Y 为升力；Z 为侧向力。

已知速度坐标系到地面发射坐标系的方向余弦阵为 $\boldsymbol{G}_V$，则气动力 $\boldsymbol{R}$ 在地面发射坐标系的分量为

$$\begin{bmatrix} R_x \\ R_y \\ R_z \end{bmatrix} = \boldsymbol{G}_V \begin{bmatrix} -X \\ Y \\ Z \end{bmatrix} \tag{2.34}$$

4) 控制力 $\boldsymbol{F}_c$ 项

无论执行机构是燃气舵还是不同配置形式的摇摆发动机，均可将控制力的分量在弹体坐标系内表示为同一形式：

$$\boldsymbol{F}_c = \begin{bmatrix} -X_{1c} \\ Y_{1c} \\ Z_{1c} \end{bmatrix} \quad (2.35)$$

而各力的具体计算公式则根据采用何种执行机构而定，因此控制力在地面发射坐标系的分量为

$$\begin{bmatrix} F_{cx} \\ F_{cy} \\ F_{cz} \end{bmatrix} = \boldsymbol{G}_B \begin{bmatrix} -X_{1c} \\ Y_{1c} \\ Z_{1c} \end{bmatrix} \quad (2.36)$$

5) 引力 $m\boldsymbol{g}$ 项。

引力 $m\boldsymbol{g}$ 一般分解在地心矢径 $\boldsymbol{r}^0$ 和地球自转角速度矢量的 $\boldsymbol{\omega}_e^0$ 方向，表示如下：

$$m\boldsymbol{g} = mg_r' \boldsymbol{r}^0 + mg_{\omega e} \boldsymbol{\omega}_e^0 \quad (2.37)$$

其中，

$$g_r' = -\frac{GM}{r^2}\left[1 + \frac{3}{2}J_2\left(\frac{a_e}{r}\right)^2(1 - 5\sin^2\phi)\right]$$

$$g_{\omega e} = -3\frac{GM}{r^2}J_2\left(\frac{a_e}{r}\right)^2 \sin\phi \quad (2.38)$$

已知任意地心矢径

$$\boldsymbol{r} = \boldsymbol{R}_0 + \boldsymbol{\rho} \quad (2.39)$$

式中：$\boldsymbol{\rho}$ 为发射点到弹道上任意点的矢径，在发射坐标系中的 3 个分量为 x, y, z；$\boldsymbol{R}_0$ 为发射点地心矢径，将其分解到地面发射坐标系内可得其 3 个分量为

$$\begin{bmatrix} R_{0x} \\ R_{0y} \\ R_{0z} \end{bmatrix} = \begin{bmatrix} -R_0 \sin\mu_0 \cos A_0 \\ R_0 \cos\mu_0 \\ R_0 \sin\mu_0 \sin A_0 \end{bmatrix} \quad (2.40)$$

式中：A_0 为发射方位角；μ_0 为发射点的地理纬度与地心纬度之差，即 $\mu_0 = B_0 - \phi_0$。

由于假设地球为一两轴旋转的椭球体，故 $\boldsymbol{R}_0$ 的长度可由子午面椭圆方程求得

$$R_0 = \frac{a_e b_e}{\sqrt{a_e^2 \sin^2\phi_0 + b_e^2 \cos^2\phi_0}} \quad (2.41)$$

由此可得 $\boldsymbol{r}$ 在发射坐标系的表达式为

$$r = \frac{x + R_{0x}}{r}x^0 + \frac{y + R_{0y}}{r}y^0 + \frac{z + R_{0z}}{r}z^0 \qquad (2.42)$$

显然,ω_e^0 在发射坐标系的表达式可写成

$$\omega_e^0 = \frac{\omega_{ex}}{\omega_e}x^0 + \frac{\omega_{ey}}{\omega_e}y^0 + \frac{\omega_{ez}}{\omega_e}z^0 \qquad (2.43)$$

其中,

$$\begin{bmatrix} \omega_{ex} \\ \omega_{ey} \\ \omega_{ez} \end{bmatrix} = \omega_e \begin{bmatrix} \cos B_0 \cos A_0 \\ \sin B_0 \\ -\cos B_0 \sin A_0 \end{bmatrix} \qquad (2.44)$$

综上,引力 mg 在地面发射坐标系内的分量形式为

$$m\begin{bmatrix} g_x \\ g_y \\ g_z \end{bmatrix} = m\frac{g_r'}{r}\begin{bmatrix} x + R_{0x} \\ y + R_{0y} \\ z + R_{0z} \end{bmatrix} + m\frac{g_{\omega e}}{\omega_e}\begin{bmatrix} \omega_{ex} \\ \omega_{ey} \\ \omega_{ez} \end{bmatrix} \qquad (2.45)$$

6)附加哥氏力 F_k' 项

已知附加哥氏力

$$F_k' = -2\dot{m}\boldsymbol{\omega}_T \times \boldsymbol{\rho}_e \qquad (2.46)$$

式中:$\boldsymbol{\omega}_T$ 为箭体相对于惯性(或平移)坐标系的转动角速度矢量,它在箭体坐标系中的分量表示为

$$\boldsymbol{\omega}_T = \begin{bmatrix} \omega_{Tx1} & \omega_{Ty1} & \omega_{Tz1} \end{bmatrix}^T \qquad (2.47)$$

$\boldsymbol{\rho}_e$ 为火箭质心到喷管出口中心点的矢量,即

$$\boldsymbol{\rho}_e = -x_{1e}\boldsymbol{x}_1^0 \qquad (2.48)$$

因此,可得 F_k' 在箭体坐标系的 3 个分量

$$\begin{bmatrix} F_{kx1}' \\ F_{ky1}' \\ F_{kz1}' \end{bmatrix} = 2\dot{m}x_{1e}\begin{bmatrix} 0 \\ \omega_{Tz1} \\ -\omega_{Ty1} \end{bmatrix} \qquad (2.49)$$

从而 F_k' 在发射坐标系中的分量可由下式来描述:

$$\begin{bmatrix} F_{kx}' \\ F_{ky}' \\ F_{kz}' \end{bmatrix} = \boldsymbol{G}_B \begin{bmatrix} F_{kx1}' \\ F_{ky1}' \\ F_{kz1}' \end{bmatrix} \qquad (2.50)$$

7)离心惯性力 $-m\boldsymbol{\omega}_e \times (\boldsymbol{\omega}_e \times \boldsymbol{r})$ 项

记

$$\boldsymbol{a}_e = \boldsymbol{\omega}_e \times (\boldsymbol{\omega}_e \times \boldsymbol{r}) \qquad (2.51)$$

为牵连加速度。

由于

$$r = (x+R_{0x})x^0 + (y+R_{0y})y^0 + (z+R_{0z})z^0 \tag{2.52}$$

则牵连加速度在发射坐标系中的分量形式为

$$\begin{bmatrix} a_{ex} \\ a_{ey} \\ a_{ez} \end{bmatrix} = \begin{pmatrix} a_{11} & a_{12} & a_{13} \\ a_{21} & a_{22} & a_{23} \\ a_{31} & a_{32} & a_{33} \end{pmatrix} \begin{bmatrix} x+R_{0x} \\ y+R_{0y} \\ z+R_{0z} \end{bmatrix} \tag{2.53}$$

其中,

$$\begin{cases} a_{11} = \omega_{ex}^2 - \omega_e^2 \\ a_{12} = a_{21} = \omega_{ex}\omega_{ey} \\ a_{22} = \omega_{ey}^2 - \omega_e^2 \\ a_{23} = a_{32} = \omega_{ez}\omega_{ey} \\ a_{33} = \omega_{ez}^2 - \omega_e^2 \\ a_{13} = a_{31} = \omega_{ex}\omega_{ez} \end{cases} \tag{2.54}$$

从而离心惯性力 F_e 在发射坐标系中的分量可由下式来描述：

$$\begin{bmatrix} F_{ex} \\ F_{ey} \\ F_{ez} \end{bmatrix} = -m \begin{bmatrix} a_{ex} \\ a_{ey} \\ a_{ez} \end{bmatrix} \tag{2.55}$$

8）哥氏惯性力 $-2m\boldsymbol{\omega}_e \times \dfrac{\delta \boldsymbol{r}}{\delta t}$ 项

记

$$\boldsymbol{a}_k = -2\boldsymbol{\omega}_e \times \frac{\delta \boldsymbol{r}}{\delta t} \tag{2.56}$$

为哥氏加速度。其中，$\dfrac{\delta \boldsymbol{r}}{\delta t}$ 为火箭相对于发射坐标系的速度，即有

$$\frac{\delta \boldsymbol{r}}{\delta t} = \begin{bmatrix} \dot{x} & \dot{y} & \dot{z} \end{bmatrix}^{\mathrm{T}} \tag{2.57}$$

而 $\boldsymbol{\omega}_e$ 在发射坐标系的 3 个分量已知，由此可得

$$\begin{bmatrix} a_{kx} \\ a_{ky} \\ a_{kz} \end{bmatrix} = \begin{pmatrix} b_{11} & b_{12} & b_{13} \\ b_{21} & b_{22} & b_{23} \\ b_{31} & b_{32} & b_{33} \end{pmatrix} \begin{bmatrix} \dot{x} \\ \dot{y} \\ \dot{z} \end{bmatrix} \tag{2.58}$$

其中，

$$\begin{cases} b_{11} = b_{22} = b_{33} = 0 \\ b_{12} = -b_{21} = 2\omega_{ez} \\ b_{31} = -b_{13} = 2\omega_{ey} \\ b_{23} = -b_{32} = 2\omega_{ex} \end{cases} \tag{2.59}$$

从而可得哥氏惯性力 $\boldsymbol{F}_k$ 在发射坐标系的分量形式为

$$\begin{bmatrix} F_{kx} \\ F_{ky} \\ F_{kz} \end{bmatrix} = -m \begin{bmatrix} a_{kx} \\ a_{ky} \\ a_{kz} \end{bmatrix} \tag{2.60}$$

综上所述，并令

$$P_e = P - X_{1c} \tag{2.61}$$

则在发射坐标系中建立的质心动力学方程为

$$m \begin{bmatrix} \dfrac{\mathrm{d}v_x}{\mathrm{d}t} \\ \dfrac{\mathrm{d}v_y}{\mathrm{d}t} \\ \dfrac{\mathrm{d}v_z}{\mathrm{d}t} \end{bmatrix} = \boldsymbol{G}_B \begin{bmatrix} P_e \\ Y_{1c} + 2\dot{m}\omega_{Tz1}x_{1e} \\ Z_{1c} - 2\dot{m}\omega_{Ty1}x_{1e} \end{bmatrix} + \boldsymbol{G}_V \begin{bmatrix} -C_x qS_M \\ C_y qS_M \\ -C_y qS_M \end{bmatrix} + m\dfrac{g'_r}{r}\begin{bmatrix} x + R_{0x} \\ y + R_{0y} \\ z + R_{0z} \end{bmatrix} +$$

$$m\dfrac{g_{\omega e}}{\omega_e}\begin{bmatrix} \omega_{ex} \\ \omega_{ey} \\ \omega_{ez} \end{bmatrix} - m \begin{pmatrix} a_{11} & a_{12} & a_{13} \\ a_{21} & a_{22} & a_{23} \\ a_{31} & a_{32} & a_{33} \end{pmatrix} \begin{bmatrix} x + R_{0x} \\ y + R_{0y} \\ z + R_{0z} \end{bmatrix} - m \begin{pmatrix} b_{11} & b_{12} & b_{13} \\ b_{21} & b_{22} & b_{23} \\ b_{31} & b_{32} & b_{33} \end{pmatrix} \begin{bmatrix} \dot{x} \\ \dot{y} \\ \dot{z} \end{bmatrix} \tag{2.62}$$

2. 发射惯性坐标系下的分解

根据火箭在惯性坐标系下矢量形式的质心动力学方程

$$m\dfrac{\mathrm{d}^2 \boldsymbol{r}}{\mathrm{d}t^2} = \boldsymbol{P} + \boldsymbol{R} + \boldsymbol{F}_c + m\boldsymbol{g} + \boldsymbol{F}'_k \tag{2.63}$$

将其投影到发射惯性坐标系中，得到如下方程：

$$m \begin{bmatrix} \dfrac{\mathrm{d}v_{ax}}{\mathrm{d}t} \\ \dfrac{\mathrm{d}v_{ay}}{\mathrm{d}t} \\ \dfrac{\mathrm{d}v_{az}}{\mathrm{d}t} \end{bmatrix} = \boldsymbol{A}_G \boldsymbol{G}_B \begin{bmatrix} P_e \\ Y_{1c} + 2\dot{m}\omega_{Tz1}x_{1e} \\ Z_{1c} - 2\dot{m}\omega_{Ty1}x_{1e} \end{bmatrix} + \boldsymbol{A}_G \boldsymbol{G}_V \begin{bmatrix} -C_x qS_M \\ C_y qS_M \\ -C_y qS_M \end{bmatrix} +$$

$$m\frac{g_r{'}}{r}\begin{bmatrix} x_a + R_{0x} \\ y_a + R_{0y} \\ z_a + R_{0z} \end{bmatrix} + m\frac{g_{\omega e}}{\omega_e}\boldsymbol{A}_G\begin{bmatrix} \omega_{ex} \\ \omega_{ey} \\ \omega_{ez} \end{bmatrix} \tag{2.64}$$

式中：v_{ax}、v_{ay}、v_{az} 和 x_a、y_a、z_a 分别为发射惯性系下的速度分量和位置分量。

与发射坐标系下的质心动力学方程相比，在发射惯性系下质心动力学方程没有哥氏惯性力和离心惯性力两项，其中，$\boldsymbol{A}_G$ 为地面发射坐标系到发射惯性系的方向余弦阵，满足 $\boldsymbol{A}_G = \boldsymbol{G}_A^{-1}$。

2.2.3 绕质心动力学方程在箭体坐标系的分解

将矢量形式描述的火箭绕质心转动的动力学方程在箭体坐标系内进行分解。由于箭体坐标系为中心惯量主轴坐标系，因此惯量张量式可简化为

$$\boldsymbol{I} = \begin{bmatrix} I_{x1} & 0 & 0 \\ 0 & I_{y1} & 0 \\ 0 & 0 & I_{z1} \end{bmatrix} \tag{2.65}$$

稳定力矩与阻尼力矩在箭体坐标系内的分量描述为

$$\boldsymbol{M}_{st} = \begin{bmatrix} 0 \\ M_{y1st} \\ M_{z1st} \end{bmatrix} = \begin{bmatrix} 0 \\ m_{y1}^\beta q S_M l_k \beta \\ m_{z1}^\alpha q S_M l_k \alpha \end{bmatrix} \tag{2.66}$$

$$\boldsymbol{M}_d = \begin{bmatrix} M_{x1d} \\ M_{y1d} \\ M_{z1d} \end{bmatrix} = \begin{bmatrix} m_{x1}^{\bar\omega_{x1}} q S_M l_k \bar\omega_{x1} \\ m_{y1}^{\bar\omega_{y1}} q S_M l_k \bar\omega_{y1} \\ m_{z1}^{\bar\omega_{z1}} q S_M l_k \bar\omega_{z1} \end{bmatrix} \tag{2.67}$$

由于控制力矩和所采用的执行机构有关，这里以摇摆发动机作为执行机构，则其控制力矩表示如下：

$$\boldsymbol{M}_c = \begin{bmatrix} M_{x1c} \\ M_{y1c} \\ M_{z1c} \end{bmatrix} = \begin{bmatrix} -2R'r_c\delta_r \\ -R'(x_c - x_g)\delta_\psi \\ -R'(x_c - x_g)\delta_\varphi \end{bmatrix} \tag{2.68}$$

附加相对力矩和附加哥氏力矩其矢量表达式为

$$\boldsymbol{M}'_{rel} = -\dot{m}\boldsymbol{\rho}_e \times \boldsymbol{u}_e \tag{2.69}$$

$$\boldsymbol{M}'_k = -\frac{\delta \boldsymbol{I}}{\delta t} \cdot \boldsymbol{\omega}_T - \dot{m}\boldsymbol{\rho}_e \times (\boldsymbol{\omega}_T \times \boldsymbol{\rho}_e) \tag{2.70}$$

注意到标准条件下，即发动机无安装误差，其推力轴线与箭体纵轴 x_1 平行，则附加相对力矩为0，而如果控制系统中采用可改变推力轴线的摇摆发动机为

执行机构,则该附加相对力矩即控制力矩。

附加力矩向箭体坐标系分解时,已知

$$\boldsymbol{\rho}_e = -x_{1e}\boldsymbol{x}_1^0 \tag{2.71}$$

则附加哥氏力矩为

$$\boldsymbol{M}'_k = -\begin{bmatrix} \dot{I}_{x1}\omega_{Tx1} \\ \dot{I}_{y1}\omega_{Ty1} \\ \dot{I}_{z1}\omega_{Tz1} \end{bmatrix} + \dot{m}\begin{bmatrix} 0 \\ -x_{1e}^2\omega_{Ty1} \\ -x_{1e}^2\omega_{Tz1} \end{bmatrix} \tag{2.72}$$

则可得到箭体坐标系内的绕质心动力学方程

$$\begin{bmatrix} I_{x1} & 0 & 0 \\ 0 & I_{y1} & 0 \\ 0 & 0 & I_{z1} \end{bmatrix}\begin{bmatrix} \dfrac{\mathrm{d}\omega_{Tx1}}{\mathrm{d}t} \\ \dfrac{\mathrm{d}\omega_{Ty1}}{\mathrm{d}t} \\ \dfrac{\mathrm{d}\omega_{Tz1}}{\mathrm{d}t} \end{bmatrix} + \begin{bmatrix} (I_{z1}-I_{y1})\omega_{Tz1}\omega_{Ty1} \\ (I_{x1}-I_{z1})\omega_{Tx1}\omega_{Tz1} \\ (I_{y1}-I_{x1})\omega_{Ty1}\omega_{Tx1} \end{bmatrix} = \begin{bmatrix} 0 \\ m_{y1}^{\beta}qS_M l_k \beta \\ m_{z1}^{\alpha}qS_M l_k \alpha \end{bmatrix} +$$

$$\begin{bmatrix} 0 \\ m_{y1}^{\bar{\omega}_{y1}} qS_M l_k \bar{\omega}_{y1} \\ m_{z1}^{\bar{\omega}_{z1}} qS_M l_k \bar{\omega}_{z1} \end{bmatrix} + \begin{bmatrix} -2R'r_c\delta_r \\ -R'(x_c-x_g)\delta_{\psi} \\ -R'(x_c-x_g)\delta_{\varphi} \end{bmatrix} - \begin{bmatrix} \dot{I}_{x1}\omega_{Tx1} \\ \dot{I}_{y1}\omega_{Ty1} \\ \dot{I}_{z1}\omega_{Tz1} \end{bmatrix} + \dot{m}\begin{bmatrix} 0 \\ -x_{1e}^2\omega_{Ty1} \\ -x_{1e}^2\omega_{Tz1} \end{bmatrix} \tag{2.73}$$

2.2.4 补充方程

上述所建立的质心动力学方程和绕质心转动的动力学方程,其未知参数个数远大于方程的数目,因此必须补充相关方程才能求解。

1. 运动学方程

质心速度和位置参数关系方程为

$$\begin{cases} \dfrac{\mathrm{d}x}{\mathrm{d}t} = v_x \\ \dfrac{\mathrm{d}y}{\mathrm{d}t} = v_y \\ \dfrac{\mathrm{d}z}{\mathrm{d}t} = v_z \end{cases} \tag{2.74}$$

该方程在发射坐标系和发射惯性系下均成立。

由于

$$\boldsymbol{\omega}_T = \dot{\boldsymbol{\varphi}}_T + \dot{\boldsymbol{\psi}}_T + \dot{\boldsymbol{\gamma}}_T \tag{2.75}$$

则不难得到火箭绕发射惯性坐标系转动角速度 $\boldsymbol{\omega}_T$ 在箭体坐标系的分量为

$$\begin{cases} \omega_{Tx1} = \dot{\gamma}_T - \dot{\varphi}_T \sin\psi_T \\ \omega_{Ty1} = \dot{\psi}_T \cos\gamma_T + \dot{\varphi}_T \cos\psi_T \sin\gamma_T \\ \omega_{Tz1} = -\dot{\psi}_T \sin\gamma_T + \dot{\varphi}_T \cos\psi_T \cos\gamma_T \end{cases} \quad (2.76)$$

可由此解得 $\varphi_T \text{、} \psi_T \text{、} \gamma_T$。

箭体相对于地球的转动角速度 $\boldsymbol{\omega}$ 与箭体相对于惯性(平移)坐标系的转动角速度 $\boldsymbol{\omega}_T$、地球自转角速度 $\boldsymbol{\omega}_e$ 之间有下列关系：

$$\boldsymbol{\omega} = \boldsymbol{\omega}_T - \boldsymbol{\omega}_e \quad (2.77)$$

将上式投影到箭体坐标系可得

$$\begin{bmatrix} \omega_{x1} \\ \omega_{y1} \\ \omega_{z1} \end{bmatrix} = \begin{bmatrix} \omega_{Tx1} \\ \omega_{Ty1} \\ \omega_{Tz1} \end{bmatrix} - \boldsymbol{B}_G \begin{bmatrix} \omega_{ex} \\ \omega_{ey} \\ \omega_{ez} \end{bmatrix} \quad (2.78)$$

2. 欧拉角之间的联系方程

由坐标系转化矩阵的递推性可得 $\varphi_T, \psi_T, \gamma_T$ 与 φ, ψ, γ 的联系方程为

$$\begin{cases} \varphi_T = \varphi + \omega_{ez} t \\ \psi_T = \psi + (\omega_{ey} \cos\varphi - \omega_{ex} \sin\varphi) t \\ \gamma_T = \gamma + (\omega_{ey} \sin\varphi + \omega_{ex} \cos\varphi) t \end{cases} \quad (2.79)$$

其中，φ, ψ, γ 可由上式解得。

速度倾角 θ 及航迹偏航角 σ 可由

$$\begin{cases} \theta = \arctan \dfrac{v_y}{v_x} \\ \sigma = -\arcsin \dfrac{v_z}{v} \end{cases} \quad (2.80)$$

解算，该式对发射坐标系和发射惯性系两种位置速度分量表示形式均适用。

箭体坐标系、速度坐标系及地面发射坐标系中的 8 个欧拉角只有 5 个是相互独立的，已知其中 5 个可根据坐标系转换矩阵的递推性得到其余 3 个，联系方程为

$$\begin{cases} \sin\beta = \cos(\varphi-\theta)\cos\sigma\sin\psi\cos\gamma + \sin(\varphi-\theta)\cos\sigma\sin\gamma - \sin\sigma\cos\psi\cos\gamma \\ -\sin\alpha\cos\beta = \cos(\varphi-\theta)\cos\sigma\sin\psi\cos\gamma - \sin(\varphi-\theta)\cos\sigma\cos\gamma - \sin\sigma\cos\psi\sin\gamma \\ \sin\nu = \dfrac{1}{\cos\sigma}(\cos\alpha\cos\psi\sin\gamma - \sin\psi\sin\alpha) \end{cases}$$

$$(2.81)$$

3. 附加方程

下述方程对发射坐标系和发射惯性系下两种运动参数表示形式均适用。

1）速度计算方程
$$v = \sqrt{v_x^2 + v_y^2 + v_z^2} \tag{2.82}$$

2）质量计算方程
$$m = m_0 - \dot{m}t \tag{2.83}$$

式中：m_0 为火箭离开发射台瞬间的质量；$\dot{m}$ 为火箭发动机工作单位时间的质量消耗量；t 为火箭离开发射台瞬间 $t=0$ 起的计时。

3）计算箭下点经纬度

假设地球为一两轴旋转椭球体，则地球表面任意点距地心的距离与该点之地心纬度 ϕ 有关。已知空间任意点矢径 $\boldsymbol{r}$ 与赤道平面的夹角即该点在地球上星下点所在的地心纬度角 ϕ，该角可由 $\boldsymbol{r}$ 与地球自转角速度矢量 $\boldsymbol{\omega}_e$ 之间的关系求得

$$\sin\phi = \frac{\boldsymbol{r} \cdot \boldsymbol{\omega}_e}{r\omega_e} \tag{2.84}$$

展开可得

$$\sin\phi = \frac{(x+R_{0x})\omega_{ex} + (y+R_{0y})\omega_{ey} + (z+R_{0z})\omega_{ez}}{r\omega_e} \tag{2.85}$$

已知地心纬度后，相应的地理纬度 B 可通过下式确定：

$$\tan B = \frac{a_e^2}{b_e^2}\tan\phi \tag{2.86}$$

为求箭下点经度 λ，因已知发射点经度 λ_0，只需要求出箭下点经度与发射点经度之差值 $\Delta\lambda$，则 $\lambda = \lambda_0 + \Delta\lambda$，为此，在地心处建立一个直角坐标系，$x'$ 轴与地球自转轴一致，y' 轴在赤道面内，指向发射点子午线与赤道的交点，z' 轴与其他两个轴组成右手直角坐标系。

将发射系下地心矢量转换至上述坐标系，得到

$$\begin{bmatrix} x' \\ y' \\ z' \end{bmatrix} = \begin{bmatrix} \cos B_0 \cos A_0 & \sin B_0 & -\cos B_0 \sin A_0 \\ -\sin B_0 \cos A_0 & \cos B_0 & \sin B_0 \sin A_0 \\ \sin A_0 & 0 & \cos A_0 \end{bmatrix} \begin{bmatrix} x + R_{ox} \\ y + R_{oy} \\ z + R_{oz} \end{bmatrix} \tag{2.87}$$

从而可得任一时刻箭下点的经度与发射点经度之差 $\Delta\lambda$ 的计算公式为

$$\tan\Delta\lambda = \frac{z'}{y'} \tag{2.88}$$

$\Delta\lambda$ 的取值可以由下式判断：

$$\Delta\lambda = \begin{cases} \arctan\dfrac{z'}{y'} & (y' > 0) \\ \pi + \arctan\dfrac{z'}{y'} & (y' < 0) \end{cases} \tag{2.89}$$

4) 计算高度

因计算气动力的需要,必须知道弹道上任意点距地面的高度,故要补充有关方程。已知弹道上任一点距地心的距离为

$$r = \sqrt{(x+R_{0x})^2 + (y+R_{0y})^2 + (z+R_{0z})^2} \tag{2.90}$$

则对应于地心纬度 ϕ 之椭球表面距地心的距离可由下式得到

$$R = \frac{a_e b_e}{\sqrt{a_e^2 \sin^2\phi + b_e^2 \cos^2\phi}} \tag{2.91}$$

其中,$b_e = a_e(1-\alpha_e)$,$\alpha_e = 1/298.257$。

定义大地高度如图 2.12 所示,$h = h(R,\phi)$,r、ϕ 已知。

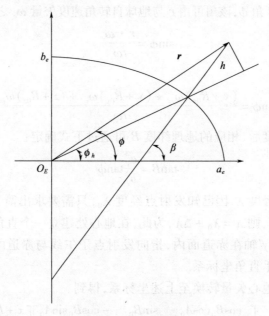

图 2.12 大地高度

$$\begin{cases} \beta = \arctan\left(\dfrac{a_e^2}{b_e^2}\tan\phi\right) \\ R_h = \dfrac{a_e b_e}{\sqrt{a_e^2 \sin^2\phi_h + b_e^2 \cos^2\phi_h}} \\ h = \sqrt{r^2 - R_h^2 \sin^2(\beta-\phi_h)} - R_h \cos(\beta-\phi_h) \\ \Delta\phi = \arctan\left[\dfrac{h\sin(\beta-\phi_h)}{r}\right], \phi_h = \phi - \Delta\phi \end{cases} \tag{2.92}$$

利用上述公式,迭代求解可得高度 h。

5) 发射点参数计算

远程火箭飞行轨迹计算时一般在发射坐标系或者发射惯性系下进行数值积分。如果在发射坐标系下进行积分,则初始位置和初始速度分别如下所示

$$\begin{cases} r_0 = \begin{bmatrix} 0 & 0 & 0 \end{bmatrix}^T \\ V_0 = \begin{bmatrix} 0 & 0 & 0 \end{bmatrix}^T \end{cases} \quad (2.93)$$

但是如果在发射惯性下进行积分,初始位置与发射坐标系下初始位置保持一致,初始速度有所不同,计算公式如下所示

$$\begin{cases} \boldsymbol{r}_0^I = \begin{bmatrix} 0 & 0 & 0 \end{bmatrix}^T \\ \boldsymbol{V}_0^I = \boldsymbol{\omega}_e \times \boldsymbol{R}_0 \end{cases} \quad (2.94)$$

式中: $\boldsymbol{\omega}_e = \begin{bmatrix} \omega_{ex} & \omega_{ey} & \omega_{ez} \end{bmatrix}^T$ 表示自转角速度在发射坐标系的矢量,由于发射初始时刻两个坐标系是重合的,也是自转角速度在发射惯性系的矢量。同理, $\boldsymbol{R}_0 = \begin{bmatrix} R_{0x} & R_{0y} & R_{0z} \end{bmatrix}^T$ 也是发射点地心矢径在发射惯性系的矢量,它们的计算公式如式(2.40)所示。

4. 控制方程

大型火箭的姿态控制,多采用姿态角及其变化率和位置、速度参数等多回路控制,火箭上俯仰、偏航、滚转3个通道的输入信号与执行机构偏转角之间的函数关系称为该通道的控制方程,其通用表达形式为

$$\begin{cases} F_\varphi(\delta_\varphi, x, y, z, \dot{x}, \dot{y}, \dot{z}, \varphi_T, \dot{\varphi}_T, \cdots) = 0 \\ F_\psi(\delta_\psi, x, y, z, \dot{x}, \dot{y}, \dot{z}, \psi_T, \dot{\psi}_T, \cdots) = 0 \\ F_\gamma(\delta_\gamma, x, y, z, \dot{x}, \dot{y}, \dot{z}, \gamma_T, \dot{\gamma}_T, \cdots) = 0 \end{cases} \quad (2.95)$$

其一阶线性化形式为

$$\begin{cases} \delta_\varphi = a_0^\varphi \Delta \varphi_T + k_\varphi u_\varphi \\ \delta_\psi = a_0^\psi \Delta \psi_T + k_H u_H \\ \delta_\gamma = a_0^\gamma \Delta \gamma_T \end{cases} \quad (2.96)$$

式中: $a_0^\varphi, a_0^\psi, a_0^\gamma$ 分别为俯仰、偏航和滚转通道的放大系数; $k_\varphi u_\varphi$、$k_H u_H$ 两项分别为与法向和横向导引对应的附加偏转角。

2.2.5 伪六自由度模型

1. 假设条件

上述建立的运载火箭空间运动一般方程精确描述了火箭的运动规律,但较为复杂,需要的参数众多。如果主要研究火箭的质心运动,为计算方便,可作如下假设。

(1) 在一般方程中的一些欧拉角,如 $\psi_T, \gamma_T, \psi, \gamma, \sigma, \nu, \alpha, \beta$ 等在火箭有控制的条件下数值均很小。因此可将一般方程中,上述这些角度的正弦值取该角弧度值,而其余弦值取1;当上述角值出现两个以上的乘积时,则作为高阶项略去,据此,一般方程中的方向余弦阵及附加方程中的一些有关欧拉角关系的方程式即可做出简化。

(2) 火箭绕质心转动方程反映了火箭飞行过程中的力矩平衡过程。对姿态稳定的火箭,这一动态过程进行得很快,以致对火箭的质心运动基本不产生影响。因此在研究火箭质心运动时,可不考虑动态过程,即将绕质心运动方程中与姿态角速度和角加速度有关项予以忽略,称为"瞬时平衡"假设。此时只考虑稳定力矩与控制力矩两项,满足

$$M_{st} + M_c = 0 \tag{2.97}$$

进一步可表示为

$$\begin{cases} M_{z1}^{\alpha}\alpha + M_{z1}^{\delta_{\varphi}}\delta_{\varphi} = 0 \\ M_{y1}^{\beta}\beta + M_{y1}^{\delta_{\psi}}\delta_{\psi} = 0 \\ \delta_{\gamma} = 0 \end{cases} \tag{2.98}$$

对于控制方程,如取

$$\begin{cases} \delta_{\varphi} = a_0^{\varphi}\Delta\varphi_T + k_{\varphi}u_{\varphi} \\ \delta_{\psi} = a_0^{\psi}\Delta\psi_T + k_H u_H \\ \delta_{\gamma} = a_0^{\gamma}\Delta\gamma_T \end{cases} \tag{2.99}$$

即可得到略去动态过程的控制方程为

$$\begin{cases} \delta_{\varphi} = a_0^{\varphi}(\varphi + \omega_{ez}t - \varphi_{pr}) + k_{\varphi}u_{\varphi} \\ \delta_{\psi} = a_0^{\psi}[\psi + (\omega_{ey}\cos\varphi - \omega_{ex}\sin\varphi)t] + k_H u_H \\ \delta_{\gamma} = a_0^{\gamma}[\gamma + (\omega_{ey}\sin\varphi + \omega_{ex}\cos\varphi)t] \end{cases} \tag{2.100}$$

并据假设(1),有如下欧拉角关系

$$\begin{cases} \beta = \psi - \sigma \\ \alpha = \varphi - \theta \\ \nu = \gamma \end{cases} \tag{2.101}$$

则可整理得到绕质心运动在"瞬时平衡"假设条件下的另一等价关系式

$$\begin{cases} \alpha = A_{\varphi}\left[(\varphi_{pr} - \omega_{ez}t - \theta) - \dfrac{k_{\varphi}}{a_0^{\varphi}}u_{\varphi}\right] \\ \beta = A_{\psi}\left[(\omega_{ex}\sin\varphi - \omega_{ey}\cos\varphi)t - \sigma - \dfrac{k_H}{a_0^{\psi}}u_H\right] \\ \gamma = -(\omega_{ey}\sin\varphi + \omega_{ex}\cos\varphi)t \end{cases} \tag{2.102}$$

其中，

$$\begin{cases} A_\varphi = \dfrac{a_0^\varphi M_{z1}^\delta}{M_{z1}^\alpha + a_0^\varphi M_{z1}^\delta} \\ A_\psi = \dfrac{a_0^\psi M_{y1}^\delta}{M_{y1}^\beta + a_0^\psi M_{y1}^\delta} \end{cases} \qquad (2.103)$$

2. 伪六自由度空间运动方程

根据以上假设，且忽略 ν,γ 的影响，则可得到在发射坐标系中伪六自由度空间运动方程

$$\begin{cases} m\begin{bmatrix} \dfrac{\mathrm{d}v_x}{\mathrm{d}t} \\ \dfrac{\mathrm{d}v_y}{\mathrm{d}t} \\ \dfrac{\mathrm{d}v_z}{\mathrm{d}t} \end{bmatrix} = \begin{pmatrix} \cos\varphi\cos\psi & -\sin\varphi & \cos\varphi\sin\psi \\ \sin\varphi\cos\psi & \cos\varphi & \sin\varphi\sin\psi \\ -\sin\psi & 0 & \cos\psi \end{pmatrix}\begin{bmatrix} P_e \\ Y_{1c} \\ Z_{1c} \end{bmatrix} + \\ \qquad \begin{pmatrix} \cos\theta\cos\sigma & -\sin\theta & \cos\theta\sin\sigma \\ \sin\theta\cos\sigma & \cos\theta & \sin\theta\sin\sigma \\ -\sin\sigma & 0 & \cos\sigma \end{pmatrix}\begin{bmatrix} -C_x q S_M \\ C_y q S_M \\ -C_y q S_M \end{bmatrix} + \\ \qquad m\dfrac{g_r'}{r}\begin{bmatrix} x+R_{0x} \\ y+R_{0y} \\ z+R_{0z} \end{bmatrix} + m\dfrac{g_{\omega e}}{\omega_e}\begin{bmatrix} \omega_{ex} \\ \omega_{ey} \\ \omega_{ez} \end{bmatrix} - \\ \qquad m\begin{pmatrix} a_{11} & a_{12} & a_{13} \\ a_{21} & a_{22} & a_{23} \\ a_{31} & a_{32} & a_{33} \end{pmatrix}\begin{bmatrix} x+R_{0x} \\ y+R_{0y} \\ z+R_{0z} \end{bmatrix} - m\begin{pmatrix} b_{11} & b_{12} & b_{13} \\ b_{21} & b_{22} & b_{23} \\ b_{31} & b_{32} & b_{33} \end{pmatrix}\begin{bmatrix} \dot{x} \\ \dot{y} \\ \dot{z} \end{bmatrix} \\ \dfrac{\mathrm{d}x}{\mathrm{d}t}=v_x,\ \dfrac{\mathrm{d}y}{\mathrm{d}t}=v_y,\ \dfrac{\mathrm{d}z}{\mathrm{d}t}=v_z \\ \alpha = A_\varphi\left[(\varphi_{pr}-\omega_{ez}t-\theta)-\dfrac{k_\varphi}{a_0^\varphi}u_\varphi\right] \\ \beta = A_\psi\left[(\omega_{ex}\sin\varphi-\omega_{ey}\cos\varphi)t-\sigma-\dfrac{k_H}{a_0^\psi}u_H\right] \\ \theta = \arctan\dfrac{v_y}{v_x},\ \sigma = -\arcsin\dfrac{v_z}{v} \\ \varphi = \alpha+\theta,\ \psi = \sigma+\beta \\ \delta_\varphi = a_0^\varphi(\varphi+\omega_{ez}t-\varphi_{pr})+k_\varphi u_\varphi,\ \delta_\psi = a_0^\psi[\psi+(\omega_{ey}\cos\varphi-\omega_{ex}\sin\varphi)t]+k_H u_H \end{cases}$$

$$\begin{cases} r = \sqrt{(x+R_{0x})^2 + (y+R_{0y})^2 + (z+R_{0z})^2} \\ \sin\phi = \dfrac{(x+R_{0x})\omega_{ex} + (y+R_{0y})\omega_{ey} + (z+R_{0z})\omega_{ez}}{r\omega_e} \\ R = \dfrac{a_e b_e}{\sqrt{a_e^2 \sin^2\phi + b_e^2 \cos^2\phi}} \\ h = r - R \\ v = \sqrt{v_x^2 + v_y^2 + v_z^2} \\ m = m_0 - \dot{m}t \end{cases} \qquad (2.104)$$

2.3 再入体的运动方程

1. 运动方程

弹道导弹在末级发动机关机后,弹头将以惯性飞行并再入大气层,从而实现对地面或海上目标的精确打击。运载火箭的子级发动机关机后也将实现分离并再入大气层。无论是弹头还是发动机残骸,它们的再入飞行都主要受到气动力和重力的影响,满足这种受力特点的飞行器还包括滑翔式弹头、整流罩等,这里将其统一称为再入体。

下面仅考虑一种简单的零升力无控再入体,其飞行过程中升力比较小所以可忽略不计,落点位置完全由分离点的运动状态确定,包括位置、速度、姿态、攻角等参数。对于更复杂的有控或升力式再入体,运动方程可在此基础上进行拓展。

建立再入体在惯性坐标系下的矢量形式质心动力学方程,表示如下:

$$m\frac{\mathrm{d}^2 \boldsymbol{r}}{\mathrm{d}t^2} = \boldsymbol{R} + m\boldsymbol{g} \qquad (2.105)$$

其中,简单再入体的气动力 $\boldsymbol{R}$ 仅具有阻力分量,将上述矢量方程投影到发射惯性坐标系,并引入运动学方程,得到完整的再入体运动模型,如下所示

$$\begin{bmatrix} \dot{V}_{ax} \\ \dot{V}_{ay} \\ \dot{V}_{az} \end{bmatrix} = \boldsymbol{A}_G \boldsymbol{G}_V \begin{bmatrix} -X \\ 0 \\ 0 \end{bmatrix} + \begin{bmatrix} g_{ax} \\ g_{ay} \\ g_{az} \end{bmatrix}$$

$$\begin{bmatrix} \dot{x}_a \\ \dot{y}_a \\ \dot{z}_a \end{bmatrix} = \begin{bmatrix} V_{ax} \\ V_{ay} \\ V_{az} \end{bmatrix} \qquad (2.106)$$

式中:$G_V = V_G^{-1}$,为速度坐标系到发射坐标系的转移矩阵;$X = 0.5\rho V^2 C_{x1r} S_r / m_r$,其中$\rho$为当前高度下的大气密度,$C_{x1r}$为再入体等效阻力系数。这里需要注意的是,计算气动力时需采用发射坐标系中的速度大小V,由于分离的影响,再入体的质量和特征面积均采用等效的数值,$[g_{ax} \quad g_{ay} \quad g_{az}]^T$表示引力加速度在发射惯性系的分量。

对上式进行数值积分,当再入体距地面的高度$h \leq 0$或小于给定的预定高程时,认为再入体已经落地。

再入体落点经纬度的计算方法与箭下点经纬度的计算方法相同,这里仅给出再入体射程的计算公式,如下所示

$$L = Rf \quad (2.107)$$

$$f = \arccos(\sin\phi_0 \sin\phi_c + \cos\phi_0 \cos\phi_c \cos\Delta\lambda) \quad (2.108)$$

式中:L为再入体射程;R为地球平均半径,一般取为6371000m;f为射程角;$\Delta\lambda = \lambda_c - \lambda_0$。$(\lambda_0, \phi_0)$表示发射点经度和地心纬度,$(\lambda_c, \phi_c)$表示落点经度和地心纬度。

2. 落点偏差计算模型

当再入体表示弹道导弹的弹头时,落点偏差是描述弹道导弹命中精度的重要参数,其表示了导弹落点相对理论落点的偏差。下面给出落点偏差的计算模型。

已知发射点经纬度(λ_0, B_0),目标点经纬度(λ_c, B_c),实际落点经纬度(λ_t, B_t),首先根据球面三角形公式可推导出目标点的射程角和球面方位角计算公式如下

$$\begin{cases} \beta_c = \arccos(\sin B_0 \sin B_c + \cos B_0 \cos B_c \cos(\lambda_c - \lambda_0)) \\ \alpha_c = \arctan\left[\dfrac{\cos B_c \sin(\lambda_c - \lambda_0)\cos B_0}{\sin B_c - \sin B_0 \cos\beta_c}\right] \end{cases} \quad (2.109)$$

同理,实际落点的射程角和球面方位角计算公式如下:

$$\begin{cases} \beta_t = \arccos(\sin B_0 \sin B_t + \cos B_0 \cos B_t \cos(\lambda_t - \lambda_0)) \\ \alpha_t = \arctan\left[\dfrac{\cos B_t \sin(\lambda_t - \lambda_0)\cos B_0}{\sin B_t - \sin B_0 \cos\beta_t}\right] \end{cases} \quad (2.110)$$

从而射程角偏差量$\delta\beta$和球面方位角偏差量$\delta\alpha$可由下式确定

$$\begin{cases} \delta\beta = \beta_t - \beta_c \\ \delta\alpha = \alpha_t - \alpha_c \end{cases} \quad (2.111)$$

实际落点处的卯酉半径为

$$N_c = \frac{a_e}{\sqrt{1 - (\alpha_e \cdot \sin B_c)^2}} \quad (2.112)$$

式中:地球赤道平均半径 $a_e = 6378140\text{m}$;地球扁率 $\alpha_e = 1/298.257$。

综上,落点偏差为

$$\begin{cases} \Delta L = N_c \cdot \delta\beta \\ \Delta H = N_c \sin\beta_c \cdot \delta\alpha \end{cases} \tag{2.113}$$

式中:ΔL 为纵向偏差;ΔH 为横向偏差。

2.4 轨道根数的计算

运载火箭的飞行任务是将卫星等有效载荷送入预定轨道,下面给出根据星箭分离时刻发射惯性系下位置矢量 $\boldsymbol{r}_f$ 和速度矢量 $\boldsymbol{V}_f$,计算经典轨道根数的公式。

由于运载火箭上升段一般在发射惯性系进行描述,而轨道根数的转化是在地心惯性系内,首先需要将关机时刻的发射惯性系下位置矢量和速度矢量转化至地心惯性系下(参考 2.1.2 节所示转换关系),记为 $(\boldsymbol{r}_k, \boldsymbol{V}_k)$。

1. 偏心率 e

在星箭分离时刻,动量矩矢量 $\boldsymbol{h}$ 的表达式为

$$\boldsymbol{h}_k = \boldsymbol{r}_k \cdot \boldsymbol{V}_k = \begin{bmatrix} h_X & h_Y & h_Z \end{bmatrix}^T \tag{2.114}$$

则偏心率矢量 $\boldsymbol{e}$ 可由下式计算:

$$\boldsymbol{e} = \frac{\boldsymbol{V}_k \cdot \boldsymbol{h}_k}{\mu} - \frac{\boldsymbol{r}}{r} = \begin{bmatrix} e_X & e_Y & e_Z \end{bmatrix}^T \tag{2.115}$$

那么,偏心率 e 为

$$e = |\boldsymbol{e}| = \sqrt{e_X^2 + e_Y^2 + e_Z^2} \tag{2.116}$$

2. 半长轴 a

半通径 p 由下式计算:

$$p = \frac{h^2}{\mu} \tag{2.117}$$

式中:$h = |\boldsymbol{h}| = \sqrt{h_X^2 + h_Y^2 + h_Z^2}$,则半长轴 a 计算公式为

$$a = \frac{p}{1 - e^2} \tag{2.118}$$

3. 轨道倾角 i

$$i = \arccos \frac{h_z}{h} \tag{2.119}$$

其中,$i \in [0, \pi]$。

4. 升交点赤经 Ω

$$\Omega = \arctan\left(\frac{h_X}{-h_Y}\right) \tag{2.120}$$

式中：$\Omega \in [0, 2\pi]$；当 $h_X < 0$ 时，$\Omega > \pi$。

对于太阳同步轨道，一般对降交点赤经有要求，与升交点赤经相差 180°。

对于地球静止轨道，由于轨道面与赤道面重合，一般不对入轨时刻的轨道倾角和升交点赤经进行要求，而是要求入轨点经度满足约束。入轨点经纬度可通过入轨点在发射惯性坐标系的位置矢量转换到地理坐标系得到，具体转换关系可参考 2.1.2 节。

5. 近地点角距 ω

$$\omega = \arctan\left(\frac{e_Z}{(e_X \cos\Omega + e_Y \sin\Omega)\sin i}\right) \tag{2.121}$$

式中：$\omega \in [-\pi, \pi]$；当 $e_Z > 0$ 时，$\omega > 0$。

6. 真近点角 f

首先计算航天器的升交点角距 u，其表达式为

$$u = \arctan\left(\frac{Z}{(X\cos\Omega + Y\sin\Omega)\sin i}\right) \tag{2.122}$$

式中：$u \in [0, 2\pi]$；X、Y、Z 为位置矢量分量，即 $\boldsymbol{r}_k = \begin{bmatrix} X & Y & Z \end{bmatrix}^T$。

根据 u 计算 f

$$f = u - \omega \tag{2.123}$$

式中：$f \in [0, 2\pi]$。

由上述实际入轨根数可计算其与标准入轨根数的偏差，由此确定航天器的入轨精度。运载火箭的上升段轨迹设计目标是使终端入轨根数偏差小于某一值。

不同任务要求的入轨点根数不同。对于单个的卫星，一般不要求升交点赤经和入轨点的相位，但对于卫星组网、交会对接和深空探测而言，需要满足全部入轨根数。

2.5 远程火箭控制系统基础知识

2.5.1 GNC 系统组成及基本原理

远程火箭控制系统也称 GNC 系统，是导航、制导和姿态控制等各部分的总称。导航的任务是利用测量装置确定远程火箭在初始条件和飞行过程中

的状态参数,制导的任务是设计使远程火箭从某一飞行状态达到期望状态的运动规律,姿态控制的任务是执行制导所要求的机动和保证飞行姿态稳定。硬件主要包括导航测量设备、执行机构等,软件包括导航算法、制导算法、控制算法等。

GNC 系统是飞行器的大脑,控制飞行器的所有运动,包括导航(Navigation)、制导(Guidance)、控制(Control)3 个分系统。导航系统通过测量获得当前时刻飞行器所处的位置及速度,制导系统依靠当前的位置速度信息以及任务目标决定下一时刻的制导指令,控制系统根据制导指令通过执行机构进行控制,进而实现飞行状态的改变。3 个分系统各自独立又相互关联,共同构成了飞行器的"神经中枢"。

综合导航系统、制导系统和控制系统的组成,可得 GNC 系统组成框图如图 2.13 所示。导航设备测量得到飞行器当前运动状态后,制导系统根据状态偏差或目标信息生成制导指令,控制系统综合制导指令与运动状态信息生成控制指令,最后由执行机构进行指令执行操作,改变飞行器的姿态运动和质心运动,从而形成闭环控制。

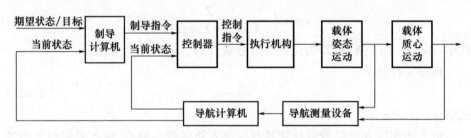

图 2.13 GNC 系统组成框图

2.5.2 导航系统

为了给出载体在某坐标系中的位置、速度、姿态,以及当前时刻等导航信息,首先需要进行测量,这就要用到不同的导航测量设备。获得测量信息后,还需对这些信息进行导航计算,才能确定所需的导航信息。因此,导航系统主要由导航测量设备和导航计算机组成,系统组成框图如图 2.14 所示。

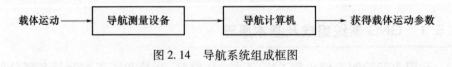

图 2.14 导航系统组成框图

由图 2.14 可知,导航系统的工作过程是开环的,即不需要信息反馈,因此,导航系统可视为开环系统。

惯性导航是远程火箭最基本的导航方式之一。所谓惯性导航,是指通过测量火箭相对于惯性坐标系的加速度、角速度,然后根据初始时刻的位置、速度、姿态等信息进行积分计算,获得载体当前时刻的位置、速度、姿态等信息。惯导系统分为平台式和捷联式两大类,其基本原理在第9章进行介绍。

惯性导航的基本测量元件包括加速度计和陀螺,下面分别介绍其工作原理。

1. **加速度计**

加速度计的功能是在体坐标系中测量箭体相对于惯性坐标系的"视加速度"。它分为摆式加速度计和摆式积分陀螺加速度计两大类。其中,前者又有多种支承方式,如液浮、挠性、静电等。无论何种加速度计,其工作原理均与套筒弹簧小球加速度计的工作原理类似。

记 $f \triangleq \dfrac{f_T}{m}$,其中 f_T 为弹簧的拉力,m 为小球的质量,f 称为比力,或称为视加速度。于是,小球相对于惯性坐标系的加速度为

$$a = f - g \tag{2.124}$$

式中:g 为地球引力加速度。

记小球在沿弹簧轴向的加速度、视加速度、引力加速度分别为 a_S、f_S、g_S,则有 $a_S = a$,$f_S = f$,$g_S = -g$,于是有

$$a_S = f_S + g_S \tag{2.125}$$

设箭体坐标系3个坐标轴方向的加速度计分别测得视加速度 f_x、f_y、f_z,记 $\boldsymbol{f} = [f_x \ f_y \ f_z]^T$,又设地球引力加速度矢量在体坐标系中的值为 $\boldsymbol{g}$,箭体相对于惯性坐标系的加速度矢量在体坐标系中的值为 $\boldsymbol{a}$,则

$$\boldsymbol{a} = \boldsymbol{f} + \boldsymbol{g} \tag{2.126}$$

需要特别指出的是,加速度计只能测量视加速度,而不能测量箭体相对于惯性坐标系的绝对加速度。

2. **陀螺**

陀螺的功能在于敏感载体相对于惯性坐标系的角速度。按照测量物理机制的不同,可以将陀螺分为机械陀螺和光学陀螺两大类。其中,机械陀螺带有转子。按照支撑转子的方式不同,又可以将机械陀螺分为挠性、气浮、液浮、静电陀螺等类型。光学陀螺包括激光、光纤陀螺两类。按照自由度个数的不同,又可以将陀螺分为单、两自由度陀螺。下面简要介绍单自由度机械陀螺、光学陀螺的基本工作原理。

1) 单自由度机械陀螺

单自由度机械陀螺的原理结构如图 2.15 所示。若载体(外环)相对于惯性坐标系,绕 I(input)轴以角速度 ω 匀速旋转,则转子绕 O(output)轴进动,测角仪将测出与 ω 成正比的进动角度。因为转子相对于载体(外环),除了可以绕 H 轴转动,只可以绕 O 轴转动小角度,所以称为单自由度。

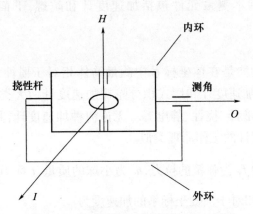

图 2.15 单自由度机械陀螺的原理结构

2) 光学陀螺

1913 年法国物理学家 M. Sagnac 首次提出采用光学方法测量角速度的原理。在转动的圆环中,沿顺、逆时针反向传播的两束光波将产生干涉条纹,这一现象也称 Sagnac 效应。限于当时的技术水平,M. Sagnac 的设想并未用于工程实际。直到 1963 年才由美国的 Sperry 公司研制出世界上第一个激光陀螺。国防科技大学于 20 世纪 90 年代初研制出了国内第一款激光陀螺。目前,国防科技大学研制的陀螺已在多个武器型号上得以应用。

光学陀螺的原理结构如图 2.16 所示。在旋转角速度为零的条件下,光束 1 的行程为 $L_1 = \pi r$,所需传播时间为 $\Delta t = \pi r/c$,其中 c 为光速。在旋转角速度为 ω 的条件下,光束 1 的行程将减少 δL_1

$$\delta L_1 = (\omega r) \cdot (\pi r/c) = \frac{2A}{c}\omega \tag{2.127}$$

式中:A 为半圆面积。于是,在旋转角速度为 ω 的条件下光束 1、2 将存在行程差 δL,计算公式为

$$\delta L = \frac{4A}{c}\omega = s \cdot \omega \tag{2.128}$$

采用光学干涉测量的方法测得 δL,即可计算得到旋转角速度 ω。

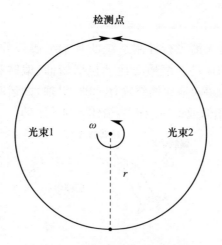

图 2.16　光学陀螺的原理结构

2.5.3　制导系统

制导系统需要根据载体当前测量状态与期望状态之间的偏差或目标信息产生制导指令,因此,制导系统需要依赖传感器反馈的当前运动状态信息,这是一个闭环系统。典型的制导系统组成框图如图 2.17 所示。

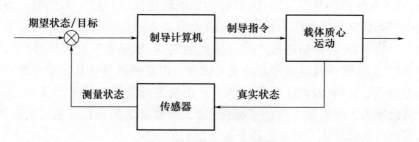

图 2.17　制导系统组成框图

制导系统以导航系统测量得到的当前位置、速度及姿态信息作为输入,根据期望运动状态与当前测量运动状态之差或目标信息生成制导指令,从而引导飞行器按照预先设计的轨迹进行运动,其中期望状态或目标信息是射前保存或实时计算得到的。如果不存在标准轨迹,则一般是以满足终端运动状态为目标,生成相应的制导指令。

目前,在运载火箭中常用的制导方法包括摄动制导和迭代制导。这两种制导方法的基本原理在第 9 章进行介绍。

2.5.4 姿控系统

姿态控制系统是火箭飞行控制系统的基本组成部分之一,其任务是稳定和控制火箭绕质心的运动。绕质心运动包括俯仰、偏航和滚转3个通道。如图2.18所示,滚转通道对应火箭绕箭体 x 轴(纵轴)的运动,偏航通道对应于绕箭体 y 轴的运动,而俯仰通道对应于绕箭体 z 轴的运动。

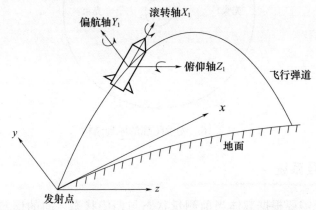

图 2.18 导弹(运载火箭)绕质心运动的 3 个控制通道

与绕质心运动的3个通道相对应,姿态控制系统一般也包括3个基本控制通道,分别对导弹的俯仰运动、偏航运动和滚转运动进行稳定和控制。各控制通道由姿态稳定装置和作为控制对象的火箭绕质心运动构成闭合的姿态稳定回路。一般来说,各控制通道之间通过控制机构、敏感器件和弹体外形布置等发生空气动力、惯性及电气方面的交叉耦合。但是弹道导弹和运载火箭一般是小角度绕质心运动,因此这种交叉耦合在正常飞行条件下并不严重,姿态稳定系统可以视为3个单独工作的子系统,即3个通道之间是相互独立的。因此,姿控系统分析设计也主要是按单个通道进行的。

各通道的组成基本相同。每个姿态稳定回路都包含姿态敏感器、控制器(校正装置)、执行机构和对象模型4个基本部分,如图2.19所示。

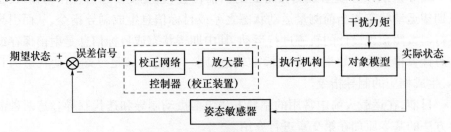

图 2.19 姿态稳定回路基本结构

姿态敏感器是火箭的"感觉器官",用来测量火箭姿态相对于期望状态的偏差。许多火箭采用定位陀螺仪作姿态敏感器,利用三自由度陀螺的定轴性提供姿态角测量的基准,通过角度传感器输出与姿态角偏差呈比例的电信号。控制器的作用是对姿态敏感器测得的姿态误差信号进行放大和加工,形成控制信号传给执行机构。执行机构包括操纵机构和驱动装置,借以产生与控制信号呈比例的操纵火箭飞行的力和力矩。

在稳定回路设计中,对象姿态运动特性和执行机构往往由多方面因素确定,不能轻易改变,只有校正装置可以根据姿态稳定回路性能要求进行设计,而且调整或改变起来也比较容易。所以稳定回路设计的主要工作就是确定合适的校正装置。

火箭绕质心运动是姿态稳定装置的控制对象。大多数运载火箭没有尾翼,是静不稳定的,如果没有校正装置,那么姿态角扰动产生的气动力矩将使姿态角偏差逐渐增大,直至火箭姿态运动完全失稳。所以,校正装置是保证静不稳定弹体稳定飞行的关键。同时,火箭运动是多种运动形式的复合。诸如壳体的弹性弯曲振动、液体火箭推进剂在贮箱内的晃动,都会影响火箭绕质心运动,使之发生弱阻尼或不衰减的振荡,破坏正常飞行状态。在一定条件下,甚至可能导致箭上仪器损坏、火箭壳体破坏或无法稳定飞行。设计校正装置时必须考虑这些问题。

火箭参数(如转动惯量、质心位置、谐振频率等)都是随时间和飞行状态而变化的,此外,由于生产制造误差,这些参数的值也不可能准确确定,研究人员只能估计它们的取值范围。这些因素导致被控对象的运动特性十分复杂,从而增加了稳定回路设计的复杂性。

第 3 章 远程火箭飞行动力学的面向对象建模

3.1 面向对象方法的基本概念

3.1.1 面向对象方法的发展历程

面向对象是最近几十年主流的程序设计和系统建模方法,其发展可分为 3 个阶段:雏形阶段、完善阶段和繁荣阶段。

1. 雏形阶段

20 世纪 60 年代挪威计算中心开发的 Simula 67,首先引入了类的概念和继承机制,它是面向对象语言的先驱。该语言的诞生是面向对象发展史上的第一个里程碑。随后 20 世纪 70 年代的 CLU、并发 Pascal、Ada 和 Modula2 等语言对抽象数据类型理论的发展起到了重要作用,它们支持数据与操作的封装。犹他大学的博士生 Alan Kay 设计出了一个实验性的语言 Flex,该语言从 Simula 67 中借鉴了许多概念,如类、对象和继承等。1972 年 Palo Alno 研究中心(PARC)发布了 Smalltalk 72,其中正式使用了"面向对象"这个术语。Smalltalk 的问世标志着面向对象程序设计方法的正式形成,但是这个时期的 Smalltalk 语言还不够完善。

2. 完善阶段

PARC 先后发布了 Smalltalk 72、Smalltalk 76 和 Smalltalk 78 等版本,直至 1981 年推出该语言完善的版本 Smalltalk 80。Smalltalk 80 的问世被认为是面向对象语言发展史上最重要的里程碑。迄今为止,绝大部分面向对象的基本概念及其支持机制在 Smalltalk 80 中都已具备。它是第一个完善的、能够实际应用的面向对象语言。但是随后的 Smalltalk 的应用尚不够广泛,其原因是:

(1) 追求纯面向对象的宗旨使得许多软件开发人员感到不便;
(2) 一种新的软件开发方法被广泛地接受需要一定的时间;
(3) 针对该语言的商品化软件开发工作到 1987 年才开始进行。

3. **繁荣阶段**

从 20 世纪 80 年代中期到 90 年代,是面向对象语言走向繁荣的阶段。其主要表现是大批实用的面向对象编程语言的涌现,如 C++、Objective C、Object Pascal、CLOS(Common Lisp Object System)、Eiffel 和 Actor 等。这些面向对象的编程语言分为纯面向对象型语言和混合型面向对象语言。混合型面向对象语言是在传统的过程式语言基础上增加了面向对象语言成分形成的,在实用性方面具有更大的优势。此时的纯面向对象型语言也比较重视实用性。目前,在面向对象编程方面,普遍采用语言、类库和可视化编程环境相结合的方式,如 Visual C++、JBuilder 和 Delphi 等。面向对象方法也从编程发展到设计、分析,进而发展到对整个软件生命周期的支持。

到 20 世纪 90 年代,面向对象的分析与设计方法已多达数十种,这些方法都各有所长。目前,统一建模语言(unified modeling language,UML)[9]已经成为世界性的建模语言,适用于多种开发方法。把 UML 作为面向对象的建模语言,不但在软件产业界获得了普遍支持,在学术界影响也很大。在面向对象的过程指导方面,目前还没有国际规范发布。当前较为流行的用于面向对象软件开发的过程指导有"统一软件开发过程"(也称 RUP)等。

当前,面向对象方法几乎覆盖了计算机软件领域的所有分支。例如,已经出现了面向对象的编程语言、面向对象的分析、面向对象的设计、面向对象的测试、面向对象的维护、面向对象的图形用户界面、面向对象的数据库、面向对象的数据结构、面向对象的智能程序设计、面向对象的软件开发环境和面向对象的体系结构等。此外,许多新领域都以面向对象理论为基础或主要技术,如面向对象的软件体系结构、领域工程、智能代理(Agent)、基于构件的软件工程和面向服务的软件开发等。

3.1.2 基本概念

面向对象的基本思想就是把数据及对数据的操作方法放在一起,作为一个相互依存的整体——对象。对同类对象抽象出其共性,形成类。类中的大多数数据,只能用本类的方法进行处理。类通过一个简单的外部接口与外界发生关系,对象与对象之间通过消息进行通信。程序流程由用户在使用中决定。对象即人对各种具体物体抽象后的一个概念,人们每天都要接触各种各样的对象。

对象:对象是类的一个具体实例,有状态和行为。例如,一只鸡是一个对象,它的状态有颜色、名字、品种等,行为有叫、吃、挥动翅膀等。

类:类是一个模板,它描述了类的所有对象的行为和状态。

面向对象有三大主要特征。

1. 封装

封装有两层含义:一是把对象的属性和行为看成一个整体,将这两者"封装"在一个独立单元(对象)中;二是指"信息隐藏",即把一部分信息(对象的属性和行为)隐藏起来不让外界知道,而另一部分信息(对象的属性和行为)可以让外部用户知道和使用,但不允许更改,只允许使用对象的功能,且隐藏对象功能实现的细节。

2. 继承

继承是面向对象编程技术的一块基石,允许创建不同等级层次的类。

继承就是子类继承父类的特征和行为,使子类对象(实例)具有父类的特征和行为;或子类从父类继承行为,使子类具有父类相同的行为。

3. 多态

多态是同一个行为能表现出不同的形式或形态。

多态主要分为两个方面。

1)方法的多态性:重载与覆写

重载:同一个方法名称,根据不同的参数类型及个数,可以完成不同的功能。

覆写:同一个方法,根据操作的子类不同,所完成的功能也不同。

2)对象的多态:父子类对象的转换

向上转型:子类对象变为父类对象,格式为:父类父类对象 = 子类实例,这种转换是自动的;

向下转型:父类对象变为子类对象,格式为:子类子类对象 =(子类)父类实例,这种转换是强制的。

3.2 统一建模语言

3.2.1 简介

统一建模语言 UML 是一种可视化语言,图是其建模的主要工具。其中包括类示意图、类图、时序图、状态机图等。

但 UML 本身只是一种建模语言,而不是一种方法。它不包含任何过程指导,只是定义了用于建模的各种元素以及由这些元素所构成各种图的构成规则。原则上 UML 可以应用于不同的软件过程,但统一软件开发过程(USDP)是由 UML 的开发者提出的,因此很切合 UML 的特点。使用 USDP,软件开发是一个用况驱动、以构架为中心、迭代和增量式的开发过程。

图 3.1 所示为 UML 的主要设计图例。

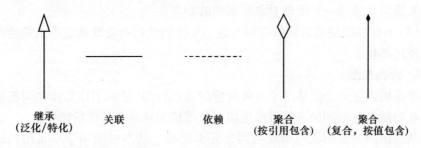

图 3.1　UML 的主要设计图例

3.2.2　UML 构造块

UML 中包含各种各样的图设计,下面介绍本书用到的图。

1. 类示意图

类示意图的顶端显示类名,中间显示类的属性,尾端显示类的操作。其中,可选择显示属性和操作的可见性、属性类型、属性初始值、操作的参数列表和操作的返回值等信息。此外,也可以选择隐藏类的属性或操作部分,隐藏了这两部分的类示意图简化为只显示类名的矩形。

2. 类图

类图是显示一组类、接口、协作,以及它们之间关系的图。一个类图主要通过系统中的类以及各个类之间的关系来描述系统的静态结构。类图主要包括类、继承关系、关联关系、依赖关系、聚合关系等。

3. 时序图

时序图又称顺序图或序列图,是按时间顺序显示对象交互的图。具体来说,它显示了参与交互的对象和所交换信息的先后顺序,用来表示用例中的行为,并将这些行为建模成信息交换。

时序图主要包括 4 个元素:对象、生命线、激活和消息。在 UML 中时序图将交互关系表示为一张二维图。其中纵向代表时间维度,时间向下延伸,按时间依次列出各个对象所发出和接收的消息。横向代表对象的维度,排列着参与交互的各个独立的对象。一般主要参与者放在最左边,次要参与者放在最右边。

时序图主要有以下3种作用。

(1)细化用例表达。时序图的一大用途,就是将用例所描述的需求功能转化为更加正式、层次分明的细化表达。

(2)有效描述类职责的分配方式。可以根据时序图中各对象之间的交互关系和发送消息来进一步明确对象所属类的职责。

(3)丰富系统使用语境的逻辑表达。系统的使用语境即系统可能的使用方式和使用环境。

4. 状态机图

状态机描述一个实体基于事件反应的动态行为,显示了该实体如何根据当前所处的状态对不同的事件做出反应。状态机图是对状态机的建模。

状态机图主要由状态和转换两种元素组成。状态机图用于对系统的动态行为进行建模,适合描述一个对象在其生命周期中的各种状态及状态转换。状态机图的作用主要体现在以下4点。

(1)状态机图描述了状态转换时所需的触发事件和监护条件等因素,有利于开发人员捕捉程序中需要的事件。

(2)状态机图清楚地描述了状态之间的转换及其顺序,这样就可以方便地看出事件的执行顺序,状态机图的使用节省了大量的描述文字。

(3)清晰的事件顺序有利于开发人员在开发程序时避免出现事件错序的情况。

(4)状态机图通过判定可以更好地描述工作流在不同的条件下出现的分支。

3.3　设计样式

设计样式(design pattern)也称模型架构(model framework),是指能反复使用解决同类问题,且只包含少数几个对象的设计模块。常用的设计样式包括集合管理器(collection manager)、容器(container)、手柄本体样式(handle-body pattern)、复合样式(composite pattern)、关系环(relationship loop)以及动态模式(dynamic schema)等。这些设计样式在飞行动力学建模中得到广泛的应用。而针对飞行动力学建模的特殊性,本书作者在2004年抽象出一些新的样式,如通用积分样式、层次聚合样式等。这些设计样式的应用,可以大大降低飞行动力学建模的难度[54]。

下面介绍几种飞行动力学建模中用的较多的样式。

3.3.1 手柄本体样式

手柄本体样式又称桥样式(bridge pattern)。这一样式是委托关系与继承关系的结合,如图 3.2 所示。界面类将具体的实现委托给实现类,而实现类在保证接口一致的前提下可以有多种实现方式。这样,界面与实现方式相互独立,对给定界面可根据实际情况动态决定实现方式,而同一实现方式也可以面对相同接口的不同界面,从而大大提高建模的灵活性。

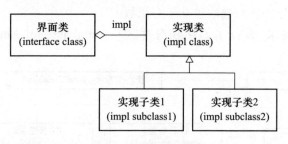

图 3.2　手柄本体样式

手柄本体样式是飞行动力学建模中的基本样式。每个飞行器类本身实际上都是界面类,只负责系统的输入、输出关系,而具体的计算,如积分右函数、受力分析、导航、制导、控制等,委托给包含的多个实现类执行。

除飞行器类本身,其他模型的实现,也借鉴了同样的方法。比如火箭发动机类的实现,推力和流量的计算委托给推力模型类。根据实际情况,推力模型可采用固定推力模型、只考虑大气压影响的定常推力模型、函数式推力模型等。而同样的推力模型能面对发动机的不同构型。

3.3.2 关系环样式

当两个类之间同时存在聚合和继承关系时,就形成一个关系环。如果子类 B 包含其父类 A,称为反向容纳(backward containment),如图 3.3 所示。子类 B 包含父类 A,更多时候,是希望包含由父类 A 继承的子类。

图 3.3　反向容纳关系环

3.3.3 通用积分样式

飞行动力学计算从本质上讲是求解一组常微分方程的解。但针对不同的应用,同一飞行器的积分右函数形式可能完全不同。这既可能是积分变量、坐标系选择不同的缘故,也可能是基于不同的模型假设。但对飞行器涉及的其他计算,如受力计算、导航计算、制导与控制计算等,又是完全或基本相同的。因此,在建模中就要求积分右函数计算与其他部分相对独立。同时为提高程序的灵活性,要求积分方法的选取独立于右函数。

针对以上要求,设计了通用积分样式(general integral pattern),如图 3.4 所示。

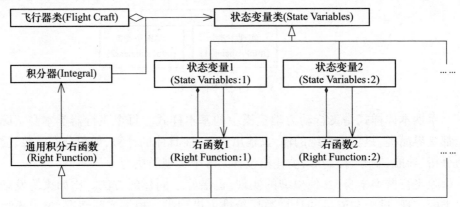

图 3.4 通用积分样式

通用积分样式是飞器动力学建模的核心架构,是必不可少的一部分内容。对于不同的飞行器,状态变量有不同的选择,具体讨论见第 5 章。

3.3.4 层次聚合样式

聚合是类之间的强关联,表示整体与部分之间的关系,类的对象间有逻辑上的包含关系。聚合有两种不同的实现方法:①按引用包含。即保存指向对方的引用(指针)作为自己的属性;②按值包含。即把对方类的实例化对象作为自己的属性。这种关系也往往称为复合。复合类的对象间有生存依赖关系。

层次聚合样式(hiberarchy aggregation pattern)是指在类体系的不同层次,两个类族的类之间分别采用不同的聚合方式,以满足不同的需要。具体来说,在类体系顶层采用按引用包含聚合关系,使类之间的关系灵活可变;而在类体系的底层针对具体情况采用按值包含聚合(复合)关系,使类之间的关系稳定,便于使用。层次聚合样式如图 3.5 所示。

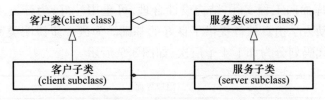

图 3.5 层次聚合样式

层次聚合样式在飞行动力学建模中大量使用。按引用包含的聚合关系使用灵活,可保证同一类体系上的任何节点都能方便接入系统。因此,在顶层设计中的聚合关系都应采用按引用包含。但与此同时,为方便应用,针对实际需要,通过定义子类将按引用包含的聚合关系进一步提升为复合关系,减少使用的复杂性。当面对的问题已经明确、接口关系得到固定时,便为特定的用户提供了方便。如图 8.9 所示的气动力计算类图,气动系数在顶层是抽象二元函数,而在底层子类中则根据实际情况具体化为二元通用插值函数。

3.4 面向对象的远程火箭飞行动力学总体框架

3.4.1 飞行动力学类库总体设计

飞行器飞行动力学类库(vehicle dynamics classlib,VDC)是飞行器飞行动力学与 GNC 计算的基础构件,可以支持弹道导弹、运载火箭、航天器等飞行器从发射到运行、再入等全过程的分析、设计与仿真。VDC 所支持飞行器的层次结构如图 3.6 所示。

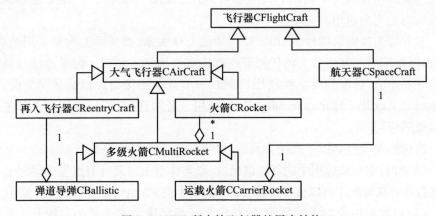

图 3.6 VDC 所支持飞行器的层次结构

VDC 类库面向工程实际,结构设计合理,可重用性好,为开发不同类型、不同型号飞行动力学仿真软件提供了良好的基础。为进一步说明类库的性质,可以把其中的代码划分为如下 4 个层次,如图 3.7 所示。

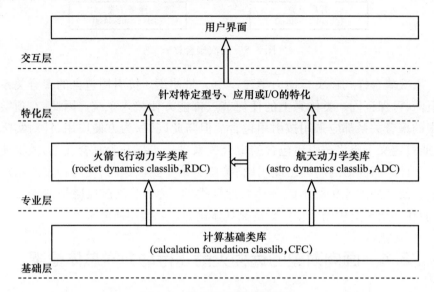

图 3.7 类库代码的不同层次

基础层提供了通用的算法,如插值、矩阵、矢量、坐标转换、方程求解、积分等。这些算法并不针对特定的专业,是完全通用的。

专业层则针对不同的应用领域设计。火箭飞行动力学类库可支持运载火箭、弹道导弹的各种飞行动力学仿真需求,航天动力学类库支持卫星、飞船等空间飞行器的飞行动力学仿真。专业层需调用基础层中的算法。专业层在其应用领域内是完全通用的。

专业层为提供灵活性,不指定任何特定 I/O 关系,类关系上大量采用关联、聚合,以保证同一类体系上的任何节点都能方便地接入系统。但灵活性与易用性是一对矛盾,过度的灵活性使用户面对一堆复杂的接口难以适从。为此,在专业层之上设计了特化(specialization)层,用于针对特定型号、应用和 I/O 来简化对象的应用。

特化的途径包括以下几个方面。

(1)针对型号或应用中的特殊情况,在原类体系上定义叶节点类(子类)。如果在各种特殊情况中可以进一步抽象出规律,则这些类也可以合并到专业层中。

(2)针对应用中的实际需要,通过定义子类将聚合关系进一步提升为复合关系,减少使用的复杂性。如在专业层中定义的抽象函数,根据需要将其中的大部分通过定义子类具体化为插值函数。

（3）针对特定 I/O 编写函数以封装类的初始化过程，如插值数据的读入方式等。

（4）针对特定型号、应用，定义计算运行类，将计算及 I/O 组织到一起，以便与用户的交互。

特化层由于其针对特定的应用、I/O、型号，因而其代码可重用性也受到限制。在以上4种情况中，重用性依次降低。

交互层由于负责与用户交互，其代码是完全具体的。虽然可能有其中的一些函数、技巧可用于其他设计，但整体上讲不具有重用性。实际上，交互层属于类库的应用，并不属于类库本身。

类库中的代码主要集中在基础层和专业层，因而其可重用性是很高的。特化层中的代码，在用户愿意遵守一定约定的前提下，其大部分也是可重用或对进一步开发有参考价值的。

由于类库结构的清晰、合理，类库修改与维护的影响被限制在局部范围，不会导致软件结构大的调整，更不会导致软件结构的崩溃。

类库的扩展，或者是在基础层、专业层添加新的类，或者是针对新情况在原类体系上增加新的叶节点。在遵守类库扩展要求的前提下这些工作不会影响类库的体系结构，因而也不会影响基于类库软件开发的一般步骤。

3.4.2 飞行器类体系设计

1. 火箭类体系

图 3.8 给出了火箭类体系。

图 3.8 中，火箭类输出函数用于对外输出弹道数据，交互函数用于支持关联的不同对象之间的相互调用，更新函数用于在每个时间点上更新所有关联对象的状态。

火箭特征数据包括特征面积、特征长度、当前级启动时间、主发动机计算机关机与子级分离时间差等。状态置包括当前时间、质量、相对质心位置、转动惯量、转动惯量变化率等。

助推火箭、主机游机型火箭和两次启动火箭等是火箭类的子类，分别处理不同的情况。

助推火箭的发动机组中包括芯级发动机和助推发动机，主要应用于一级带助推的情况。助推发动机按制导方式（时间或质量、液位高度）关机，并考虑后效段时间，助推分离前后使用不同的气动模型。

主机/游机型火箭根据不同关机方程关闭发动机组中的主机和游机（或末

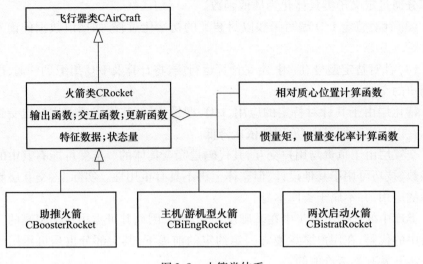

图 3.8　火箭类体系

修发动机),所关联 GNC 系统中的制导系统应具有两次关机功能,主要应用于二级带游机或三级带末修发动机的情况。

两次启动火箭主要应用于主发动机两次启动、带滑行、带末修发动机的情况。运行过程共分为 5 段,其中需保留两个主发动机运行段的后效时间,用于不同阶段的划分。该类所关联发动机组中的主发动机及 GNC 系统中的制导、控制系统类应进行相应的设计。

火箭类与其他类关联关系如图 3.9 所示。地球类提供地球参数和不同坐标系下的地球引力计算;大气模型类提供大气参数,发射点参数类负责记录发射点数据并进行初始化;状态变量类随坐标系和计算模型(如是否引入四元数,是否用瞬时平衡假设)的不同而有所区别,不同状态变量对应于不同的右函数,空气动力类和发动机组类提供气动力、推力及相关力矩,执行机构类提供控制力和控制力矩,GNC 系统类则提供火箭的导航、制导、控制算法。

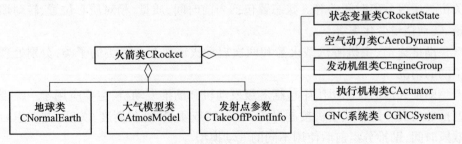

图 3.9　火箭类与其他类关联关系

第 3 章
远程火箭飞行动力学的面向对象建模

火箭类是火箭体系的根节点,定义了火箭动力学计算的特征数据、状态量,并负责计算的更新、交互、关联类间的数据交换及计算结果的输出。

图 3.10 所示为火箭类设计,描述了火箭类的主要属性和主要操作,它含有火箭状态变量对象、发动机组对象、制导控制系统(GNC)对象、执行机构对象、地球模型对象、空气动力学对象。其中火箭状态变量对象含有火箭对象的位置、速度、姿态等;发动机组对象是当前火箭对象关联的所有发动机,用来计算发动机推力。火箭类包含的主要操作有:

(1) 初始化:Initial,初始化函数。初始化火箭信息。

(2) 运行一步:Run_by_Step,运行一步函数。火箭进行动力学积分的主要函数,输入积分步长,输出积分之后的结果。

(3) 状态更新:UpdateAllObjectsState,更新状态函数。更新火箭的位置、速度等信息及关联的所有对象。

(4) 返回火箭信息:Get_Aero_Force_in_Body,返回体坐标系气动力;Get_Thrust,返回推力;Get_Control_Force,返回控制力;Get_Apparent_Acc,返回视加速度;Get_Apparent_Vel,返回视速度;Get_Apparent_Pos,返回视位置;Get_Cur_Force,返回当前受力等。

```
CRocket(火箭类)
────────────────────────────────────
CRocketState* pState;(火箭状态变量对象指针)
CEngineGroup* pEngine;(发动机组对象指针)
CGNCSystem* pGNC;(GNC对象指针)
CActuator* pAct;(执行机构对象指针)
CNormalEarth* pEarth;(地球模型对象指针)
CAeroDynamic* pAero;(空气动力对象指针)
────────────────────────────────────
void Initial();(初始化函数)
int Run_by_Step();(运行一步函数)
void UpdateAllObjectsState(double t);(更新状态函数)
virtual CCoordinate Get_Aero_Force_in_Body
    (double t);(返回体坐标系气动力)
virtual CCoordinate Get_Thrust(double t);(返回推力)
virtual CCoordinate Get_Control_Force
    (double t);(返回控制力)
virtual CCoordinate Get_Apparent_Acc();(返回视加速度)
virtual CCoordinate Get_Apparent_Vel();(返回视速度)
virtual CCoordinate Get_Apparent_Pos();(返回视位置)
virtual void Get_Cur_Force(CCoordinate& T,
    CCoordinate& F)(返回当前受力)
```

图 3.10　火箭类设计

下面介绍火箭对象运行一步实现流程和时序图。火箭对象运行一步的实现流程如下。

（1）积分一步。火箭对象调用火箭状态对象的 Run_By_Step 函数，火箭状态对象调用积分对象中的积分函数（如四阶龙格库塔法 R_K4）进行积分，积分函数运行时会一次或多次调用通用右函数对象的 operator 函数计算火箭的受力。积分完成后逐级返回结果给火箭状态对象。

（2）状态更新。火箭状态对象调用火箭对象的 UpdateObjectsState1 函数更新状态。火箭对象首先调用自身的 UpdateSelf 函数更新自身状态，而后再逐个调用空气动力对象、发动机组对象、GNC 对象的 UpdateState 函数更新各个对象的状态。

（3）关机判断。火箭对象调用 GNC 对象的 CutOffEquation（判断关机）函数，根据 GNC 对象返回结果判断是否关机。如果结果为 0，则调用发动机组对象的 Close（关机）函数对发动机组中的发动机进行关机，积分一步函数结束返回结果 −1。如果正常结束，则积分一步函数结束返回结果 −1。

图 3.11 所示为火箭对象时序，描述了火箭对象运行一步的过程。

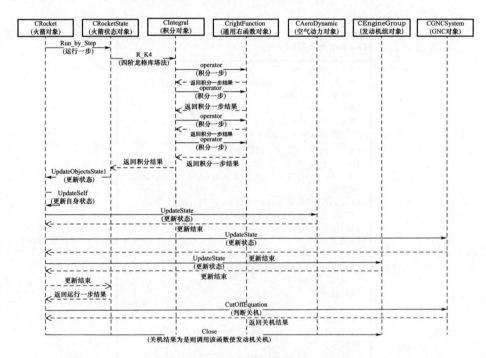

图 3.11　火箭对象时序

助推火箭类是火箭类的子类,负责处理助推火箭的计算。主要特点包括:助推分离前后气动模型不同,需添加助推发动机组,助推、主机两次关机等。

助推火箭类特有的主要属性有 BstDelta_Time(助推火箭关机与分离时间差)、BstCurQuality(助推器当前质量)、dm_bst(助推器当前流量)。助推火箭类重写的主要操作有:

运行一步:Run_by_Step,运行一步函数。助推火箭进行动力学积分的主要函数,输入积分步长,输出积分之后的结果。

图 3.12 所示为助推火箭类设计,描述了助推火箭类和火箭类不同的属性以及助推火箭类需重写的操作。

```
CBoosterRocket(助推火箭类)
--------------------------------------------------
double BstDelta_Time;(助推火箭关机与分离时间差)
double BstCurQuality;(助推器当前质量)
double dm_bst;(助推器当前流量)
--------------------------------------------------
int Run_by_Step();(运行一步函数)
```

图 3.12　助推火箭类设计

助推火箭对象积分一步实现流程与火箭对象的积分一步实现流程一样。

主机游机型火箭类是火箭类的子类,其主要特点是主机和游机(末修)分两次关机。

主机游机型火箭类特有的主要属性有 nStage(运行阶段标志)、TAttrib(第二次关机时间属性标志)、nStyle(发动机类型标志)。主机游机型火箭类重写的主要操作有:

运行一步:Run_by_Step,运行一步函数。主机游机型火箭进行动力学积分的主要函数,输入积分步长,输出积分之后的结果。

图 3.13 所示为主机游机型火箭类设计,描述了主机游机型火箭类和火箭类不同的属性和需重写的操作。

```
CBiEngRocket(主机游机型火箭类)
--------------------------------------------------
int nStage;(运行阶段标志)
int TAttrib;(第二次关机时间属性标志)
int nStyle;(发动机类型标志)
--------------------------------------------------
int Run_by_Step();(运行一步函数)
```

图 3.13　主机游机型火箭类设计

主机游机型火箭对象积分一步实现流程与火箭对象积分一步实现流程不同的是关机判断，其他步骤与火箭对象积分一步相同。前者的关机判断流程为：

关机判断。主机游机型火箭对象调用 GNC 对象的 CutOffEquation 函数判断是否关机。第一次返回结果为 0，关闭主机发动机组，当第二次返回结果为 0 时，关闭游机发动机组，积分一步函数结束返回结果 -1，正式结束主机游机型火箭对象积分一步。

两次启动火箭类是火箭类的子类，两次启动火箭类主要特点是：运行分第一次启动段、滑行段、第二次启动段、末修段、调姿段 5 部分，发动机、制导、控制等系统要进行相应的处理。

两次启动火箭类特有的主要属性有 nStage（运行阶段标志）、Stage_Tbegin（当前阶段起始时间）、DT1（发动机后效段时间 1）、DT2（发动机后效段时间 2）。两次启动火箭类重写的主要操作有：

运行一步：Run_by_Step，运行一步函数。两次启动火箭进行动力学积分的主要函数，输入积分步长，输出积分之后的结果。

图 3.14 所示为两次启动火箭类设计，描述了两次启动火箭类和火箭类不同的属性和两次启动火箭类需重写的操作。

```
CBiStartRocket(两次启动火箭类)
int nStage;(运行阶段标志)
double Stage_TBegin;(当前阶段起始时间)
double DT1;(发动机后效段时间1)
double DT2;(发动机后效段时间2)
int Run_by_Step();(运行一步函数)
```

图 3.14　两次启动火箭类设计

两次启动火箭对象积分一步实现流程与火箭对象积分一步实现流程不同的是关机判断，其他步骤与火箭对象积分一步一样，前者的关机判断流程为：

关机判断。两次启动火箭对象调用 GNC 对象的 CutOffEquation 函数判断是否关机。第一次返回结果为 0，关闭第一次启动段发动机组，当第二次返回结果为 0 时，关闭滑行段发动机组，当第三次返回结果为 0 时，关闭第二次启动段发动机组，当第四次返回结果为 0 时，关闭末修段发动机组，当第五次返回结果为 0 时，关闭调姿段发动机组，这时积分一步函数结束返回结果 -1，正式结束两次启动火箭对象积分一步。

2. 弹头类体系

弹头类是一个特殊的飞行器类，本身没有推力，只能基于初始状态在环境的作用下自由飞行。它关联了状态变量对象、发射点参数对象、地球模型对象、空气动力对象。其类体系设计如图 3.15 所示。

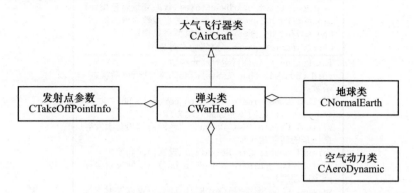

图 3.15 弹头类体系设计

弹头类继承自大气飞行器类,关联了状态变量对象、发射点参数对象、地球模型对象、空气动力对象。弹头类的主要操作有:

(1) 运行一步:Run_by_Step,运行一步函数。弹头进行动力学积分的主要函数,输入积分步长,输出积分之后的结果。

(2) 状态更新:UpdateAllObjectsState,更新状态函数。更新弹头自身信息及关联的所有对象。

(3) 返回弹头信息:Get_Aero_Force_in_Body,返回体坐标系气动力;Get_Omega,返回箭体相对于发射惯性系的转动角速度;Get_Height,返回当前高度;Get_V_in_LC,返回发射坐标系中的速度;Get_R_in_LC,返回发射坐标系中的位置;Get_LC_Attitude,返回发射坐标系中的姿态;Get_OverLoding,返回轴向过载。

图 3.16 所示为弹头类设计。

弹头对象积分一步实现流程与火箭对象的积分一步实现流程的不同是没有关机判断,只有积分结束判断,其流程为:

积分结束判断。弹头对象对当前高度进行判断,当高度小于设定的落地高度时,积分结束。

3. 运行类

运行类设计的目的是把对象配置、初始化、弹道计算、设计分析、结果输出等集成到一起,为相关工作的开展提供方便。

需要说明的是:运行类一般不具有通用性,需要针对具体的任务进行设计。但其中的基本框架是相似的。

下面以运载火箭、弹道导弹的弹道计算为例进行说明。

```
CWarHead(弹头类)
──────────────────────────────
CWarHeadState* pWarHeadState;(状态变量对象指针)
CTakeOffPointInfo* pInfo;(发射点参数对象指针)
CNormalEarth* pEarth;(地球模型对象指针)
CAeroDynamic* pAero;(空气动力对象指针)
──────────────────────────────
int Run_by_Step();(运行一步函数)
void UpdateAllObjectsState(double t);(更新状态
函数)
virtual CCoordinate Get_Aero_Force_in_Body
(double t);(返回体坐标系气动力)
virtual CVector Get_Omega();(返回箭体相对于发射
惯性系的转动角速度)
virtual double Get_Height();(返回当前高度)
virtual CCoordinate Get_V_in_LC();(返回发射坐标
系中的速度)
virtual CCoordinate Get_R_in_LC();(返回发射坐标
系中的位置)
virtual CVector Get_LC_Attitude();(返回发射坐标
系中的姿态)
virtual double Get_OverLoding();(返回轴向过载)
```

图 3.16　弹头类设计

运载火箭运行类负责配置运载火箭弹道计算关联的对象,进行初始化,然后计算飞行弹道。并按要求输出结果。

运载火箭运行类的主要属性有发射点参数对象、火箭对象、发动机对象、气动力对象、GNC 对象等。

运载火箭运行类的主要操作有:

(1)初始化:发射点参数初始化、火箭对象参数初始化、发动机对象参数初始化、气动力对象参数初始化、GNC 对象参数初始化、计算设置参数初始化等;

(2)积分运行:根据不同的需求,包括 RunRocket(运行各级火箭函数)、RunMultiAll(运行多级运载火箭函数)、RunReentry(运行再入残骸函数)、RunBstReentry(运行助推器再入残骸函数)、RunFairReentry(运行整流罩再入残骸函数)等。

图 3.17 所示为某型号运载火箭运行类设计。

运行导弹类是装配火箭运行的对象,初始化这些对象,然后运行。图 3.18 所示为运行导弹类设计。

图 3.19 所示为运载火箭和弹道导弹的轨迹/弹道计算流程。

CRunLV(运行运载火箭类)
CTakeOffPointInfo Info;(发射点参数对象)
CNormalEarth Earth;(地球模型对象)
CMathAirModel Atmos;(大气模型对象)
CAtmosWindModel HighWind;(高空风模型对象)
CIntegral Int;(积分模型对象)
CMultiRocket Multi;(多级火箭对象)
CRocket Rocket[3];(火箭对象数组)
CBoosterRocket Booster;(助推火箭对象)
CBiEngRocket BiEngRocket;(二级两次关机火箭对象)
CBiEngRocket UpRocket;(三级两次关机火箭对象)
CBiStartRocket BiStartRocket;(三级两次启动火箭对象)
CLaunchInertialState* pState;(状态变量指针对象)
CLI3FdState Fd3State[3];(三自由度状态变量对象数组)
CLIBalanceState FdbState[3];(瞬时平衡状态变量对象数组)
CLIGeneralState Fd6State[3];(六自由度状态变量对象数组)
CDataInterFun CentrFun[3];(质心变化函数对象数组)
CInterInertiaFun InertiaFun[3];(惯量变化函数对象数组)
CGNCSystem GNC[3];(GNC系统对象数组)
CInterLACtrl Ctrl[3];(控制系统对象数组)
CInterBiLACtrl BiCtrl;(两阶段控制系统对象)
CInterGuideAll Guide[3];(制导系统对象数组)
CBiCutInterGuide BstGuide;(一级助推两次关机制导系统对象)
CBiCutInterGuide BiEngGuide;(二级两次关机一次导引制导系统对象)
CBiSteerCutInterGuide UpGuide;(二级火箭之二级两次关机导引制导系统对象)
CBiStartInterGuide BiStartGuide;(三级两次启动制导系统对象)
CNonNavigation NonNav[3];(无导航计算对象数组)
CInertiaNavC18 Nav18[3];(18个系数导航误差计算对象数组)
CEngineGroup EngGrp[3];(发动机组对象数组)
CInterGimEngine Eng[3];(摆动发动机对象数组)
CGimEngine EngBst;(助推发动机对象)
CGimEngine EngSway;(游动发动机对象)
CSimpleEngine MendEng;(三级末修发动机对象)
CSimpleThrust MendTr;(简单推力模型对象)
CInterWarpThrust Tr[3];(推力与流量模型对象数组)
CInterBstWarpThrust TrBst;(助推推力与流量模型对象)
CInterWarpThrust TrSway;(游机推力与流量模型对象)
CInterBiStartWarpThrust TrBiStart;(两次启动推力模型对象)
CInterPropTank Tank[3];(发动机储箱对象数组)
CInterPropTank TankBst;(助推发动机储箱对象)
CGimActuator Act[3];(执行机构对象数组)
CInterVelAero Aero[2];(空气动力对象数组)
CInterVelAero AeroAftBst;(助推分离后空气动力对象)
CZeroAeroDyn AeroZero;(三级空气动力对象)
void Init();(初始化函数)
double RunMultiAll();(运行多级运载火箭函数)

图3.17 某型号运载火箭运行类设计

```
CRunMissile(运行导弹类)
CTakeOffPointInfo Info;(发射点参数对象)
CNormalEarth Earth;(地球模型对象)
CMathAirModel Atmos;(大气模型对象)
CIntegral Int;(积分模型对象)
CMultiRocket Multi;(多级火箭对象)
CRocket Rocket[4];(火箭对象数组)
CInterFunction Xm[4];(质心位置插值函数对象数组)
CInterInertiaFun InertiaFun[4];(惯量插值函数对象数组)
CLIBalanceState BaState[4];(状态变量对象数组)
CInterVelAero Aero[4];(空气动力对象数组)
CZeroAeroDyn ZeroAero;(无空气动力对象)
CEngineGroup EngGrp[4];(发动机组对象数组)
CGimEngine Eng[4];(发动机对象数组)
CConstThrust Tr[4];(常值推力对象数组)
CInterThrust IntTr[4];(插值推力对象数组)
CGimActuator Act[4];(执行机构对象数组)
CGNCSystem GNC[4];(GNC系统对象数组)
CInterGuide Guide[4];(制导系统对象数组)
CCutOffESystem Cutoff[4];(关机方程对象数组)
CInterLACtrl Ctrl[4];(控制系统对象数组)
CNonNavigation NonNav[4];(无偏差导航系统对象数组)
CInertiaNavC18 Nav18[4];(18个系数导航系统对象数组)
CWarHead WarHead;(弹头对象)
CPassiveState wpState;(被动段状态变量对象)
CThreeReInState wtState;(三自由度状态变量对象)
CInterVelAero wAero;(空气动力对象)
CBallistic Ball;(全程对象)
void Init();(初始化函数)
void Run_AllStage();(计算全程函数)
```

图 3.18 运行导弹类设计

在图 3.19 中,各级火箭对象、发动机对象、气动对象和 GNC 对象,对于运载火箭和弹道导弹的初始化步骤而言基本是一致的,具体参数可能会有所不同。二者的区别在于,运载火箭需要对卫星和整流罩对象进行初始化,最后要计算星箭分离时刻的卫星入轨根数;弹道导弹需要对弹头对象进行初始化,最后要计算弹头的落点偏差。

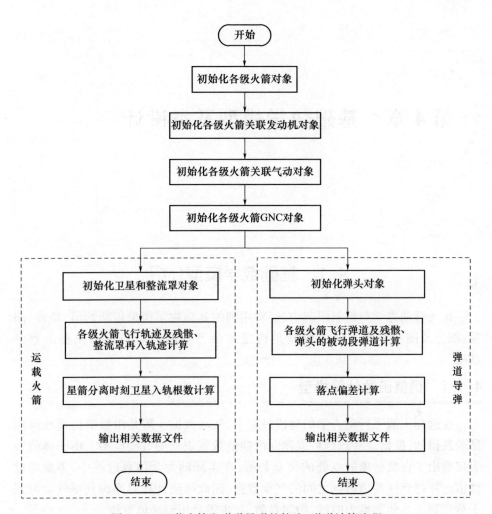

图 3.19　运载火箭和弹道导弹的轨迹/弹道计算流程

第4章 基础数学模型及类设计

4.1 基础数学模型介绍

在飞行动力学与控制研究中,经常用到的基础数学模型包括插值、矩阵、向量、积分及随机数等。这些模型是构建复杂飞行动力学与控制模型的数学基础。

4.1.1 插值函数计算模型

在远程火箭飞行动力学的建模过程中,气动数据一般是由数值仿真或风洞试验获得的,根据这些数据可以建立由插值数表表征的气动模型。由于插值数表仅给出了在某些离散点处的气动数据,在实际动力学仿真过程中,需要通过插值运算得到这些离散点之间的气动数据,因此插值计算对准确获得气动数据十分重要。其他如推力曲线、控制参数等,也需要用到插值算法。

下面介绍飞行动力学仿真中常用的几种插值计算方法。

1. 拉格朗日插值

用插值方法求函数的近似表达式时,核心步骤在于确定近似函数的形式。由于多项式函数计算简便,往往选择多项式函数。

采用多项式函数作为函数近似的基函数,其插值计算可以描述为:已知函数$f(x)$在区间$[a,b]$上$n+1$个不同点$x_0,x_1,\cdots,x_n$处的函数值$y_i=f(x_i)$($i=0,1,\cdots,n$),求一个至多n次的多项式

$$\varphi_n(x) = a_0 + a_1 x + \cdots + a_n x^n \tag{4.1}$$

使其在给定点处与$f(x)$同值,即满足插值条件

$$\varphi_n(x_i) = f(x_i) = y_i \quad (i=0,1,\cdots,n) \tag{4.2}$$

式中:$\varphi_n(x)$为插值多项式;$x_i(i=0,1,\cdots,n)$为插值节点;$[a,b]$为插值区间。

n 次多项式有 $n+1$ 个待定系数,由插值条件恰好给出 $n+1$ 个方程

$$\begin{cases} a_0 + a_1 x_0 + a_2 x_0^2 + \cdots + a_n x_0^n = y_0 \\ a_0 + a_1 x_1 + a_2 x_1^2 + \cdots + a_n x_1^n = y_1 \\ \vdots \\ a_0 + a_1 x_n + a_2 x_n^2 + \cdots + a_n x_n^n = y_n \end{cases} \quad (4.3)$$

记此方程组的系数矩阵为 $\boldsymbol{A}$,则

$$\det \boldsymbol{A} = \begin{vmatrix} 1 & x_0 & x_0^2 & \cdots & x_0^n \\ 1 & x_1 & x_1^2 & \cdots & x_1^n \\ \vdots & \vdots & \vdots & & \vdots \\ 1 & x_n & x_n^2 & \cdots & x_n^n \end{vmatrix} \quad (4.4)$$

是范德蒙德(Vandermonde)行列式。当 $x_0,x_1,\cdots,x_n$ 互不相同时,此行列式值不为零。因此,上述方程组有唯一解。这表明,只要 $n+1$ 个节点互不相同,满足插值要求的插值多项式就是唯一存在的。

为了便于介绍拉格朗日插值多项式,先讨论只有两个节点 $x_0,x_1(n=1)$ 的插值多项式。由前所述,插值多项式应设为 $\varphi_1(x) = a_0 + a_1 x$,且满足插值条件

$$\begin{cases} \varphi_1(x_0) = a_0 + a_1 x_0 = y_0 = f(x_0) \\ \varphi_1(x_1) = a_0 + a_1 x_1 = y_1 = f(x_1) \end{cases} \quad (4.5)$$

解此方程组得

$$a_0 = \frac{y_1 x_0 - y_0 x_1}{x_0 - x_1}, a_1 = \frac{y_0 - y_1}{x_0 - x_1} \quad (4.6)$$

所以,两个节点的一次插值多项式为

$$\varphi_1(x) = \frac{y_1 x_0 - y_0 x_1}{x_0 - x_1} + \frac{y_0 - y_1}{x_0 - x_1} x \quad (4.7)$$

由于这种插值采用线性函数近似原函数,因此又称线性插值。

基于上述推导,当节点增加到 $n+1$ 个时,可以先构造 n 次多项式 $l_i(x)(i=0,1,\cdots,n)$,它们满足

$$l_i(x_j) = \begin{cases} 0 & (j \neq i) \\ 1 & (j = i) \end{cases} \quad (4.8)$$

然后以对应点处的函数值为系数作线性组合,即得所求的插值多项式。下面推导 $l_i(x)(i=0,1,\cdots,n)$ 的表达式。

由上式,多项式 $l_i(x)$ 有 n 个根 $x_j(j=0,1,\cdots,n;j \neq n)$,且 $l_i(x_i)=1$,故它必定是如下形式:

$$l_i(x) = \frac{(x-x_0)\cdots(x-x_{i-1})(x-x_{i+1})\cdots(x-x_n)}{(x_i-x_0)\cdots(x_i-x_{i-1})(x_i-x_{i+1})\cdots(x_i-x_n)}$$

$$= \prod_{j=0,j\neq i}^{n} \frac{x-x_j}{x_i-x_j} \quad (i=0,1,\cdots,n) \tag{4.9}$$

上述这些函数称为拉格朗日插值基函数,利用它们即可得出插值问题的解

$$\varphi_n(x) = \sum_{i=0}^{n} y_i l_i(x) = \sum_{i=0}^{n} y_i \left(\prod_{j=0,j\neq i}^{n} \frac{x-x_j}{x_i-x_j} \right) \tag{4.10}$$

式(4.10)称为 n 次拉格朗日插值多项式,为了以后便于区别,一般用 $L_n(x)$ 代替 $\varphi_n(x)$。

2. 分段线性插值

在代数插值中,为了提高插值多项式对函数的近似程度,常常增加节点个数,即提高多项式的次数,但这样做可能达不到预想的结果,比如容易出现龙格现象。为了解决上述问题,在增加节点时,可以把节点分为若干段,在每段采用低次多项式来近似原函数,这就是分段插值的思想。用折线近似曲线,相当于分段用线性插值,称为分段线性插值。

设在区间 $[a,b]$ 上给定 $n+1$ 个节点 $a=x_0<x_1<\cdots<x_{n-1}<x_n=b$ 及节点上的函数值 $y_i=f(x_i)(i=0,1,\cdots,n)$,作一个插值函数 $\varphi(x)$,使其满足以下两个条件:

(1) $\varphi(x_i) = y_i (i=0,1,\cdots,n)$;

(2) 在每个小区间 $[x_i,x_{i+1}](i=0,1,\cdots,n-1)$ 上,$\varphi(x)$ 都是线性函数。

则称函数 $\varphi(x)$ 为 $[a,b]$ 上关于数据 $(x_i,y_i)(i=0,1,\cdots,n)$ 的分段线性插值函数。

由 Lagrange 线性插值公式容易写出 $\varphi(x)$ 的分段表达式

$$\varphi(x) = \frac{x-x_{i+1}}{x_i-x_{i+1}} y_i + \frac{x-x_i}{x_{i+1}-x_i} y_{i+1} \quad (x_i \leq x \leq x_{i+1}; i=0,1,\cdots,n-1) \tag{4.11}$$

也可以通过构造基函数的方法求 $\varphi(x)$。

首先构造一组基函数 $l_i(x)(i=0,1,\cdots,n)$,每个 $l_i(x)$ 满足

(1) $l_i(x_j) = \begin{cases} 0, & j \neq i \\ 1, & j = i \end{cases} \quad (i,j=0,1,\cdots,n)$;

(2) $l_i(x)$ 在每个小区间 $[x_j,x_{j+1}](j=0,1,\cdots,n-1)$ 上是线性函数。

这组函数称为分段线性插值基函数。

$l_i(x)$ 的表达式如下

$$l_0(x) = \begin{cases} \dfrac{x-x_1}{x_0-x_1} & (x \in [x_0,x_1]) \\ 0 & (x \in (x_1,x_n]) \end{cases} \tag{4.12}$$

$$l_i(x) = \begin{cases} \dfrac{x-x_{i-1}}{x_i-x_{i-1}}, & x \in [x_{i-1},x_i] \\ \dfrac{x-x_{i+1}}{x_i-x_{i+1}}, & x \in (x_i,x_{i+1}] \\ 0, & x \in [x_0,x_{i-1}) \cup (x_{i+1},x_n] \end{cases} \quad (i=1,2,\cdots,n-1) \quad (4.13)$$

$$l_n(x) = \begin{cases} \dfrac{x-x_{n-1}}{x_n-x_{n-1}} & (x \in [x_{n-1},x_n]) \\ 0 & (x \in [x_0,x_{n-1})) \end{cases} \quad (4.14)$$

类似于拉格朗日插值多项式的构造,函数

$$\varphi(x) = \sum_{i=0}^{n} y_i l_i(x) \quad (4.15)$$

就是所求的分段线性插值函数。它与上式表示同一个函数。

3. 埃尔米特插值

如果对插值函数,不仅要求它在节点处与函数值相等,而且要求它与原函数有相同的一阶、二阶甚至更高阶的导数值,则需要采用埃尔米特插值。

设已知函数 $y=f(x)$ 在 $n+1$ 个不同节点 $x_0,x_1,\cdots,x_n$ 上的函数值 $y_i=f(x_i)$ $(i=0,1,\cdots,n)$ 和导数值 $y_i'=f'(x_i)$ $(i=0,1,\cdots,n)$,要求一个至多 $2n+1$ 次的多项式 $H(x)$,使得

$$H(x_i) = y_i, H'(x_i) = y_i' \quad (i=0,1,\cdots,n) \quad (4.16)$$

满足上述条件的多项式 $H(x)$ 称为埃尔米特多项式。

关于埃尔米特多项式的推导过程,这里不再赘述,相关数值计算方法教材中均有涉及。下面直接给出埃尔米特插值多项式的表达式

$$H(x) = \sum_{i=0}^{n} \{[1 - 2(x-x_i)l_i'(x_i)]l_i^2(x)y_i + (x-x_i)l_i^2(x)y_i'\} \quad (4.17)$$

式中:$l_i(x)$ 为拉格朗日插值基函数。

当 $n=1$ 时,表示有两个节点,相应的埃尔米特插值多项式为

$$H(x) = \left(1+2\dfrac{x-x_0}{x_1-x_0}\right)\left(\dfrac{x-x_1}{x_0-x_1}\right)^2 y_0 + \left(1+2\dfrac{x-x_1}{x_0-x_1}\right)\left(\dfrac{x-x_0}{x_1-x_0}\right)^2 y_1 + \\ (x-x_0)\left(\dfrac{x-x_1}{x_0-x_1}\right)^2 y_0' + (x-x_1)\left(\dfrac{x-x_0}{x_1-x_0}\right)^2 y_1' \quad (4.18)$$

4. 二维插值

在气动数据插值时,经常遇到二维或更高维的插值问题。本节讨论二维插值问题,更高维的插值问题可以在此基础上进行推广。

二维插值的一般描述是:给定二元函数 $u(x,y)$ 的一组离散值。

$$u_{ij} = u(x_i, y_j) \quad (i = 0, 1, \cdots, n; j = 0, 1, \cdots, m) \quad (4.19)$$

要求构造关于 x 为 n 次、y 为 m 次的二元多项式

$$P_{n,m}(x, y) = \sum_{i=0}^{n} \sum_{j=0}^{m} a_{ij} x^i y^j \quad (4.20)$$

满足插值条件

$$P_{n,m}(x_i, y_j) = u_{ij} = u(x_i, y_j) \quad (i = 0, 1, \cdots, n; j = 0, 1, \cdots, m) \quad (4.21)$$

则二元多项式 $P_{n,m}(x_i, y_j)$ 为插值多项式，(x_i, y_j) 为插值节点。

设平面矩形区域 $D = \{(x, y) | a \leq x \leq b, c \leq y \leq d\}$，相应的 x, y 在各个节点上的取值为

$$\begin{cases} \Delta_x : a = x_0 < x_1 < \cdots < x_n = b \\ \Delta_y : c = y_0 < y_1 < \cdots < y_n = d \end{cases} \quad (4.22)$$

则

$$\Delta = \Delta_x \cdot \Delta_y = \{(x_i, y_j) : 0 \leq i \leq n, 0 \leq j \leq m\} \quad (4.23)$$

构成 D 的一个节点。

这里采用拉格朗日插值基函数进行介绍。根据一维拉格朗日插值方法，若关于 x 的 n 次多项式 $l_i(x)$ 和关于 y 的 m 次多项式 $\tilde{l}_j(y)$ 分别是关于节点 Δ_x 和 Δ_y 的拉格朗日插值基函数，那么关于 x 为 n 次、y 为 m 次的二元多项式 $l_{ij}(x, y) = l_i(x)\tilde{l}_j(y)$ 满足

$$l_{ij}(x_s, y_t) = l_i(x_s)\tilde{l}_j(y_t) = \delta_{is}\delta_{jt} = \begin{cases} 1 & (s = i, t = j) \\ 0 & (s \neq i, t \neq j) \end{cases} \quad (4.24)$$

其中，$i, s = 0, 1, \cdots, n; j, t = 0, 1, \cdots, m$。

因此，满足插值条件的关于 x 为 n 次、y 为 m 次的二元插值多项式为

$$P_{n,m}(x, y) = \sum_{i=0}^{n} \sum_{j=0}^{m} u(x_i, y_j) l_{ij}(x, y) \quad (4.25)$$

可以证明，满足上述插值条件且形如上式的插值多项式是唯一的。

4.1.2 矩阵、矢量计算模型

矩阵、矢量计算模型，在坐标变换、位置与速度积分等场合下被广泛使用。

1. 矩阵运算模型

由于飞行动力学仿真中的矩阵运算主要是一般乘法和求逆运算，因此这里仅对这两类基本运算作介绍，其他运算可以参考相关数学专业书籍。

设 $\boldsymbol{A}$ 为 $m \times p$ 的矩阵，$\boldsymbol{B}$ 为 $p \times n$ 的矩阵，那么称 $m \times n$ 的矩阵 $\boldsymbol{C}$ 为矩阵 $\boldsymbol{A}$ 和矩阵 $\boldsymbol{B}$ 的乘积，记作 $\boldsymbol{C} = \boldsymbol{AB}$，其中，矩阵 $\boldsymbol{C}$ 中第 i 行、第 j 列的元素可以表示为

$$C_{ij} = \sum_{k=1}^{p} a_{ik} b_{kj} = a_{i1} b_{1j} + a_{i2} b_{2j} + \cdots + a_{ip} b_{pj} \qquad (4.26)$$

如果矩阵 A 是正交矩阵,即满足 $AA^T = I$,则 $A^{-1} = A^T$。在飞行动力学仿真中,主要的矩阵运算一般是关于坐标变换矩阵的,而该类矩阵均是正交矩阵,因此它的逆矩阵就是该矩阵的转置。

对于非正交矩阵的求逆,可以参考专门的教材,这里不再赘述。

2. 矢量运算模型

1) 矢量加减法

设矢量或向量 $\boldsymbol{x} = (x_1, x_2, \cdots, x_n)^T \in \boldsymbol{C}^n$,$\boldsymbol{y} = (y_1, y_2, \cdots, y_n)^T \in \boldsymbol{C}^n$,则矢量加法定义为

$$\boldsymbol{z} = \boldsymbol{x} + \boldsymbol{y} = (x_1 + y_1, x_2 + y_2, \cdots, x_n + y_n)^T \in \boldsymbol{C}^n \qquad (4.27)$$

矢量减法定义为

$$\boldsymbol{z} = \boldsymbol{x} - \boldsymbol{y} = (x_1 - y_1, x_2 - y_2, \cdots, x_n - y_n)^T \in \boldsymbol{C}^n \qquad (4.28)$$

2) 矢量乘法

矢量乘法包含两种计算,分别是数量积和向量积。

两个矢量数量积 $\boldsymbol{x} = (x_1, x_2, \cdots, x_n)^T \in \boldsymbol{C}^n$ 和 $\boldsymbol{y} = (y_1, y_2, \cdots, y_n)^T \in \boldsymbol{C}^n$ 的数量积定义为

$$z = \boldsymbol{x} \cdot \boldsymbol{y} = x_1 y_1 + x_2 y_2 + \cdots + x_n y_n \qquad (4.29)$$

式中:数量积的结果 z 为一个标量。

向量积也称叉积或外积,它的结果还是一个矢量。假设两个三维矢量分别为 $\boldsymbol{a} = (a_x, a_y, a_z)^T$ 和 $\boldsymbol{b} = (b_x, b_y, b_z)^T$,则其向量积的矩阵表达式可用下式表示:

$$\boldsymbol{a} \times \boldsymbol{b} = \begin{vmatrix} \boldsymbol{i} & \boldsymbol{j} & \boldsymbol{k} \\ a_x & a_y & a_z \\ b_x & b_y & b_z \end{vmatrix} \qquad (4.30)$$

式中: $(\boldsymbol{i}, \boldsymbol{j}, \boldsymbol{k})$ 为三维矢量在 3 个方向 x, y, z 上的单位矢量。

3) 矢量取模与单位化

设矢量 $\boldsymbol{x} = (x_1, x_2, \cdots, x_n)^T \in \boldsymbol{C}^n$,令

$$\| \boldsymbol{x} \|_2 = \sqrt{\sum_{k=1}^{n} |x_k|^2} \qquad (4.31)$$

称 $\| \boldsymbol{x} \|_2$ 为矢量 $\boldsymbol{x}$ 的模或 2 范数。

矢量的 2 范数具有如下性质:设 $\boldsymbol{x}, \boldsymbol{y} \in \boldsymbol{C}^n, \lambda \in \boldsymbol{C}$,则

(1) 当 $\boldsymbol{x} \neq \boldsymbol{0}$ 时,$\| \boldsymbol{x} \|_2 > 0$;当 $\boldsymbol{x} = \boldsymbol{0}$ 时,$\| \boldsymbol{x} \|_2 = 0$(非负性);

(2) $\|\lambda x\|_2 = |\lambda| \cdot \|x\|_2$(齐次性);

(3) $\|x+y\|_2 \leq \|x\|_2 + \|y\|_2$(三角不等式)。

矢量 x 的单位矢量定义如下:

$$x^0 = \frac{x}{\|x\|_2} \tag{4.32}$$

式中:x^0 的模为1,方向与矢量 x 相同。

4)矢量夹角的计算

矢量乘法在几何上也有特殊含义。矢量数量积可以表示为

$$x \cdot y = \|a\| \cdot \|b\| \cos\theta \tag{4.33}$$

式(4.33)在几何上的含义为矢量 x 在矢量 y 方向上的投影长度与矢量 y 长度的乘积,矢量的长度即矢量的模。$\|\cdot\|$ 表示矢量的模。

矢量向量积可以表示为

$$\|a \times b\| = \|a\| \cdot \|b\| \sin\theta \tag{4.34}$$

式(4.34)表示矢量向量积的模,它的方向由右手定则确定。

根据上述两次,可以获得矢量夹角 θ 的计算公式,即

$$\cos\theta = \frac{x \cdot y}{\|a\| \cdot \|b\|} \tag{4.35}$$

$$\sin\theta = \frac{\|a \times b\|}{\|a\| \cdot \|b\|} \tag{4.36}$$

4.1.3 数值积分运算计算模型

远程火箭的动力学方程是由一组微分方程表示的,求解远程火箭飞行轨迹的过程本质上是常微分方程组的初值问题。因此本节介绍常微分方程的两类常用方法——欧拉法和龙格库塔法。

在介绍这两类方法时,以如下形式的一阶常微分方程为例,其形式为

$$\begin{cases} \frac{dy}{dx} = f(x,y), a \leq x \leq b \\ y(a) = y_0 \end{cases} \tag{4.37}$$

所谓数值解法,就是求上述问题的解 $y(x)$ 在若干离散点

$$a = x_0 < x_1 < x_2 < \cdots < x_N = b \tag{4.38}$$

处的近似值 $y_n(n=1,2,\cdots,N)$ 的方法,y_n 为上述初始问题的数值解,$h_n = x_{n+1} - x_n$ 称为由 x_n 到 x_{n+1} 的步长。后面如无特殊说明,总取步长为常值 h。

1. 欧拉(Euler)法

欧拉法就是用差分方程初值问题

$$\begin{cases} y_{n+1} = y_n + hf(x_n, y_n) & (n = 0, 1, \cdots) \\ y_0 = y(a) \end{cases} \quad (4.39)$$

的解来近似微分方程的初始问题式(4.37)的解,即由式(4.39)依次算出 $y(x_n)$ 的近似值 $y_n(n=1,2,\cdots)$。

利用数值积分方法离散微分方程时,如果用梯形公式计算右端积分,即

$$\int_{x_n}^{x_{n+1}} f(x,y(x)) \mathrm{d}x \approx \frac{h}{2}[f(x_n,y(x_n)) + f(x_{n+1},y(x_{n+1}))] \quad (4.40)$$

并用 y_n, y_{n+1} 代替 $y(x_n), y(x_{n+1})$,从而得到求解上述初值问题的梯形公式为

$$y_{n+1} = y_n + \frac{h}{2}[f(x_n,y_n) + f(x_{n+1},y_{n+1})] \quad (4.41)$$

梯形公式也是隐式公式,需用迭代法求解,迭代格式为

$$\begin{cases} y_{n+1}^{(0)} = y_n + hf(x_n, y_n) \\ y_{n+1}^{(k+1)} = y_n + \frac{h}{2}[f(x_n,y_n) + f(x_{n+1}, y_{n+1}^{(k)})] \end{cases} \quad (4.42)$$

2. 龙格 – 库塔(Runge – Kutta)法

一般地,RK 方法近似公式为

$$\begin{cases} y_{n+1} = y_n + h\sum_{i=1}^{p} c_i K_i \\ K_1 = f(x_n, y_n) \\ K_i = f\left[x_n + a_i h, y_n + h\sum_{j=1}^{i-1} b_{ij} K_j\right] & (i = 2,3,\cdots,p) \end{cases} \quad (4.43)$$

式中: a_i, b_{ij}, c_i 都是参数,确定它们的原则是使近似公式在 (x_n, y_n) 处的泰勒展开式与 $y(x)$ 在 x_n 处的泰勒展开式的前面的项尽可能多地一致,这样就使近似公式有足够高的精度。

当 $p=2$ 时,取 $c_1 = c_2 = \frac{1}{2}, a_2 = b_{21} = 1$,近似公式为

$$\begin{cases} y_{n+1} = y_n + \frac{h}{2}(K_1 + K_2) \\ K_1 = f(x_n, y_n) \\ K_2 = f(x_n + h, y_n + hK_1) \end{cases} \quad (4.44)$$

式(4.44)就是改进的欧拉公式。

如果取 $c_1 = 0, c_2 = 1, a_2 = b_{21} = \frac{1}{2}$,近似公式为

$$\begin{cases} y_{n+1} = y_n + hK_2 \\ K_1 = f(x_n, y_n) \\ K_2 = f\left(x_n + \dfrac{h}{2}, y_n + \dfrac{h}{2}K_1\right) \end{cases} \quad (4.45)$$

这也是常用的二阶公式,称为中点公式。

类似地,对 $p=3$ 和 $p=4$ 的情形,通过更复杂的计算,可以推导出三阶和四阶 RK 公式,其中常用的三阶和四阶 RK 公式为

$$\begin{cases} y_{n+1} = y_n + \dfrac{h}{6}(K_1 + 4K_2 + K_3) \\ K_1 = f(x_n, y_n) \\ K_2 = f\left(x_n + \dfrac{h}{2}, y_n + \dfrac{h}{2}K_1\right) \\ K_3 = f(x_n + h, y_n - hK_1 + 2hK_2) \end{cases} \quad (4.46)$$

和

$$\begin{cases} y_{n+1} = y_n + \dfrac{h}{6}(K_1 + 4K_2 + K_3) \\ K_1 = f(x_n, y_n) \\ K_2 = f\left(x_n + \dfrac{h}{2}, y_n + \dfrac{h}{2}K_1\right) \\ K_3 = f(x_n + h, y_n - hK_1 + 2hK_2) \end{cases} \quad (4.47)$$

式(4.47)为经典形式的四阶 RK 公式,通常说的四阶 RK 方法就是指用该式求解式(4.37)所示的初值问题。

4.1.4 随机数计算模型

随机数一般用于进行蒙特卡罗打靶时生成随机偏差。在各种语言的基本函数库中均已经包含了多种随机数的生成方法,飞行动力学相关计算中常用的随机数分布为均匀分布和正态分布,下面分别进行介绍。

1. 均匀分布随机数的生成

C/C++语言中提供了随机数生成函数 rand( ),用于返回一个 0 到 RAND_MAX 之间服从均匀分布的伪随机数,该函数内部实现是通过线性同余法生成随机数,它不是真的随机数,由于其周期特别长,在一定范围里可以认为是随机的。由于是伪随机数,每次执行时结果是相同的,若要不同,则用函数 strand( ) 对其进行初始化。

若要取得[0,1]之间服从均匀分布的浮点随机数,可以由下式确定

$$random\_uniform\_01 = rand(\ )/double(RAND\_MAX) \quad (4.48)$$

式中:random_uniform_01 为[0,1]之间服从均匀分布的随机数。

如果要生成[m,n]之间的随机数,只需要将之前的[0,1]随机数进行如下处理即可得到:

$$random\_uniform = m + (m - n) \cdot random\_uniform\_01 \quad (4.49)$$

式中:random_uniform 表示[m,n]之间服从均匀分布的随机数。

2. 正态分布随机数的生成

正态分布随机数可以通过中心极限定理得到,根据该定理有以下结论成立:设 n 个独立同分布的随机变量 $U_1, U_2, \cdots, U_n$,它们服从 $U(0,1)$ 的均匀分布,那么

$$X = \frac{\left(\sum_{i=1}^{n} U_i\right) - n/2}{\sqrt{n/12}} \quad (4.50)$$

渐近服从正态分布 $N(0,1)$。

根据上述结论,正态分布随机数可通过下式得到:

$$random\_normality = \mu + \sigma \frac{\left(\sum_{i=1}^{n} R_i\right) - n/2}{\sqrt{n/12}} \quad (4.51)$$

式中:random_normality 为服从 $N(\mu,\sigma)$ 的随机数;R_i 为[0,1]之间均匀分布的随机数;μ 为均值;σ^2 为方差。当 n 趋于无穷大时,得到的随机分布为正态分布。

4.2 数学基础计算类体系设计

4.2.1 一元函数类体系及实现

1. 类体系设计

图 4.1 所示为一元函数类体系。这一体系既支持插值运算,也为用到一元函数的场合提供了统一的接口。

CInterpolation 插值类是一个实现各种插值函数算法的类,单变量函数包含插值类指针。单变量函数通用类是一元函数类体系根节点,它提供了通用计算函数接口,单变量常值函数类、单变量阶跃函数类、单变量不等距插值类、单变量等距插值类、单变量三点二次插值类、单变量分段三点二次插值类和单变量数据插值函数类继承自单变量函数通用类。不等距插值和等距插值有拉格朗

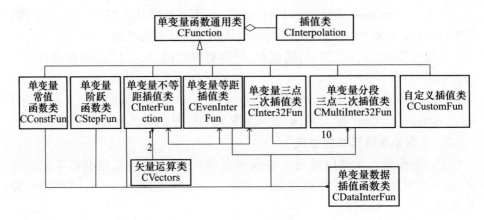

图 4.1 一元函数类体系

日和线性两种方式,可设置。

2. 类设计

单变量函数通用类是一抽象类,提供了通用计算函数接口。

图 4.2 所示为单变量函数通用类设计,描述了单变量函数通用类的主要属性和主要操作。它的主要操作就是函数计算:operator,通用计算函数。输入节点值,输出函数值。

图 4.2 单变量函数通用类设计

这一定义,在使用时与原来的函数形式上保持一致。

单变量常值函数类是单变量函数通用类的一个实现类,是一个特殊的插值函数,它对每次插值计算的返回值都是固定值。它在单变量函数通用类的基础上重写了通用计算函数。

图 4.3 所示为单变量常值函数类设计,描述了单变量常值函数类的主要属性和主要操作,它含有常值等。它的主要操作有:

(1) 函数计算:operator,通用计算函数。输入节点值,输出函数值。

(2) 初始化:Set_Const,设置常数。

定义这一函数的目的是提供统一的接口,方便日后的升级(如部分系数目前虽然取常值,但不排除以后替换为分段函数或更复杂的形式)。

```
CConstFun(单变量常值函数类)
---
double x;(常值)
---
virtual double operator()(double x);(通用计算
函数)
void Set_Const(double t);(设置常值函数)
```

图 4.3　单变量常值函数类设计

单变量阶跃函数类是单变量函数通用类的一个实现类,用于处理阶跃输出的情况,即根据输入所在的区间取不同的参数。它在单变量函数通用类的基础上重写了通用计算函数。

图 4.4 所示为单变量阶跃函数类设计,描述了单变量阶跃函数类的主要属性和主要操作,它含有区间个数、节点值、区间值等。它的主要操作有 operator( )(通用计算函数)、Init(初始化函数)等。

(1)函数计算:operator,通用计算函数。输入节点值,输出函数值。

(2)初始化:Init,初始化函数。输入数组长度、索引值数组和目标值数组,对区间个数、节点值、区间值进行赋值。

```
CStepFun(单变量阶跃函数类)
---
int Num;(区间个数)
CVectors xList;(节点值)
CVectors yList;(区间值)
---
virtual double operator()(double x);(通用计算
函数)
void Init(int n,double x[],double y[]);(初始
化函数)
```

图 4.4　单变量阶跃函数类设计

插值类提供了一元全区间拉格朗日不等距插值、一元全区间拉格朗日等距插值、一元全区间线性不等距插值、一元全区间线性等距插值、一元三点等距插值、二元表插值等算法,它为单变量不等距插值类、单变量等距插值函数类、单变量三点二次等距插值函数类中插值函数提供了具体实现。

之所以定义插值类是未来方便算法的升级、修改。把输入形式与具体的实现剥离,减少代码的冗余。

图 4.5 所示为插值类设计,描述了插值类的主要属性和主要操作。它的主要操作包括各类插值函数:Langrange1,拉格朗日一元全区间不等距插值函数;Langrange2,拉格朗日一元全区间等距插值函数;Linear1,一元全区间不等距线性插值函数;Linear2,一元全区间等距线性插值函数;InterTable,二元表插值函

数;eelg3,一元三点等距插值函数。

```
CInterpolation(插值类)

double Langrange1(const double x[],const double y[],
int n,double t);(拉格朗日一元全区间不等距插值函数)
double Langrange2(double x0,double h,const double
y[],int n,double t);(拉格朗日一元全区间等距插值函数)
double Linear1(const CVectors& x,const CVectors&
y,double t);(一元全区间不等距线性插值函数)
double Linear2(double x0,double h,const CVectors&
y,double t);(一元全区间等距线性插值函数)
double InterTable(CNumeralTable& Tab,double u,double
v);(二元表插值函数)
double eelg3(double x0,double h,int n,double y[],
double t);(一元三点等距插值函数)
```

图 4.5 插值类设计

单变量不等距插值函数类是单变量函数通用类的一个实现类,负责包装插值类中不等距拉格朗日、线性插值算法。它在单变量函数通用类的基础上重写了通用计算函数。

图 4.6 所示为单变量不等距插值函数类设计,描述了单变量不等距插值函数类的主要属性和主要操作,它含有插值模型对象指针、插值数表 X、插值数表 Y、插值模型标志等。它的主要操作有:

```
CInterFunction(单变量不等距插值函数类)

CInterpolation* pInter;(插值模型对象指针)
CVectors xList;(插值数表X)
CVectors yList;(插值数表Y)
int nModel;(插值模型标志)
virtual double operator()(double x);(通用计算
函数)
void ChangeXList(int n,double x);(改变插值数
表X某项值函数)
void ChangeYList(int n,double y);(改变插值数
表Y某项值函数)
void ChangeYAll(double y);(改变插值数表Y所有
项值函数)
double GetXList(int n);(获取插值数表X某项值
函数)
double GetYList(int n);(获取插值数表Y某项值
函数)
void Set_Model(int n);(设置插值模式函数)
```

图 4.6 单变量不等距插值函数类设计

(1)函数计算:operator,通用计算函数。输入节点值,输出函数值。

(2)初始化:ChangeXList,改变插值数表 X 某项值函数;ChangeYList,改变插值数表 Y 某项值函数;ChangeYAll,改变插值数表 Y 所有项值函数,即赋同样的值;Set_Model,设置插值模式函数。

(3)获取函数:GetXList,获取插值数表 X 某项值函数;GetYList,获取插值数表 Y 某项值函数。

单变量等距插值函数类是单变量函数通用类的一个实现类。它在单变量函数通用类的基础上重写了通用计算函数,并在通用计算函数中调用插值类的不等距拉格朗日、线性插值算法。

图 4.7 所示为单变量等距插值函数类设计,描述了单变量等距插值函数类的主要属性和主要操作,它含有插值模型对象指针、起点、间距、节点值、插值模型标志等。它的主要操作有:

(1)函数计算:operator,通用计算函数。输入节点值,输出函数值。

(2)初始化:Init,初始化函数。对起点、间距、节点值、插值模型标志进行初始化赋值。

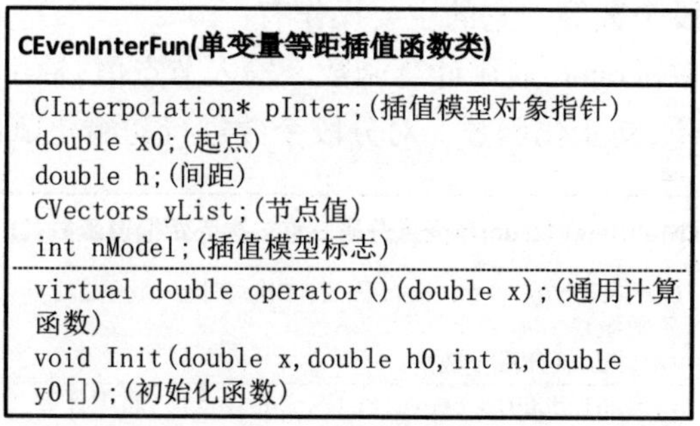

```
CEvenInterFun(单变量等距插值函数类)
CInterpolation* pInter;(插值模型对象指针)
double x0;(起点)
double h;(间距)
CVectors yList;(节点值)
int nModel;(插值模型标志)
virtual double operator()(double x);(通用计算函数)
void Init(double x,double h0,int n,double y0[]);(初始化函数)
```

图 4.7 单变量等距插值函数类设计

单变量三点二次等距插值函数类是单变量函数通用类的一个实现类。它在单变量函数通用类的基础上重写了通用计算函数,并在通用计算函数中调用插值类的一元三点等距插值 eelg3 函数。

图 4.8 所示为单变量三点二次等距插值函数类设计,描述了单变量三点二次等距插值函数类的主要属性和主要操作,它含有插值模型对象指针、起点、间距、节点值等。它的主要操作有:

(1)函数计算:operator,通用计算函数。输入节点值,输出函数值。

(2)初始化:Init,初始化函数。对起点、间距、节点值进行初始化赋值。

(3)判断:IsIn,判断输入是否在区间范围内函数。

```
CInter32Fun(单变量三点二次等距插值函数类)
─────────────────────────────────────────
CInterpolation* pInter;(插值模型对象指针)
double x0;(起点)
double xt;(终点)
CVectors yList;(节点值)
─────────────────────────────────────────
virtual double operator()(double x);(通用计算
函数)
void Init(double x1,double x2,int n,double
y0[]);(初始化函数)
int IsIn(double x)const;(判断输入是否在区间
范围内函数)
```

图 4.8 单变量三点二次等距插值函数类设计

单变量分段三点二次等距插值函数类是单变量函数通用类的一个实现类，在单变量三点二次等距插值函数类的基础上处理分段插值的情况。它在单变量函数通用类的基础上重写了通用计算函数。

图 4.9 所示为单变量分段三点二次等距插值函数类设计，描述了单变量分段三点二次等距插值函数类的主要属性和主要操作，它含有三点二次等距插值函数对象数组、分段个数等。它的主要操作有：

(1) 函数计算：operator，通用计算函数。输入节点值，输出函数值。

(2) 初始化：Init，初始化函数。对分段个数进行初始化赋值。

```
CMultiInter32Fun(单变量分段三点二次等距插值函数类)
─────────────────────────────────────────
CInter32Fun pFun[10];(三点二次等距插值函数对
象数组)
int Num;(分段个数)
─────────────────────────────────────────
virtual double operator()(double x);(通用计算
函数)
void Init(int n);(初始化函数)
```

图 4.9 单变量分段三点二次等距插值函数类设计

单变量数据插值函数类是单变量函数通用类的一个实现类。单变量数据插值函数类将几种常用的插值函数封装到一起，提供统一的接口，以便编程，它在单变量函数通用类的基础上重写了通用计算函数。

图 4.10 所示为单变量数据插值函数类设计，描述了单变量数据插值函数类的主要属性和主要操作，它含有分段三点二次等距插值函数对象、单变量不等距插值函数对象、单变量等距插值函数、常值函数对象、阶跃函数对象、插值模型标志等。它的主要操作有 operator( )(通用计算函数)、Set_Inter_Model(设置插值模型函数)等。

(1)函数计算:operator,通用计算函数。输入节点值,输出函数值。
(2)初始化:Set_Inter_Model,设置插值模型函数。对插值模型标志进行初始化赋值。

图 4.10　单变量数据插值函数类设计

4.2.2　二元函数类体系及实现

1. 类体系设计

二元函数类是二元函数类体系根节点,提供了通用计算函数接口。二元常值函数类、二元三点二次插值类、二元伪三点二次插值类、二元表插值函数类、二元伪二元不等距插值函数类和二元插值函数类等均继承自二元函数通用类。图 4.11 所示为二元函数类体系设计。

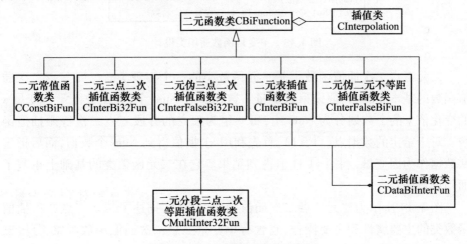

图 4.11　二元插值函数体系设计

2. 类设计

二元函数类是一抽象类,提供了通用计算函数接口。

图 4.12 所示为二元函数类设计,描述了二元函数类的主要属性和主要操作。它的主要操作有:

函数计算:operator,通用计算函数。输入 2 个节点值,输出函数值。

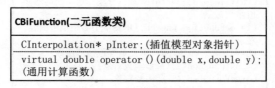

图 4.12　二元函数类设计

二元常值函数类是二元函数类的一个实现类,是一个特殊的插值函数,它对每次插值计算的返回值都是固定值。它在二元函数类的基础上重写了通用计算函数。

图 4.13 所示为二元常值函数类设计,描述了二元常值函数类的主要属性和主要操作。它的主要操作有:

(1) 函数计算:operator,通用计算函数。输入 2 个节点值,输出函数值。

(2) 初始化:Set_Const,设置常值函数。

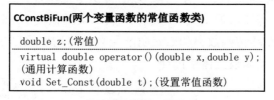

图 4.13　单变量函数通用类设计

二元三点二次插值函数类是二元函数类的一个实现类。二元三点二次插值函数的基本思想为:假设第二变量 y 数据点有 Num 个,将函数随第一变量 x 的变化依 y 的个数划分为 Num 组,每一组为独立的分段三点二次等距插值函数。对于给定的数据点(x1,y1),首先利用 x1 插值得到 Num 个数据,而后把这些数据作为因变量,利用 y1 插值得到结果。它在二元函数类的基础上重写了通用计算函数。

图 4.14 所示为二元三点二次插值函数类设计,描述了二元三点二次插值函数类的主要属性和主要操作,它含有单变量三点二次插值函数对象、分段三点二次等距插值函数对象数组、划分段数等。它的主要操作有:

函数计算:operator,通用计算函数。输入节点值,输出函数值。

```
CInterBi32Fun(二元三点二次插值函数类)
────────────────────────────────────
CInter32Fun yFun;(单变量三点二次插值函数对象)
CMultiInter32Fun xFun[10];(分段三点二次等距插
值函数对象数组)
int xNum;(划分段数)
────────────────────────────────────
virtual double operator()(double x);(通用计算
函数)
```

图 4.14　二元三点二次插值函数类设计

二元伪三点二次插值函数类是二元函数类的一个实现类,本质上是一元插值,目的是提供统一的接口,如气动系数,可能是一元函数,也可能是二元函数。它在二元函数类的基础上重写了通用计算函数。

图 4.15 所示为二元伪三点二次插值函数类设计,描述了二元伪三点二次插值函数类的主要属性和主要操作,它包含分段三点二次等距插值函数对象提供具体的功能。它的主要操作有:

函数计算:operator,通用计算函数。输入节点值,输出函数值。

```
CInterFalseBi32Fun(二元伪三点二次插值函数类)
────────────────────────────────────
CMultiInter32Fun xFun;(分段三点二次等距插值函
数对象)
────────────────────────────────────
virtual double operator()(double x);(通用计算
函数)
```

图 4.15　二元伪三点二次插值函数类设计

二元表插值函数类是二元函数类的一个实现类,负责包装插值类中的二元表插值函数。它在二元函数类的基础上重写了通用计算函数。

图 4.16 所示为二元表插值函数类设计,描述了二元表插值函数类的主要属性和主要操作,它含有插值模型对象指针等。它的主要操作有:

函数计算:operator,通用计算函数。输入节点值,输出函数值。

```
CInterBiFun(二元表插值函数类)
────────────────────────────────────
CInterpolation* pInter;(插值模型对象指针)
────────────────────────────────────
virtual double operator()(double x);(通用计算
函数)
```

图 4.16　二元表插值函数类设计

二元伪二元不等距插值函数类是二元函数类的一个实现类,是一元不等距插值函数,用于在特定场合提供统一接口。它在二元函数类的基础上重写了通用计算函数。

图 4.17 所示为二元伪二元不等距插值函数类设计,描述了单二元伪二元不等距插值函数类的主要属性和主要操作,它含有插值模型对象指针等。它的主要操作有:

函数计算:operator,通用计算函数。输入节点值,输出函数值。

```
CInterFalseBiFun(二元伪二元不等距插值函数类)
────────────────────────────────────
CInterpolation* pInter;(插值模型对象指针)
────────────────────────────────────
virtual double operator()(double x);(通用计算
函数)
```

图 4.17　二元伪二元不等距插值函数类设计

二元数据插值函数类是二元函数类的一个实现类,常用的二元插值函数封装在一起,提供统一接口,以便编程。它在二元函数类的基础上重写了通用计算函数。

图 4.18 所示为二元数据插值函数类设计,描述了二元数据插值函数类的主要属性和主要操作,它含有二元三点二次插值函数对象、二元伪三点二次插值函数对象、二元常值函数对象、二元表插值函数对象、二元伪二元不等距插值函数类对象、插值模型标志等。它的主要操作有:

函数计算:operator,通用计算函数。输入节点值,输出函数值。

```
CDataBiInterFun(二元数据插值函数类)
────────────────────────────────────
CInterBi32Fun BiInt32;(二元三点二次插值函数
   对象)
CInterFalseBi32Fun FBInt32;(二元伪三点二次插
   值函数对象)
CConstBiFun CstInt;(二元常值函数对象)
CInterBiFun TabInt;(二元表插值函数对象)
CInterFalseBiFun Lang;(二元伪二元不等距插值函
   数类对象)
int nInter;(插值模型标志)
────────────────────────────────────
virtual double operator()(double x);(通用计算
函数)
```

图 4.18　二元数据插值函数类设计

4.2.3 多元函数类体系及实现

1. 类体系设计

多元函数类是多元函数类体系根节点，提供了通用计算函数接口。多元常值函数类、多元插值类和通用右函数类继承自多元函数通用类。图 4.19 所示为多元函数类体系设计。

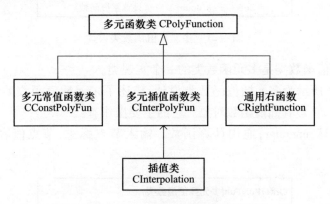

图 4.19 多元函数类体系设计

2. 类设计

多元函数类是一抽象类，提供了通用计算函数接口。

图 4.20 所示为多元函数类设计，描述了多元函数类的主要属性和主要操作，它的主要操作为函数计算：operator，通用计算函数。输入节点标志，节点值容器，输出函数值。

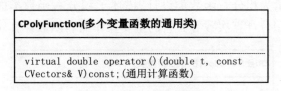

图 4.20 二元函数类设计

多元常值函数类是多元函数类的一个实现类，是一个特殊的插值函数，它对每次插值计算的返回值都是固定值。它在多元函数类的基础上重写了通用计算函数。

图 4.21 所示为多元常值函数类设计，描述了多元常值函数类的主要属性和主要操作。它的主要操作有：

（1）函数计算：operator，通用计算函数。输入节点标志，节点值容器，输出函数值。

（2）初始化：Set_Const，设置每次插值返回的常数。

```
CConstPolyFun(多元常值函数类)
------------------------------------
double z;(常值)
------------------------------------
virtual double operator()(double t, const
CVectors& V)const;(通用计算函数)
void Set_Const(double t);(设置常值函数)
```

图 4.21　多元常值函数类设计

多元插值函数类是多元函数类的一个实现类。

图 4.22 所示为多元插值函数类设计，描述了多元插值函数类的主要属性和主要操作，它含有插值函数对象。它的主要操作有：

函数计算：operator，通用计算函数。输入节点标志，节点值容器，输出函数值。

```
CInterPolyFun(多元插值函数类)
------------------------------------
CInterFun* pInt;(插值函数对象)
------------------------------------
virtual double operator()(double t, const
CVectors& V)const;(通用计算函数)
```

图 4.22　多元插值函数类设计

积分右函数类是多元插值函数类的特殊子类，用于为微分方程组的积分提供统一的接口。

图 4.23 所示为积分右函数类设计，描述了积分右函数类的主要属性和主要操作，它含有积分计算次数等。它的主要操作为右函数计算 operator( )。

```
CRightFunction(积分右函数类)
------------------------------------
------------------------------------
virtual CVectors operator()(double t,CVectors
x);(积分计算函数)
```

图 4.23　积分右函数类设计

4.2.4　矩阵、矢量与坐标转换

1. 类体系设计

矩阵、矢量计算和坐标转换在弹道计算中要大量用到。类库提供通用的矩阵和矢量运算,并支持常用坐标系间的相互转换(包括发射惯性坐标系、发射坐标系、地心赤道惯性坐标系、箭体坐标系、轨道坐标系、北天东坐标系、大地坐标系等)。类体系设计如图 4.24 所示。

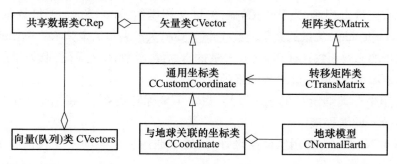

图 4.24　矩阵、矢量计算类体系设计

2. 类设计

矢量运算类是矢量计算类体系根节点,封装了矢量运算,以方便对矢量的处理,提供了矢量运算函数接口。

图 4.25 是矢量运算类设计,描述了矢量运算类的主要属性和主要操作,它

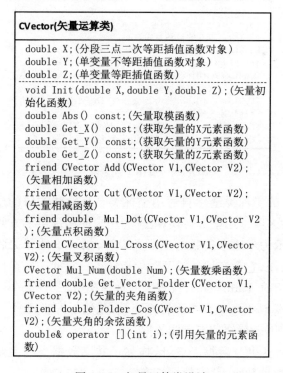

图 4.25　矢量运算类设计

含有矢量 X、Y、Z 等。它的主要操作有：

(1) 初始化：Init,矢量初始化函数。

(2) 计算：Abs,矢量取模函数；Add,矢量相加函数；Cut,矢量相减函数；Mul_Dot,矢量点积函数；Mul_Cross,矢量叉积函数；Mul_Num,矢量数乘函数；Get_Vector_Folder,矢量的夹角函数；Folder_Cos,矢量夹角的余弦函数；operator[ ],引用矢量的元素函数；Get_X,获取矢量的 X 元素函数；Get_Y,获取矢量的 Y 元素函数；Get_Z,获取矢量的 Z 元素函数。

通用坐标类继承自矢量运算类,封装了坐标转换算法,特别是为坐标转换提供了统一的编程接口。

图 4.26 所示为通用坐标类设计,描述了通用坐标类的主要属性和主要操作,它的主要操作有：

计算函数：Transfer,给定方式的自转移函数；TransferTo,给定方式的转移函数；Polar_To_Orthogonal,极坐标转换为直角坐标函数；Orthogonal_To_Polar,直角坐标转换为极坐标函数；Multiply,坐标转移矩阵相乘函数等。

```
CCustomCoordinate(通用坐标类)
----------------------------------------
void Transfer(double Theta[],int Flag[],int
n);(给定方式的自转移函数)
CCustomCoordinate TransferTo(double Theta[],
int Flag[],int n);(给定方式的转移函数)
CCustomCoordinate Polar_To_Orthogonal();(极坐
标转换为直角坐标函数)
CCustomCoordinate Orthogonal_To_Polar();(直角
坐标转换为极坐标函数)
CCustomCoordinate Multiply(double M[],const
CCustomCoordinate& V);(坐标转移矩阵相乘函数)
```

图 4.26 通用坐标类设计

与地球关联的坐标类继承自通用坐标类。与地球关联的坐标类实现了与地球关联的绝大多数常用坐标转换算法,为用户使用提供了方便。

图 4.27 所示为与地球关联的坐标类设计,描述了地球关联的坐标类的主要属性和主要操作,它含有地球模型对象指针等。它的主要操作有：

(1) 初始化：Set_EarthModel,设置关联地球模型。

(2) 多种坐标转换函数和投影转换函数,此处不再罗列。

共享数据类用于存储动态存储数据。

图 4.28 所示为共享数据类设计,描述了共享数据类的主要属性和主要操作,它含有共享数据数组、共享数据长度等,它的主要操作有：

CCustomCoordinate(与地球关联的坐标类)
static CNormalEarth* ppe;(地球模型对象指针)
CCoordinate DX1CDtoDXHD();(地心第一赤道坐标系到地心黄道坐标系函数) CCoordinate DX1CDtoDX2CD(double S0);(地心第一赤道坐标系到地心第二赤道坐标系函数) CCoordinate DX1CDtoDX3CD(double OMEGA);(地心第一赤道坐标系到地心第三赤道坐标系函数) CCoordinate DX1CDtoDX2GD(double OMEGA, double Omega, double i);(地心第一赤道坐标系到地心第二轨道坐标系函数) CCoordinate DX2CDtoDXZJ(double t);(地心第二赤道坐标系到地心直角坐标系函数) CCoordinate DX3CDtoDX1GD(double i);(地心第三赤道坐标系到地心第一轨道坐标系函数) CCoordinate DXZJtoSPDX(double L, double B);(地心直角坐标系到水平定向坐标系投影函数) CCoordinate DXZJtoSPDX(double L, double B, double h);(地心直角坐标系到水平定向坐标系投影函数) CCoordinate DX1GDtoDX2GD(double Omega);(地心第一轨道坐标系到地心第二轨道坐标系函数) CCoordinate DX1GDtoDX3GD(double u);(地心第一轨道坐标系到地心第三轨道坐标系函数) CCoordinate DX2GDtoWXGD(double f, double r);(地心第二轨道坐标系到卫星轨道坐标系函数) CCoordinate XYZToLBH();(地心直角坐标转换为大地坐标函数) CCoordinate LBHToXYZ();(大地坐标转换为地心直角坐标函数) CCoordinate LICToLC(double t, double A, double B);(发射惯性坐标系投影转换为发射坐标系投影函数) CCoordinate XYZToNRE(double L, double B);(大地直角坐标系投影转换为北天东坐标系投影函数) CCoordinate NREToXYZ(double L, double B);(北天东坐标系投影转换为大地直角坐标系投影函数) CCoordinate NREToBody(CVector Attitude);(北天东坐标系投影转换为体坐标系投影函数) CCoordinate BodyToNRE(CVector Attitude);(体坐标系投影转换为北天东坐标系投影函数) CCoordinate TakeoffToInertial(double t, TakeOffPoint pt);(发射坐标系投影转换为地心赤道惯性坐标系投影函数) CCoordinate InertialToEarth(double Omega);(地心赤道惯性坐标系投影转换为地固坐标系投影函数) CCoordinate TakeoffToEarth(TakeOffPoint pt);(发射坐标系投影转换为地固坐标系投影函数) CCoordinate TakeoffInertialToTakeoff(double t, TakeOffPoint pt);(发射惯性坐标系投影转换为发射坐标系投影函数) CCoordinate InertialToCraftOrbit(double Omega_C, double i, double u);(地心赤道惯性坐标系投影转换为飞行器轨道坐标系投影函数) CCoordinate CraftOrbitToCraft(const CVector& Attitude);(飞行器轨道坐标系投影转换为飞行器坐标系投影函数) CCoordinate InertialToCraft(const CVector& R, const CVector& V, const CVector& Attitude);(地心赤道惯性坐标系投影转换为飞行器坐标系投影函数) CCoordinate CraftToInertial(const CVector& R, const CVector& V, const CVector& Attitude);(飞行器坐标系投影转换为地心赤道惯性坐标系投影函数)

图 4.27 与地球关联的坐标类设计

计算:operator[ ],获取共享数据某一位值函数;Length,获取共享数据长度函数。

CRep(共享数据类)
double *data;(共享数据) int Len;(共享数据长度)
double& operator[](int i);(获取共享数据某一位值函数) int Length();(获取共享数据长度函数)

图 4.28 共享数据类设计

向量(队列)类通过共享动态存储数据,以提高程序赋值与初始化的效率。

图 4.29 所示为向量(队列)类设计,描述了向量(队列)类的主要属性和主要操作,它含有共享数据指针对象等,它的主要操作有:

(1)初始化:Init,初始化函数。

(2)计算:BreakToVector,队列拆分为矢量函数;Length,返回队列的长度。

(3)复制:Copy,对象拷贝函数。

```
CVectors(向量(队列)类)
────────────────────────────────
CRep *pRep;(共享数据指针对象)
────────────────────────────────
void Init(const CVector& V1, const CVector&
V2);(初始化函数)
void BreakToVector(CVector& V1, CVector& V2);
(队列拆分为矢量函数)
int Length();(返回队列的长度)
virtual CVectors Copy();(对象拷贝函数)
CRep *DataPointer();(返回数据指针)
```

图 4.29　向量(队列)类设计

矩阵类是矩阵计算类体系根节点,封装了矩阵数据、操作和运算,以便编程调用。

图 4.30 所示为矩阵类设计,描述了矩阵类的主要属性和主要操作,它含有矩阵的行数、列数、矩阵的数据对象等,它的主要操作有:

(1)索引计算:operator(),以一般方式引用矩阵中的元素函数;operator[ ],以一维数组方式引用矩阵中的元素函数。

(2)复制:Copy,对象拷贝函数。

(3)获取:Get_Rows,返回矩阵的行数;Get_Cols,返回矩阵的列数;Get_Rank,返回矩阵的秩。

(4)数学运算:operator *,矩阵乘法函数;Invert,矩阵求逆函数;ToInvert,矩阵变换为其逆矩阵函数;Invert_SymReg,对称正定矩阵求逆函数;ToInvert_SymReg,对称正定矩阵变换为其逆矩阵函数;Rever,矩阵转置函数。

转移矩阵类继承自矩阵类。转移矩阵类封装了 3×3 转移矩阵的有关算法。

图 4.31 所示为转移矩阵类设计,描述了转移矩阵类的主要属性和主要操作,它的主要操作有:

(1)旋转:R_X,绕第一轴旋转的转移矩阵函数;R_Y,绕第二轴旋转的转移矩阵函数;R_Z,绕第三轴旋转的转移矩阵函数;Transfer(Theta, Flag, n),给定转移方式的转移矩阵函数;Transfer(Attitude),按 3-2-1 定义(z-y-x 轴)的姿

第4章 基础数学模型及类设计

```
CMatrix(矩阵类)
    int Rows;(矩阵的行)
    int Cols;(矩阵的列)
    CVectors Datas;(矩阵的数据)
    ------------------------------------------------
    double& operator ()(int Row,int Col);(以一般方式引用矩阵中
    的元素函数)
    double& operator [](int n);(以一维数组方式引用矩阵中的元素
    函数)
    CMatrix Copy();(对象拷贝函数)
    int Get_Rows();(返回矩阵的行数)
    int Get_Cols();(返回矩阵的列数)
    int Get_Rank();(返回矩阵的秩)
    friend CMatrix operator*(const CMatrix& p,
    const CMatrix& q);(矩阵乘法函数)
    friend CMatrix operator*(double x,const CMatrix& In1);(矩
    阵乘法函数)
    CMatrix Invert();(矩阵求逆函数)
    double ToInvert();(矩阵变换为其逆矩阵函数)
    CMatrix Invert_SymReg();(对称正定矩阵求逆函数)
    void ToInvert_SymReg();(对称正定矩阵变换为其逆矩阵函数)
    CMatrix Rever();(矩阵转置函数)
```

图 4.30 矩阵类设计

态角进行转移的转移矩阵函数；TakeoffToInertial、InertialToCraftOrbit，两个转移矩阵函数，如图 4.31 所示。

（2）求导：DR_X，转移矩阵对第一轴求导函数；DR_Y，转移矩阵对第二轴求导函数；DR_Z，转移矩阵对第三轴求导函数。

```
CTransMatrix(转移矩阵类)
    ------------------------------------------------
    CTransMatrix& R_X(double Theta);(绕第一轴旋转的转移矩阵函数)
    CTransMatrix& R_Y(double Theta);(绕第二轴旋转的转移矩阵函数)
    CTransMatrix& R_Z(double Theta);(绕第三轴旋转的转移矩阵函数)
    CTransMatrix& DR_X(double Theta);(转移矩阵对第一轴求导函数)
    CTransMatrix& DR_Y(double Theta);(转移矩阵对第二轴求导函数)
    CTransMatrix& DR_Z(double Theta);(转移矩阵对第三轴求导函数)
    void Transfer(double Theta[],int Flag[],int n);(给定转移方式
    的转移矩阵函数)
    void Transfer(const CVector& Attitude);(按3-2-1定义的姿态角
    进行转移的转移矩阵函数)
    void TakeoffToInertial(double t,TakeOffPoint pt);(矢量之发射
    坐标系投影转换为地心赤道惯性坐标系投影的转移矩阵函数)
    void InertialToCraftOrbit(const CVector& R,const CVector&
    V);(矢量之地心赤道惯性坐标系投影转换为飞行器轨道坐标系投影的
    转移矩阵函数)
```

图 4.31 转移矩阵类设计

4.2.5 数值积分运算

1. 类体系设计

积分类体系设计的目的是把积分方法与具体的函数模型(右函数)剥离,提供通用的模板,以便软件的升级与维护。

使用该功能,用户须依给定的格式,编写右函数。特别是要把所有变量组合到一个向量对象中,积分结果再从向量对象中解析。类体系设计如图 4.32 所示。

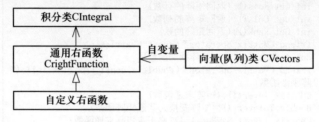

图 4.32 数值积分类体系设计

2. 类设计

积分类封装了常用的积分算法,包括一元函数积分和微分方程组积分。

图 4.33 所示为积分类设计,描述了积分类的主要属性和主要操作,它含有积分步长、积分维数等。它的主要操作有:

图 4.33 积分类设计

(1) 初始化:SetStepBy,设置积分步长函数;Set_Dimension,设置积分维数函数。

(2) 获取信息:Get_StepBy,返回积分步长函数。

(3) 积分方法:R_K4,4 阶 Runge – Kutta 法积分函数;R_K4_Alterable,4 阶变步长 Runge – Kutta 法一步积分函数;CompoundFraction,一元函数连分式法区间积分函数。

更多的积分方法,可以通过构建积分类的子类,重构其中的 StepBy 等函数实现。

4.2.6 随机数类体系

1. 类体系设计

随机数类体系包括均匀分布、正态分布随机数的生成,均值、方差、标准差等的计算。更多的随机数计算可在此基础上定义子类。

随机数类体系设计如图 4.34 所示。

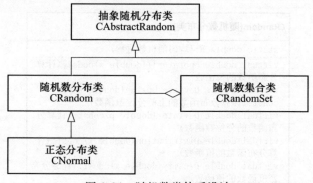

图 4.34 随机数类体系设计

2. 类设计

抽象随机分布类是一抽象类,是随机数类体系的根节点,为随机数调用提供统一的接口。

图 4.35 所示为抽象随机分布类设计,描述了抽象随机分布类的主要属性和主要操作。它的主要操作有:

(1) 数学运算:operator( ),把随机数转换为普通的浮点数;operator + ,随机数与浮点数的加法函数。这两个函数的定义,使随机数可以在形式上作为普通的浮点数参与运算。

(2) 随机数获取:random,取随机数函数;operator,类型转换算子函数。

随机数分布类是抽象随机分布类的一个实现类。随机数分布类是随机分

```
CAbstractRandom(抽象随机分布类)
-------------------------------------------------
operator double();(类型转换算子函数)
friend double operator +(CAbstractRandom&
Abs,double& x);(随机数与浮点数的加法函数)
virtual double random();(取随机数函数)
```

图 4.35　抽象随机分布类设计

布的公共节点,同时负责 0～1 区间均匀随机数的产生。

图 4.36 所示为随机数分布类设计,描述了主要属性和主要操作。它包含产生均匀随机数当前的种子。它的主要操作有:

(1)计算:operator,计算分布函数的值函数;Deviate_Upside,计算分布函数的上侧分位数函数;Deviate,计算分布函数的分位数函数;Distribution,计算分布函数的值函数;Density,计算分布密度函数的值函数;

(2)随机数获取:last,上一个均匀随机数函数;random,取随机数函数。

```
CRandom(随机数分布类)
static double R;(均匀随机数进程)
-------------------------------------------------
virtual double operator()(double x)const;(计算
分布函数的值函数)
virtual double Deviate_Upside(double Alpha)
const;(计算分布函数的上侧分位数函数)
virtual double Deviate (double p)const;(计算分
布函数的分位数函数)
virtual double Distribution(double x)const;(计
算分布函数的值函数)
virtual double Density(double x)const;(计算分布
密度函数的值函数)
double last()const;(上一个均匀随机数函数)
virtual double random();(取随机数函数)
```

图 4.36　随机数分布类设计

随机数集合类是抽象随机分布类的一个实现类。随机数集合类是一 MFC 相关类,其父类包括抽象随机分布类和对象类。该类提供了以数据文件形式使用随机数的选择。

图 4.37 所示为随机数集合类设计,描述了主要属性和主要操作,它含有随机数发生器对象指针等。它的主要操作有:

(1)计算:FitStudent,拟合 Student 分布参数函数;FitChi2,拟合 Chi2 分布参数函数;FitBeta,拟合 Beta 分布参数函数;Statistic,统计函数;Chi_Square_Test,Chi2 等概率分割检验函数;Chi_Square_Test_EIP,Chi2 等间隔分割检验函数;Even_Test_Chi_Square，Chi2 均匀性检验函数。

(2) 随机数获取：random，取随机数函数。

```
CRandomSet(随机数集合类)
────────────────────────────────────────
CRandom* pGenerator; (随机数发生器指针对象)
────────────────────────────────────────
bool FitStudent(long& n); (拟合Student分布参数
函数)
bool FitChi2(long& n); (拟合Chi2分布参数函数)
void FitBeta(double& a,double& b); (拟合Beta分布
参数函数)
double Statistic(double& s); (统计函数)
double Chi_Square_Test(int k); (Chi2等概率分割检
验函数)
double Chi_Square_Test_EIP(int k); (Chi2等间隔分
割检验函数)
double Even_Test_Chi_Square(int k); (Chi2均匀性
检验函数)
virtual double random(); (取随机数函数)
```

图 4.37　随机数集合类设计

正态分布类是抽象随机分布类的一个实现类。正态分布类是最常用的随机数。它封装了正态分布的几种常用产生算法。

图 4.38 所示为正态分布类设计，描述了其主要属性和主要操作。它的属性主要包括均值、方差等。它的主要操作有：

(1) 初始化：Init，初始化函数。

(2) 计算：Deviate_Upside，计算分布函数的上侧分位数函数；Deviate，计算分布函数的分位数函数；Distribution，计算分布函数的值函数；Density，计算分布密度函数的值函数。

(3) 随机数获取：random，取随机数函数。

```
CNormal(正态分布类)
────────────────────────────────────────
double x0; (均值)
double xe; (方差)
────────────────────────────────────────
void Init(double x,double e,long lN=2); (初始化
函数)
virtual double Deviate_Upside(double Alpha); (计
算分布函数的上侧分位数函数)
virtual double Deviate (double p)const; (计算分
布函数的分位数函数)
virtual double Distribution(double x)const; (计
算分布函数的值函数)
virtual double Density(double x)const; (计算分布
密度函数的值函数)
virtual double random(); (取随机数函数)
```

图 4.38　正态分布类设计

第 5 章 远程火箭及再入体的状态变量类体系建模

5.1 远程火箭状态变量类体系及实现

5.1.1 远程火箭的类体系设计

火箭状态变量类体系包括火箭状态变量类、相应右函数类及积分类,相互关系如图 5.1 所示。

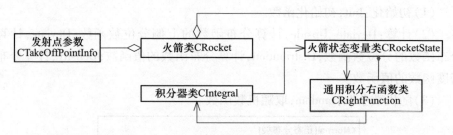

图 5.1 火箭状态变量及相关类体系设计

火箭状态变量类根据动力学建模所采用的坐标系不同而有所差异。常用的状态变量类包括发射坐标系状态类和发射惯性坐标系状态类,主要体系结构如图 5.2 所示。

右函数类体系设计如图 5.3 所示。

由于发射坐标系与发射惯性坐标系实现思路相同,下面以发射惯性坐标系为例进行介绍。

火箭状态变量类是一抽象类,负责为状态变量提供统一、公共的接口。

第 5 章 远程火箭及再入体的状态变量类体系建模

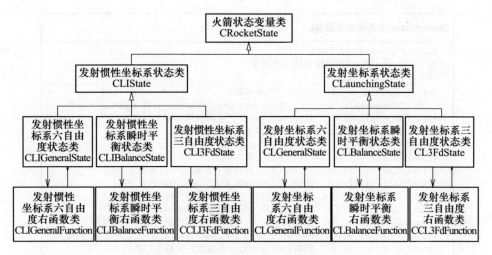

图 5.2　火箭状态变量类主要体系结构

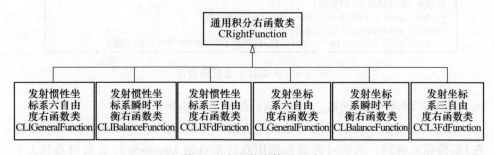

图 5.3　右函数类体系设计

图 5.4 所示为火箭状态变量类设计,描述了火箭状态变量类的主要属性和主要操作,它含有火箭对象指针、积分器对象指针、质量等。它的主要操作有:

(1)初始化:Initial,初始化火箭状态函数,该函数主要是对火箭的位置、速度、姿态、质量等信息进行初始化。

(2)运行一步:Run_by_Step,运行一步函数。输入积分步长,输出积分之后的结果。

(3)状态更新:UpdateState,状态更新函数,在积分右函数和积分一步中调用,用来更新运行一步后火箭位置、速度、姿态等信息。

(4)返回火箭状态信息。

火箭状态变量对象运行一步实现流程为:

(1)积分一步。以采用四阶龙格库塔积分为例。火箭状态对象调用积分对象中的 R_K4(四阶龙格库塔法)函数,积分对象循环 4 次调用通用右函数对象

```
CRocketState(火箭状态变量类)
    CRocket* pRocket;(火箭指针对象)
    CIntegral *pIntegral;(积分器指针对象)
    double Quality;(质量)
--------------------------------------------------------------
    virtual int Run_by_Step();(运行一步函数)
    virtual CCoordinate Get_Grav_Acc(const CVector& R);(计算引力加速度函数)
    virtual CCoordinate Get_Apparent_Acc();(返回视加速度)
    irtual CCoordinate Get_Apparent_Vel();(返回视速度)
    virtual CCoordinate Get_Apparent_Pos();(返回视位置)
    virtual double Get_Height();(返回当前高度)
    virtual CCoordinate Get_V_in_LC();(返回发射坐标系中的速度)
    virtual CCoordinate Get_R_in_LC();(返回发射坐标系中的位置)
    virtual CCoordinate Get_V_in_LIC();(返回发射惯性坐标系中的速度)
    virtual CCoordinate Get_R_in_LIC();(返回发射惯性坐标系中的位置)
    virtual CCoordinate Get_Acc_in_LIC();(返回发射惯性坐标系中的加速度)
    virtual void Get_Alpha_Beta(double& Alpha,double& Beta);(返回攻角,侧滑角)
    virtual CVector Get_LIC_Attitude();(返回发射惯性坐标系中的姿态)
    virtual CVector Get_LC_Attitude();(返回发射坐标系中的姿态)
    virtual void Get_Vel_Angle(double& Thet,double& Sig,double& Mu1);(返回弹
    道倾角,航迹偏航角,倾侧角)
    virtual double Get_OverLoding();(返回轴向过载)
    virtual void Initial();(初始化函数)
    virtual void LICInitial(CRocketState& State);(初始化上面级函数)
```

图5.4 火箭状态变量类设计

的 operator(积分一步)函数,完成后返回结果给火箭状态对象。

(2)状态更新。火箭状态对象调用火箭对象的 UpdateObjectsState1(更新状态)函数完成更新。火箭对象首先调用自己本身的 UpdateSelf(更新自身状态)函数,然后依次调用空气动力对象的 UpdateState(更新状态)函数、发动机组对象的 UpdateState(更新状态)函数、GNC 对象的 UpdateState(更新状态)函数,最后将结果返回给火箭状态对象,完成积分一步。

图 5.5 所示为火箭状态变量对象时序,描述了火箭状态变量对象运行一步的过程。

火箭发射惯性系状态变量类是火箭状态变量类的一个子类,它是发射惯性坐标系下各状态变量类的父类。它定义了相关状态变量和主要计算函数,并实现了父类的输出接口,但由于其未实现火箭状态变量类中的 Run_byStep(),故仍为抽象类。

图 5.6 所示为火箭惯性系状态变量类设计,描述了火箭惯性系状态变量类的主要属性和主要操作,它含有大地高度、弹道倾角、航迹偏航角、倾侧角、发射惯性坐标系姿态、发射惯性坐标系位置、发射惯性坐标系速度等。它的主要操作有初始化和返回火箭状态信息函数,与 CRocketState 相同,但给出了具体的实现。

第 5 章 远程火箭及再入体的状态变量类体系建模

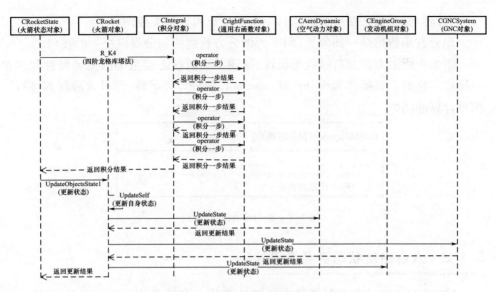

图 5.5　火箭状态变量对象时序

```
CLaunchInertialState(火箭惯性系状态变量类)
────────────────────────────────────────────
double Hm;(大地高度)
double Theta;(弹道倾角)
double Sigma;(航迹偏航角)
double Mu;(倾侧角)
CVector Attia;(发射惯性坐标系姿态)
CCoordinate Ra;(发射惯性坐标系位置)
CCoordinate Va;(发射惯性坐标系速度)
────────────────────────────────────────────
virtual CCoordinate Get_Grav_Acc(const CVector& R);(计算引力加速度函数)
virtual CCoordinate Get_Apparent_Acc();(返回视加速度)
irtual CCoordinate Get_Apparent_Vel();(返回视速度)
virtual CCoordinate Get_Apparent_Pos();(返回视位置)
virtual double Get_Height();(返回当前高度)
virtual CCoordinate Get_V_in_LC();(返回发射坐标系中的速度)
virtual CCoordinate Get_R_in_LC();(返回发射坐标系中的位置)
virtual CCoordinate Get_V_in_LIC();(返回发射惯性坐标系中的速度)
virtual CCoordinate Get_R_in_LIC();(返回发射惯性坐标系中的位置)
virtual CCoordinate Get_Acc_in_LIC();(返回发射惯性坐标系中的加速度)
virtual void Get_Alpha_Beta(double& Alpha,double& Beta);(返回攻角,侧滑角)
virtual CVector Get_LIC_Attitude();(返回发射惯性坐标系中的姿态)
virtual CVector Get_LC_Attitude();(返回发射坐标系中的姿态)
virtual void Get_Vel_Angle(double& Thet,double& Sig,double& Mu1);(返回弹道倾角,航迹偏航角,倾侧角)
virtual double Get_OverLoding();(返回轴向过载)
virtual void Initial();(初始化函数)
virtual void LICInitial(CRocketState& State);(初始化上面级函数)
```

图 5.6　火箭惯性系状态变量类设计

火箭惯性系状态变量对象运行一步实现流程与父类相同。

积分右函数类是一抽象类,用于为微分方程组的积分提供统一的接口。

图 5.7 所示为积分右函数类设计,描述了火箭状态变量类的主要属性和主要操作。它的主要操作为积分计算:operator,积分计算函数,即对火箭状态进行积分计算的函数。

CRightFunction(积分右函数)
virtual CVectors operator ()(double t,CVectors x);(积分计算函数)

图 5.7　积分右函数类设计

5.1.2　六自由度状态变量类设计

LIC 六自由度状态变量类是火箭惯性系状态变量类的一个实现类,它用于发射惯性坐标系六自由度下的状态变量计算。

图 5.8 所示为 LIC 六自由度状态变量类设计,描述了 LIC 六自由度状态变量类的主要属性和主要操作,它含有箭体在发射惯性系的角加速度、箭体在发射惯性系的转动角速度、箭体在发射系的转动角速度等,其他属性在父类中定义。它的主要操作有:

(1)运行一步:Run_by_Step,运行一步函数。火箭在 LIC 六自由度状态下进行动力学积分的主要函数,输入积分步长,输出积分之后的结果。

(2)状态更新:UpdateState,状态更新函数。更新火箭在 LIC 六自由度状态下位置、速度等信息。

(3)返回火箭在 LIC 六自由度状态下的信息。其他返回函数继承父类。

CLIGeneralState(LIC六自由度状态变量类)
CVector DOmegaa;(箭体绕发射惯性系的角加速度) CVector Omegaa;(箭体绕发射惯性系的转动角速度) CVector Omiga;(箭体绕发射系的转动角速度)
virtual int Run_by_Step();(运行一步函数) virtual void UpdateState(double t);(状态更新函数) virtual CVector Get_Ang_Acc();(返回箭体相对于发射惯性系的转动角加速度) virtual CVector Get_Omegaa();(返回箭体相对于发射惯性系的转动角速度) virtual CVector Get_Omega();(返回箭体相对于发射系的转动角速度)

图 5.8　LIC 六自由度状态变量类设计

LIC 六自由度状态变量对象运行一步实现流程与其父类相同。

惯性系六自由度状态右函数类是积分右函数类的一个实现类,是与 LIC 六自由度状态变量类配套的右函数。

图 5.9 所示为惯性系六自由度状态右函数类设计,描述了惯性系六自由度状态右函数类的主要属性和主要操作,它含有 LIC 六自由度状态变量指针对象等,它的主要操作为积分计算:operator,即对火箭 LIC 六自由度状态进行积分计算的函数。

CLIGeneralFunction(惯性系六自由度状态右函数类)
CLIGeneralState* pState;(LIC六自由度状态变量指针对象)
virtual CVectors operator()(double t,CVectors x);(积分计算函数)

图 5.9　发射惯性系六自由度状态右函数类设计

下面以四阶龙格库塔为例,说明惯性系六自由度状态右函数对象积分一步的实现流程。

积分一步第一次调用右函数的实现流程为:

(1)计算引力加速度。惯性系六自由度状态右函数调用 LIC 六自由度状态变量对象的 Get_Grav_Acc(获取引力加速度)函数,LIC 六自由度状态变量对象调用地球对象的 Get_Grav_Acc(获取引力加速度)函数得到结果,完成后依次返回给惯性系六自由度状态右函数。

(2)计算视加速度。惯性系六自由度状态右函数调用 LIC 六自由度状态变量对象的 Get_Apparent_Acc(获取视加速度)函数,LIC 六自由度状态变量对象依次计算气动力、推力和控制力。

①计算气动力。LIC 六自由度状态变量对象调用火箭对象的 Get_Aero_Force_in_Body(获取气动力)函数,火箭对象调用气动力模型对象的 Get_Aero_Force_in_Body(获取气动力)函数得到结果,完成后依次返回给 LIC 六自由度状态变量对象。

②计算推力。LIC 六自由度状态变量对象调用火箭对象的 Get_Thrust(获取推力)函数,火箭对象调用发动机组对象的 Get_Thrust(获取推力)函数得到结果,完成后依次返回给 LIC 六自由度状态变量对象。

③计算控制力。LIC 六自由度状态变量对象调用火箭对象的 Get_Control_Force(获取控制力)函数,火箭对象调用执行机构对象的 Get_Control_Force(获取控制力)函数得到结果,完成后依次返回给 LIC 六自由度状态变量对象。

LIC 六自由度状态变量对象把以上计算结果相加,返回给惯性系六自由度状态右函数对象,惯性系六自由度状态右函数对象第一次积分一步函数完成。

图 5.10 所示为惯性系六自由度状态右函数对象的第一次积分一步时序,以助推火箭、真实地球、速度系气动模型为例,描述了惯性系六自由度状态右函数对象第一次积分一步的过程。

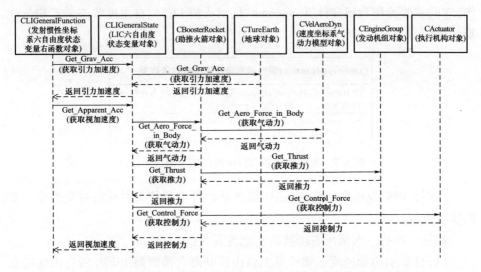

图 5.10　惯性系六自由度状态右函数对象第一次积分一步时序

后面三次调用右函数的实现流程,与前者不同之处是首先要进行状态更新:惯性系六自由度状态右函数调用 LIC 六自由度状态变量对象的 UpdateState（更新状态）函数,LIC 六自由度状态变量对象调用火箭对象的 UpdateObjectsState1 函数完成更新,火箭对象首先调用自身的 UpdateSelf（更新自身状态）函数,而后依次调用气动力模型对象、发动机组对象、GNC 对象的 UpdateState（更新状态）函数,完成状态更新。后面计算引力加速度、视加速度的流程与第一次相同。

图 5.11 所示为惯性系六自由度状态右函数对象积分一步后面三次调用右函数的实现时序。

5.1.3　基于瞬时平衡假设的状态变量类设计

LIC 瞬时平衡假设状态变量类是火箭惯性系状态变量类的一个实现类,它用于发射惯性坐标系、瞬时平衡假设下的状态变量计算。

图 5.12 所示为 LIC 瞬时平衡假设状态变量类设计,描述了火箭状态变量类的主要属性和主要操作。它的主要操作有:

第 5 章 远程火箭及再入体的状态变量类体系建模

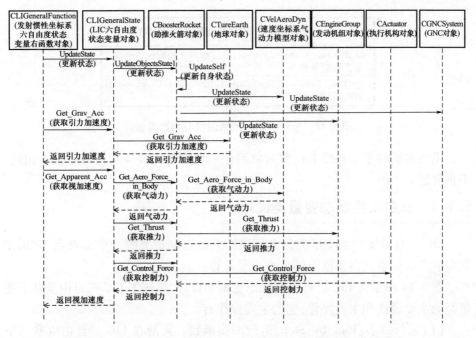

图 5.11 惯性系六自由度状态右函数对象一步后面三次积分时序

（1）运行一步：Run_by_Step，运行一步函数。火箭在 LIC 瞬时平衡假设状态下进行动力学积分的主要函数，输入积分步长，输出积分之后的结果。

（2）状态更新：UpdateState，状态更新函数。更新火箭的 LIC 瞬时平衡假设状态位置、速度等信息。

图 5.12 LIC 瞬时平衡假设状态变量类设计

LIC 瞬时平衡假设状态变量对象运行一步实现流程与其父类相同。

惯性系瞬时平衡假设右函数类是积分右函数类的一个实现类，是与 LIC 瞬时平衡假设状态变量类配套的右函数。

图 5.13 所示为惯性系瞬时平衡假设右函数类设计，描述了惯性系瞬时平衡假设右函数类的主要属性和主要操作，它含有 LIC 瞬时平衡假设状态变量指针对象等，它的主要操作为积分计算：operator，表示对火箭 LIC 瞬时平衡假设状态进行积分计算的函数。

```
┌─────────────────────────────────────────────────┐
│ CLIBalanceFunction(惯性系瞬时平衡假设右函数类)      │
├─────────────────────────────────────────────────┤
│ CLIBalanceState * pState;(LIC瞬时平衡假设状态变     │
│ 量指针对象)                                      │
│ ─────────────────────────────────────────────── │
│ virtual CVectors operator ()(double t,CVectors x);│
│ (积分计算函数)                                   │
└─────────────────────────────────────────────────┘
```

图 5.13　惯性系瞬时平衡假设右函数类设计

惯性系瞬时平衡假设右函数对象积分一步实现流程与六自由度基本相同，不再赘述。

5.1.4　三自由度状态变量类设计

LIC 三自由度状态变量类是火箭惯性系状态变量类的一个实现类，它用于发射惯性坐标系三自由度下的状态变量计算。

图 5.14 所示为 LIC 三自由度状态变量类设计，描述了 LIC 三自由度状态变量类的主要属性和主要操作，它的主要操作有：

（1）运行一步：Run_by_Step，运行一步函数。火箭在 LIC 三自由度状态下进行动力学积分的主要函数，输入积分步长，输出积分之后的结果。

（2）状态更新：UpdateState，状态更新函数。更新火箭在 LIC 三自由度状态下的位置、速度等信息。

```
┌─────────────────────────────────────────────────┐
│ CLI3FdState(LIC三自由度状态变量类)                 │
├─────────────────────────────────────────────────┤
│                                                 │
│ ─────────────────────────────────────────────── │
│ virtual int Run_by_Step();(运行一步函数)          │
│ virtual void UpdateState(double t);(状态更新函数) │
└─────────────────────────────────────────────────┘
```

图 5.14　LIC 三自由度状态变量类设计

LIC 三自由度状态变量对象运行一步实现流程与其父类相同。

惯性系三自由度状态右函数类是积分右函数类的一个实现类，是与 LIC 三自由度状态变量类配套的右函数。

图 5.15 所示为惯性系三自由度状态右函数类设计，描述了火箭状态变量类的主要属性和主要操作，它含有 LIC 三自由度状态变量指针对象等，它的主要操作为：积分计算：operator，积分计算函数，表示对火箭 LIC 三自由度状态进行积分计算的函数。

惯性系三自由度状态右函数对象积分一步实现流程与惯性系六自由度状态右函数对象实现流程相同。

图 5.15　惯性系三自由度状态右函数类设计

5.2　弹头状态变量类体系及实现

5.2.1　弹头类体系设计

弹头状态变量类体系包括弹头状态变量类、相应右函数类及积分类,如图 5.16 所示。

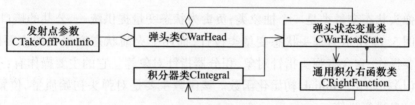

图 5.16　弹头状态变量及相关类体系设计

弹头状态变量类根据动力学所采用的坐标系不同而不同。常用的包括发射坐标系状态类和发射惯性坐标系状态类,主要体系结构如图 5.17 所示。

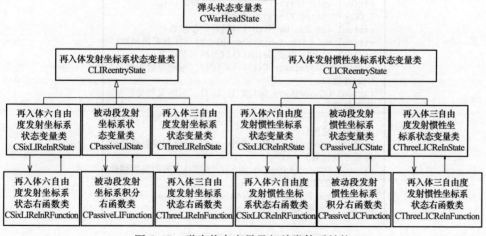

图 5.17　弹头状态变量及相关类体系结构

弹头右函数类体系如图 5.18 所示。

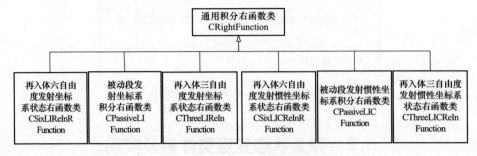

图 5.18　弹头右函数类体系

由于发射坐标系与发射惯性坐标系实现思路相同,下面以发射惯性坐标系为例进行介绍。

5.2.2　主体类设计

弹头状态变量类是一个抽象类,负责为状态变量提供统一、公共的接口。

图 5.19 所示为弹头状态变量类设计,描述了火箭状态变量类的主要属性和主要操作,它含有弹头指针对象、积分器指针对象等。它的主要操作有:

(1) 初始化。Initial,初始化函数。该函数主要是对弹头初始质量、位置、姿态等信息进行赋值。

图 5.19　弹头状态变量类设计

第 5 章
远程火箭及再入体的状态变量类体系建模

（2）积分一步。Run_by_Step，运行一步函数。弹头进行动力学积分的主要函数，输入积分步长，输出积分之后的结果。

（3）状态更新。UpdateState，状态更新函数。

（4）返回弹头状态信息。

弹头状态变量对象积分一步实现流程与火箭状态变量对象积分一步实现流程相同。

再入体发射坐标系状态类是弹头状态变量类的一个子类。它定义了计算所需大部分状态变量和主要计算函数，并实现了父类的输出接口，但由于其未实现弹头状态变量类中的运行一步函数和状态更新函数，仍为抽象类。

再入体发射惯性坐标系状态变量类是弹头状态变量类的一个子类。它定义了计算所需大部分状态变量和主要计算函数，并实现了父类的输出接口，但由于其未实现弹头状态变量类中的运行一步函数，仍为抽象类。

图 5.20 所示为再入体发射惯性坐标系状态变量类设计，描述了再入体发射惯性坐标系状态变量类的主要属性和主要操作，它含有大地高度、弹道倾角、航迹偏航角、倾侧角、发射惯性坐标系姿态、发射惯性坐标系位置、发射惯性坐标系速度等。它的主要操作有：

```
CLICReentryState(再入体发射惯性坐标系状态变量类)
double Hm;(大地高度)
double Theta;(弹道倾角)
double Sigma;(航迹偏航角)
double Mu;(倾侧角)
CVector Attia;(发射惯性坐标系姿态)
CCoordinate Ra;(发射惯性坐标系位置)
CCoordinate Va;(发射惯性坐标系速度)

virtual void Initial(double t,CCoordinate&
R,CCoordinate& V);(初始化函数)
virtual void UpdateState(double t);(状态更新函数)
virtual double Get_Height();(返回当前高度)
virtual CCoordinate Get_V_in_LC();(返回发射坐标系
中的速度)
virtual CCoordinate Get_R_in_LC();(返回发射坐标系
中的位置)
virtual CCoordinate Get_V_in_LIC();(返回发射惯性坐
标系中的速度)
virtual CCoordinate Get_R_in_LIC();(返回发射惯性坐
标系中的位置)
virtual CCoordinate Get_Acc_in_LIC();(返回发射惯性
坐标系中的加速度)
virtual void Get_Alpha_Beta(double& Alpha,double&
Beta);(返回攻角,侧滑角)
```

图 5.20　再入体发射惯性坐标系状态变量类设计

(1) 初始化:Initial,初始化函数。初始化弹头再入体发射惯性坐标系状态信息。

(2) 状态更新:UpdateState,状态更新函数。更新弹头再入体发射惯性坐标系状态信息。

(3) 返回弹头再入体发射惯性坐标系状态信息。

再入体发射惯性坐标系状态变量对象积分一步实现流程与火箭状态变量对象积分一步实现流程相同。

5.2.3 六自由度状态变量类设计

再入体六自由度发射惯性坐标系状态变量类是再入体发射坐标系状态类的一个子类。它实现了初始化函数、运行一步函数和状态更新函数。

图5.21 所示为再入体六自由度发射惯性坐标系状态变量类设计,描述了再入体六自由度发射惯性坐标系状态变量类的主要属性和主要操作,它含有俯仰角速度、俯仰角、攻角、俯仰阻尼力矩系数导数等。它的主要操作有:

(1) 初始化:Initial,初始化函数。初始化弹头的再入体六自由度发射惯性坐标系状态信息。

(2) 状态更新:UpdateState,状态更新函数。更新弹头的再入体六自由度发射惯性坐标系状态信息。

(3) 运行一步:Run_by_Step,运行一步函数。弹头在再入体六自由度发射惯性坐标系下进行动力学积分的主要函数,输入积分步长,输出积分之后的结果。

```
CSixReInRState(再入体六自由度发射惯性坐标系状态变量类)
double Omega;(俯仰角速度)
double Phi;(俯仰角)
double Alpha;(攻角)
double Mz1_Omegaz1;(俯仰阻尼力矩系数导数)
virtual void Initial();(初始化函数)
virtual int Run_by_Step();(运行一步函数)
virtual void UpdateState(double t);(状态更新函数)
```

图5.21 再入体六自由度发射惯性坐标系状态变量类设计

再入体六自由度发射惯性坐标系状态变量对象积分一步实现流程与火箭状态变量对象积分一步实现流程相同。

再入体六自由度发射惯性坐标系状态右函数类是积分右函数类的一个实现类,是与再入体六自由度发射惯性坐标系状态变量类配套的右函数。

图5.22 所示为再入体六自由度发射惯性坐标系状态右函数类设计,描述

了火箭状态变量类的主要属性和主要操作,含有再入体六自由度发射惯性坐标系状态变量指针对象等。它的主要操作为积分计算:operator,积分计算函数。对弹头再入体六自由度发射惯性坐标系状态进行积分的函数。

```
CSixReInRFunction(再入体六自由度发射惯性坐标系状态右函数类)
─────────────────────────────────────────────
CSixReInRState* pSixReInRState;(再入体六自由度发射惯性
坐标系状态变量指针对象)
─────────────────────────────────────────────
virtual CVectors operator()(double t,CVectors x);
 (积分计算函数)
```

图 5.22　再入体六自由度发射惯性坐标系状态右函数类设计

这里以四阶龙格库塔为例,说明再入体六自由度发射惯性坐标系状态右函数对象积分一步的实现流程。积分一步第一次调用右函数的实现流程为:

(1)计算引力加速度。再入体六自由度发射惯性坐标系状态右函数对象调用该坐标系状态变量对象的 Get_Grav_Acc 函数(获取引力加速度),状态变量对象调用地球对象的 Get_Grav_Acc 函数(获取引力加速度),得到结果后将其先返回给状态变量对象,再返回给状态右函数对象。

(2)计算气动阻力加速度。再入体六自由度发射惯性坐标系状态右函数调用该坐标系状态变量对象的 Get_AeroF_Acc 函数(获取气动阻力加速度),状态变量对象调用弹头对象的 Get_Resistance 函数(获取气动阻力),弹头对象调用速度坐标系气动力模型对象的 Get_Resistance 函数(获取气动阻力),得到结果后将其先返回给弹头对象,再返回给状态变量对象。同时,状态变量对象调用弹头对象的 Get_Quality 函数(获取弹头质量),状态变量对象计算得到气动阻力加速度,最后将其返回给状态右函数对象。

(3)计算角加速度。再入体六自由度发射惯性坐标系状态右函数调用状态变量对象的 Get_Ang_Acc 函数(获取角加速度),将结果返回给状态右函数对象。

(4)计算地心距加速度。再入体六自由度发射惯性坐标系状态右函数对象调用状态变量对象的 Get_R_Acc 函数(获取地心距加速度),将结果返回给状态右函数对象。

(5)计算射程角加速度。再入体六自由度发射惯性坐标系状态右函数对象调用状态变量对象的 Get_Betac_Acc 函数(获取射程角加速度),将结果返回给状态右函数对象。

(6)计算俯仰角加速度。再入体六自由度发射惯性坐标系状态右函数对象调用状态变量对象的 Get_Omega_Acc 函数(获取俯仰角加速度),将结果返回给状态右函数对象。

(7) 计算俯仰角速度。再入体六自由度发射惯性坐标系状态右函数对象调用状态变量对象的 Get_Omega 函数（获取俯仰角速度），将结果返回给状态右函数对象。状态右函数对象第一次积分一步函数完成。

图 5.23 所示为再入体六自由度发射惯性坐标系状态右函数对象的第一次积分一步时序，描述了再入体六自由度发射惯性坐标系状态右函数对象第一次积分一步的过程。

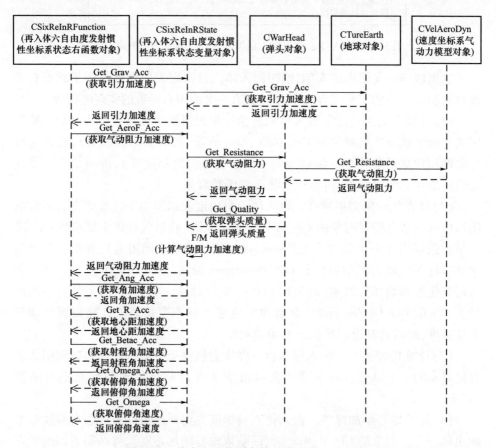

图 5.23　状态右函数对象第一次积分一步时序

后面三次调用右函数的实现流程，不同之处是首先要进行状态更新，状态更新流程与惯性系六自由度状态右函数对象状态更新流程相同。

5.2.4　三自由度状态变量类设计

再入体三自由度发射惯性坐标系状态变量类是再入体发射惯性坐标系状

态变量类的一个子类。它实现了运行一步函数、状态更新函数。

图 5.24 所示为再入体三自由度发射惯性坐标系状态变量类设计,描述了再入体三自由度发射惯性坐标系状态变量类的主要属性和主要操作。它的主要操作有:

(1)运行一步:Run_by_Step,运行一步函数。弹头在再入体三自由度发射惯性坐标系下进行动力学积分的主要函数,输入积分步长,输出积分之后的结果。

(2)状态更新:UpdateState,状态更新函数。更新弹头的再入体三自由度发射惯性坐标系信息。

```
CThreeReInState(再入体三自由度发射惯性坐标系状态变量类)
--------------------------------------------------------
virtual int Run_by_Step();(运行一步函数)
virtual void UpdateState(double t);(状态更新函数)
```

图 5.24 再入体三自由度发射惯性坐标系状态变量类设计

再入体三自由度发射惯性坐标系状态变量对象积分一步实现流程与火箭状态变量对象积分一步实现流程相同。

再入体三自由度发射惯性坐标系状态右函数类是积分右函数类的一个实现类,是与再入体三自由度发射惯性坐标系状态变量类配套的右函数。

图 5.25 所示为再入体三自由度发射惯性坐标系状态右函数类设计,描述了再入体三自由度发射惯性坐标系状态右函数类的主要属性和主要操作,它含有再入体三自由度发射惯性坐标系状态变量指针对象等。它的主要操作为积分计算:operator,积分计算函数。对弹头再入体三自由度发射惯性坐标系状态进行积分计算的函数。

```
CThreeReInFunction(再入体三自由度发射惯性坐标系状态右函数类)
CThreeReInState* pThreeReInState;(再入体三自由度发射
惯性坐标系状态变量指针对象)
--------------------------------------------------------
virtual CVectors operator()(double t,CVectors x);(积
分计算函数)
```

图 5.25 再入体三自由度发射惯性坐标系状态右函数类设计

再入体三自由度发射惯性坐标系状态右函数对象第一次积分一步实现流程与再入体六自由度发射惯性坐标系状态右函数对象积分一步的实现流程相同。

第6章 地球引力场建模及类设计

6.1 地球形状与引力场

6.1.1 地球形状

地球形状十分复杂。由于地球自转,使其形成一个两极间距离小于赤道直径的扁球体。地球的物理表面也极不规则,近30%是大陆,70%是海洋。因此,地球的物理表面实际上难以用简单的数学方法描述。

通常所说的地球形状,是指全球静止海平面的形状。全球静止海平面不考虑地球物理表面的海陆差异及陆上、海洋的地势起伏。它与实际海洋静止表面相重合,而且包括陆地下的假想"海面",后者是前者的延伸,两者总称大地水准面。大地水准面的表面是连续、封闭的,而且没有皱褶与裂痕,因此是一个等重力势面。由于地球内部质量分布不均匀,大地水准面也是一个难以用数学方法描述的复杂表面。

为了方便分析计算,一般采用一个比较简单规则的形状来代替大地水准面,要求该形状的表面与大地水准面的差别尽可能小。

作为一级近似,可以认为地球为一圆球,其体积等于地球体积。圆球体的半径为6371004m。

多数情况下采用一个椭圆绕其短轴旋转所得的椭球体来代替大地水准面。该椭球体按下列条件确定:

(1)椭球体中心与地球质心重合,且其赤道平面与地球赤道平面重合;
(2)椭球体的体积与大地水准面的体积相等;
(3)椭球体表面相对大地水准面表面偏差(按高度)的平方和最小。

按上述条件确定的椭球体称为总地球椭球体,用它逼近实际大地水准面的精度一般来说是足够的。

关于总地球椭球体的几何尺寸,一般采用 1975 年第十六届国际测量协会的推荐值:

地球赤道半径(总椭球体长半轴) $a_e = 6378140 \mathrm{m}$;

地球扁率 $\alpha_e = \dfrac{a_e - b_e}{a_e} = 1/298.257$。

6.1.2 引力场

将单位质量的质点从无穷远点移动到某点所作的功,称为此点的引力位。质点引力场为无旋守恒势场,引力位是位置的单值函数,引力可由引力位唯一确定。地球引力位在地球外部空间满足拉普拉斯方程,通常以球谐函数的形式将引力位展开成勒让德函数的线性组合形式:

$$U(r,\phi,\lambda) = \sum_{n=0}^{\infty} \frac{1}{r^{n+1}} \sum_{m=0}^{n} [a_{nm}\cos(m\lambda) + b_{nm}\sin(m\lambda)] P_{nm}(\sin\phi) \quad (6.1)$$

式中:r 为地心距;ϕ 为地心纬度;λ 为经度;n、m 分别为球谐级数和阶数;a_{nm}、b_{nm} 为引力位系数;$P_{nm}(x)$ 为缔合 Legendre 函数。

在飞行力学中,通常将引力位表示为

$$U(r,\phi,\lambda) = \frac{\mu}{r} \left[1 + \sum_{n=2}^{\infty} \left(\frac{a_e}{r} \right)^n \sum_{m=0}^{n} [C_{nm}\cos(m\lambda) + S_{nm}\sin(m\lambda)] P_{nm}(\sin\phi) \right] \quad (6.2)$$

式中:μ 为地球引力常数;a_e 为地球参考椭球体长半轴。

比较式(6.1)和式(6.2),可得 a_{nm}、b_{nm} 和 C_{nm}、S_{nm} 之间的相互关系为

$$\begin{cases} a_{n0} = \mu a_e^n C_{n0} \\ a_{nm} = \mu a_e^n C_{nm} \\ b_{nm} = \mu a_e^n S_{nm} \end{cases} \quad (6.3)$$

如果将式(6.2)表述为带谐项系数与田谐项系数分开的形式,则又可将引力位表示为

$$U(r,\phi,\lambda) = \frac{\mu}{r} \left[1 - \sum_{n=2}^{\infty} J_n \left(\frac{a_e}{r} \right)^n P_n(\sin\phi) + \sum_{n=2}^{\infty} \sum_{m=1}^{n} \left(\frac{a_e}{r} \right)^n P_{nm}(\sin\phi) [C_{nm}\cos(m\lambda) + S_{nm}\sin(m\lambda)] \right] \quad (6.4)$$

式中:$J_n = -C_{n0}$ 为 n 阶带谐项系数。

在实际计算中,为减小计算误差,球谐系数 C_{nm}、S_{nm} 及缔合 Legendre 函数

$P_{nm}(\sin\phi)$ 通常采用归一化后的值,即 $\overline{C}_{nm}$、$\overline{S}_{nm}$、$\overline{P}_{nm}(\sin\phi)$。它们之间的关系为

$$\begin{cases} C_{nm} = \sqrt{\dfrac{2(2n+1)(n-m)!}{\delta_m(n+m)!}}\,\overline{C}_{nm} \\ S_{nm} = \sqrt{\dfrac{2(2n+1)(n-m)!}{\delta_m(n+m)!}}\,\overline{S}_{nm} \\ P_{nm}(\sin\phi) = \sqrt{\dfrac{\delta_m(n+m)!}{2(2n+1)(n-m)!}}\,\overline{P}_{nm}(\sin\phi) \end{cases} \quad (6.5)$$

式中:δ_m 为克罗内克符号,即

$$\delta_m = \begin{cases} 2 & (m=0) \\ 1 & (m>0) \end{cases} \quad (6.6)$$

此时,式(6.4)转换为

$$U(r,\phi,\lambda) = \dfrac{\mu}{r}\left[1 - \sum_{n=2}^{\infty} J_n \left(\dfrac{a_e}{r}\right)^n \overline{P}_n(\sin\phi) + \sum_{n=2}^{\infty}\sum_{m=1}^{n}\left(\dfrac{a_e}{r}\right)^n \overline{P}_{nm}(\sin\phi)(\overline{C}_{nm}\cos m\lambda + \overline{S}_{nm}\sin m\lambda)\right] \quad (6.7)$$

且 $J_n = -\overline{C}_{n0}$。

引力位系数是与地球形状、地球内部物质密度分布和地表特征等相关的量,通常由大地测量和卫星测量等手段获取基本数据,之后基于一定的计算方法反算得到。理论上,当引力位系数足够丰富,模型阶数 n 趋近于无穷时,能够以足够精度逼近真实的地球引力模型。实际应用中,一方面由于难以获得足够丰富和准确的引力位数据,另一方面由于计算规模将随模型阶数急剧增加,通常将模型截断到 s 阶。不同的引力位系数选取方式对应不同的地球模型,较为常用的主要有以下几种。

(1)圆球模型。忽略引力位各阶小量,令 $\overline{C}_{nm} = \overline{S}_{nm} = 0$。

(2)旋转对称模型。忽略引力位与经度有关的项,由该模型计算得到的引力位只与纬度有关,该模型又称带谐模型。带谐模型与式(6.2)所示的完整引力模型之差即引力模型的田谐项。

(3)Clairaut 椭球模型。在引力模型的高阶项中,只取与 J_2 项系数相关的项。Clairaut 椭球模型只与纬度相关,也是一个旋转对称模型,在圆球模型基础上增加了二阶带谐项修正。

在上述模型中,圆球模型和 Clairaut 椭球模型是飞行器弹道规划及制导控制设计中较为常用的地球模型。

为简单表述地球外部空间引力位、引力及其对应的地球形状,引入正常引力位的概念。将正常引力位对应的地球模型称为正常地球模型。正常地球是

真实地球的初级逼近，通常具有旋转对称的规则形状。正常地球与真实地球之间存在一定差异，两种地球模型对应的引力和引力位也存在差异。将真实引力位与正常引力位之差称为扰动引力位，而扰动引力位对应的引力场称为扰动引力场。记正常引力位为 $V(x,y,z)$，扰动引力位为 $T(x,y,z)$，则有

$$T(x,y,z) = U(x,y,z) - V(x,y,z) \tag{6.8}$$

通常而言，由正常地球和真实地球差异导致的高程差不超过100m，引力差不超过200mGal，垂线偏差不超过30″，但这些偏差将对飞行器运动造成不可忽略的影响，因此必须在正常引力基础上考虑扰动引力修正。

6.2 地球扰动引力场计算模型

6.2.1 扰动引力场计算的球谐函数法

1. 球谐函数的计算

远程火箭动力学的分析和计算是在三维空间坐标系中进行的，因此需要对引力势函数求梯度得到引力矢量。根据式(6.7)与式(6.8)，可得扰动位截断到 s 阶扰动引力势函数为

$$T = \frac{\mu}{r} \sum_{n=2}^{s} \left(\frac{a_e}{r}\right)^n \sum_{m=0}^{n} \left[\overline{C}_{nm}\cos(m\lambda) + \overline{S}_{nm}\sin(m\lambda)\right]\overline{P}_{nm}(\sin\phi) \tag{6.9}$$

设空间一点扰动引力矢量为 $\delta\mathbf{g} = (\delta g_r, \delta g_\phi, \delta g_\lambda)$，分别求 $T(r,\phi,\lambda)$ 对 r、λ 和 ϕ 的偏导数，即可得扰动引力矢量为

$$\delta\mathbf{g} = \mathbf{grad}\,T = \left(\frac{\partial T}{\partial r}, \frac{1}{r}\frac{\partial T}{\partial \phi}, \frac{1}{r\cos\phi}\frac{\partial T}{\partial \lambda}\right) \tag{6.10}$$

展开后可得

$$\delta g_r = -\frac{\mu}{r^2} \sum_{n=2}^{s} (n+1) \left(\frac{a_e}{r}\right)^n \sum_{m=0}^{n} \left[\overline{C}_{nm}\cos(m\lambda) + \overline{S}_{nm}\sin(m\lambda)\right]\overline{P}_{nm}(\sin\phi) \tag{6.11}$$

$$\delta g_\lambda = -\frac{\mu}{r^2\cos\phi} \sum_{n=2}^{s} \left(\frac{a_e}{r}\right)^n \sum_{m=0}^{n} m\left[\overline{C}_{nm}\sin(m\lambda) - \overline{S}_{nm}\cos(m\lambda)\right]\overline{P}_{nm}(\sin\phi) \tag{6.12}$$

$$\delta g_\phi = \frac{\mu}{r^2} \sum_{n=2}^{s} \left(\frac{a_e}{r}\right)^n \sum_{m=0}^{n} m\left[\overline{C}_{nm}\cos(m\lambda) + \overline{S}_{nm}\sin(m\lambda)\right]\overline{P}'_{nm}(\sin\phi) \tag{6.13}$$

其中，

$$\overline{P}'_{nm}(\sin\phi) = \frac{\mathrm{d}\overline{P}_{nm}(\sin\phi)}{\mathrm{d}\phi} = \sqrt{\frac{2n+1}{2n-1}(n^2-m^2)}\frac{1}{\cos\phi}\overline{P}_{n-1,m}(\sin\phi) - n\tan\phi\,\overline{P}_{nm}(\sin\phi)$$

$$\tag{6.14}$$

Legendre 函数 $\overline{P}_{nm}(\sin\phi)$ 及其微分函数 $\dfrac{\mathrm{d}\overline{P}_{nm}(\sin\phi)}{\mathrm{d}\phi}$ 可由下列公式推算：

当 $m < n$ 时,

$$\overline{P}_{nm}(\sin\phi) = \sqrt{\dfrac{4n^2-1}{n^2-m^2}}\sin\phi\,\overline{P}_{n-1,m}(\sin\phi) - \sqrt{\dfrac{2n+1}{2n-3}\dfrac{(n-1)^2-m^2}{n^2-m^2}}\,\overline{P}_{n-2,m}(\sin\phi) \tag{6.15}$$

当 $m = n$ 时,

$$\overline{P}_{nm}(\sin\phi) = \sqrt{\dfrac{2n+1}{2n}}\cos\phi\,\overline{P}_{n-1,m-1}(\sin\phi) \tag{6.16}$$

当 $m \leqslant n$ 时,

$$\dfrac{\mathrm{d}\overline{P}_{nm}(\sin\phi)}{\mathrm{d}\phi} = \sqrt{\dfrac{2n+1}{2n-1}(n^2-m^2)}\dfrac{\overline{P}_{n-1,m}(\sin\phi)}{\cos\phi} - n\tan\phi\,\overline{P}_{nm}(\sin\phi) \tag{6.17}$$

当 $m > n$ 时,

$$\overline{P}_{nm}(\sin\phi) = 0 \tag{6.18}$$

$$\dfrac{\mathrm{d}\overline{P}_{nm}(\sin\phi)}{\mathrm{d}\phi} = 0 \tag{6.19}$$

以上递推公式的递推初值为

$$\begin{cases} \overline{P}_{00}(\sin\phi) = 1 \\ \overline{P}_{10}(\sin\phi) = \sqrt{3}\sin\phi \\ \overline{P}_{11}(\sin\phi) = \sqrt{3}\cos\phi \end{cases} \tag{6.20}$$

当采用球谐函数计算扰动引力时，其结果的误差除了由 s 阶位系数本身误差引起的部分，还有球谐函数只考虑到 s 阶而忽略高阶项的截断误差。阶数 s 代表了位系数模型所具有的分辨率。

下面分析扰动引力计算对位系数模型分辨率的要求。选取距离地面高度为 0.2km、1km、5km、10km、50km、100km、200km、500km 的 8 个球面。在每个球面上均匀选取 1000 个点，并采用式(6.11)～式(6.13)计算截断至 N 阶的扰动引力矢量，仿真中 s 分别取 36、72、180、360、540、1080。同时将截断至 2160 阶的引力计算结果视为"真值"，用于评估不同引力模型的截断误差。

设扰动引力截断至 s 阶时的径向均方根误差为 $\sigma^s_{\delta g_r}$，水平均方根误差为 $\sigma^s_{\delta g_h}$，且有

$$\begin{cases} \sigma^s_{\delta g_r} = \sqrt{\dfrac{1}{M}\sum\limits_{i=1}^{M}(\delta g^N_{ir} - \delta g^{\text{true}}_{ir})^2} \\ \sigma^s_{\delta g_h} = \sqrt{\dfrac{1}{M}\sum\limits_{i=1}^{M}[(\delta g^N_{i\phi} - \delta g^{\text{true}}_{i\phi})^2 + (\delta g^N_{i\lambda} - \delta g^{\text{true}}_{i\lambda})^2]} \end{cases} \tag{6.21}$$

式中：M 为样本点个数；δg_{ir}^s、$\delta g_{i\phi}^s$、$\delta g_{i\lambda}^s$ 分别为截断至 s 阶时的扰动引力三分量；δg_{ir}^{true}、$\delta g_{i\phi}^{true}$、$\delta g_{i\lambda}^{true}$ 分别为扰动引力三分量"真值"，即截断至 2160 阶的值。

表 6.1 所示为按此计算的截断到不同阶的扰动引力误差。

表 6.1 球谐函数截断到不同阶的扰动引力误差（σ_s）

单位：$10^{-5} \mathrm{ms}^{-2}$

H/km	s						$\bar{\delta}$
	36	72	180	360	540	1800	
0.2	39	38	34	28	23	4	58
1	37	35	31	25	21	3	52
5	29	27	22	16	12	0.6	37
10	23	21	16	10	6	0.1	32
50	10	7	2.9	0.5			23
100	5	3	0.4				21
200	2	0.7					18
500	0.3						13

从表 6.1 中可以看出，随高度增加扰动引力截断误差减小，因此不同高度对位系数模型的分辨率要求不同。但是，即使高达 360 阶的位系数模型，用来计算几千米高度上的扰动引力也有很大的截断误差。而且现有模型中系数比较可靠的只有几十阶。因此，球谐函数法只适合高空扰动引力的赋值，对于低空扰动引力的赋值需要采用其他方法。

在采用球谐函数计算扰动引力时，其计算效率会随着截断阶次的升高呈指数级增长，因此会显著影响远程火箭动力学仿真的效率。为缓解这一困境，国内外学者提出了很多提升球谐函数计算效率的方法，下面介绍两种具体方法。

2. 基于克伦肖求和法的球谐函数快速计算方法

由球谐函数公式（6.9）可知，提升扰动引力计算效率的关键是在 $m=0,1,2,\cdots,s$ 的情况下，找到求解 $\bar{P}_{nm}\sin\phi$ 的快速方法。

传统 $\bar{P}_{nm}\sin\phi$ 的递推思路如图 6.1 所示。

上述递推公式通常称为标准向前列递推算法，顾名思义就是由低阶次的勒让德多项式逐步向前递推求解高阶次的勒让德多项式。采用该算法计算扰动引力每次需要计算并存储 $(s+1)(s+2)/2$ 个勒让德函数值，还

图 6.1 标准向前列递推算法

需要与 $\cos(m\lambda)$ 和 $\sin(m\lambda)$ 进行 $(s+1)(s+2)/2$ 次相乘与求和运算,因此当截断阶数 s 较大时会非常耗时。

为了提升球谐函数的计算效率和稳定性,不少学者对勒让德函数的递推求解算法进行了改进研究,其中克伦肖(Clenshaw)求和技术是国内外学者研究较为深入的一种快速求解算法。下面对这一算法进行介绍。

首先,式(6.9)可改写为

$$T = \frac{\mu}{r} \sum_{m=0}^{N} [v_m^c \cos(m\lambda) + v_m^s \sin(m\lambda)] \qquad (6.22)$$

式中:

$$\begin{cases} v_m^c = \sum_{n=m}^{N} \left(\frac{a_e}{r}\right)^n \overline{C}_{nm} \overline{P}_{nm}(\sin\phi) \\ v_m^s = \sum_{n=m}^{N} \left(\frac{a_e}{r}\right)^n \overline{S}_{nm} \overline{P}_{nm}(\sin\phi) \end{cases} \qquad (6.23)$$

根据克伦肖求和原理,

$$v_m^c = \sum_{n=m}^{N} \left(\frac{a_e}{r}\right)^n \overline{C}_{nm} \overline{P}_{nm}(\sin\phi) = \sum_{n=m}^{N} w_{nm}[A_{nm}\overline{P}_{nm}(\sin\phi)] = \boldsymbol{wAp}_0 \qquad (6.24)$$

式中: $\boldsymbol{w} = [w_{mm} \ \cdots \ w_{Nm}]$, $w_{nm} = \left(\frac{a}{r}\right)^n \overline{C}_{nm}$, $\boldsymbol{Ap}_0 = \boldsymbol{p}$,则 $\boldsymbol{A}^{-1}\boldsymbol{p} = \boldsymbol{p}_0$, $\boldsymbol{p}_0 = [\overline{P}_{mm} \ 0 \ \cdots \ 0]^\mathrm{T}$, $\boldsymbol{p} = [\overline{P}_{mm} \ \overline{P}_{m+1,m} \ \cdots \ \overline{P}_{Nm}]^\mathrm{T}$,这里 $\boldsymbol{A}^{-1}$ 为下三角方阵,可得

$$\boldsymbol{A}^{-1} = \begin{bmatrix} 1 & 0 & 0 & \cdots & 0 \\ -a_{m+1}^m & 1 & 0 & \cdots & 0 \\ b_{m+2}^m & -a_{m+2}^m & 1 & \vdots & \vdots \\ \vdots & \vdots & \vdots & \vdots & 0 \\ 0 & \cdots & b_N^m & -a_N^m & 1 \end{bmatrix} \qquad (6.25)$$

其中,

$$\begin{cases} a_n^m = \sqrt{\dfrac{4n^2-1}{n^2-m^2}} \\ b_n^m = \sqrt{\dfrac{(2n+1)(n-1+m)(n-1-m)}{(2n-3)(n-m)(n+m)}} \end{cases} \qquad (6.26)$$

令 $\boldsymbol{J} = [J_{mm} \ \cdots \ J_{Nm}] = \boldsymbol{wA}$,称之为解向量。解向量 $\boldsymbol{J}$ 各分量间的递推关系为

$$J_{nm} = a_{n+1}^m J_{n+1,m} - b_{n+2}^m J_{n+2,m} + w_{nm} \qquad (6.27)$$

且

第 6 章
地球引力场建模及类设计

$$J_{n+1,m} = J_{n+2,m} = 0 \tag{6.28}$$

根据式(6.24),由 $n=N$ 反向递推至 $n=m$ 为止,就可求解出分量 J_{mm},而后由式(6.24)可得

$$v_m^c = J_{mm} \overline{P}_{mm} \tag{6.29}$$

采用同样的方式,可求得 v_m^s。在计算得到 v_m^c 和 v_m^s 以后,就可以采用式(6.22)和式(6.23)计算空间任意点的扰动引力值。

可以看出,基于克伦肖求和技术求解球谐函数时,只需要采用式(6.16)计算出 $\overline{P}_{mm}$ 的值,以及采用式(6.27)计算出 J_{mm} 的值,而不需要递推计算其他 $\overline{P}_{nm}$ ($m \neq n$)的值。同时在递推过程中,递推变量不再仅仅是单纯的 $\overline{P}_{nm}$ 值,而是 $\overline{P}_{nm}$ 与全球重力场位系数的乘积。相比标准向前列递推算法,基于克伦肖求和技术的空间引力计算方法需要计算并存储 $2s$ 个数据(包括 s 个 $\overline{P}_{mm}$ 和 s 个 J_{mm}),同时还需要与 $\cos(m\lambda)$ 和 $\sin(m\lambda)$ 进行 s 次相乘与求和运算,因此具有更高的计算效率和需要更少的计算内存。

3. 球谐换极法

本节介绍一种球谐函数展开变换方法。通过适当选择极点,将模型改变为以地心距、侧向角偏差、射程角为参数的新表达式。变换后模型的计算速度为变换前模型的 6~7 倍,且可以保证足够的精度。

1) 极点变换

设远程火箭关机点动量矩 $\overline{h}$ 方向与地球不动外壳交点为 $O_p(\phi_p, \lambda_p)$。由于自由段弹道运动方程在轨道柱坐标系内描述,为了方便计算,需要将以地球北极为极点表示的弹道坐标变换为以 O_p 为极点表示的形式。

如图 6.2 所示,K'、Q 分别为关机点 K、弹道上任意点 P 在地球上的弹下点。若在不动外壳上以 O_p 点为极点,以通过北极 N 和 O_p 点的子午圈中不包含 N 点的半圆弧为逆时针度量 σ 角的初始子午线。弹道上任意点 P 在此坐标系内的坐标为 (r, η, σ),r 为地心距,η 为以 O_p 点为极点时的新"纬度"(对椭圆弹道,$\eta \equiv 0$,即在"赤道"平面飞行),σ 为以 O_p 点为极点时的新"经度",则自由段的射程角 $\beta = \sigma - \sigma_k$,其中 σ_k 为自由段起始点 K(关机点)的 σ 角。

O_p 点的纬度 ϕ_p、经度 λ_p 及换极后关机点的"经度" σ_k 可由关机点 K 的经纬度 λ_k、ϕ_k 及关机点的方位角 A_k 来确定。

关机点 $K(\phi_k, \lambda_k)$ 的方位角为

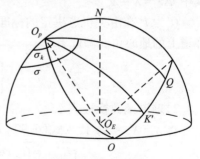

图 6.2 极点变换

$$A_k = \arctan\left(\frac{V_{ek}}{V_{nk}}\right) \tag{6.30}$$

式中:V_{ek}、V_{nk}分别为关机点K的速度在北天东坐标系中的东向和北向分量。

根据图6.3,由球面三角公式可得

$$\sin\phi_p = \cos\phi_k \sin A_k \tag{6.31}$$

$$\begin{cases} \sin\Delta\lambda_p = \cos A_k / \cos\phi_p \\ \cos\Delta\lambda_p = -\tan\phi_p \tan\phi_k \end{cases} \tag{6.32}$$

$$\begin{cases} \sin\sigma_k = \cos\phi_k \sin\Delta\lambda_p \\ \cos\sigma_k = -\sin\phi_k / \cos\phi_p \end{cases} \tag{6.33}$$

$$\alpha_k = \pi - \sigma_k \tag{6.34}$$

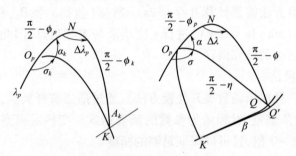

图6.3 自由段上极点变换的球面三角

对于弹道上任意定点$P(\phi,\lambda)$,换极后的坐标(η,σ)为

$$\begin{cases} \sin\eta = \sin\phi_p \sin\phi + \cos\phi_p \cos\phi \cos(\Delta\lambda) \\ \sin\sigma = \dfrac{\cos\phi \sin(\Delta\lambda)}{\cos\eta} \\ \cos\sigma = \dfrac{-\sin\phi + \sin\phi_p \sin\eta}{\cos\phi_p \cos\eta} \end{cases} \tag{6.35}$$

其中,$\Delta\lambda = \lambda - \lambda_p$。

Q'为P在由关机点决定的标准椭圆弹道上对应点的弹下点,β为标准椭圆弹道上的地心角。因此有

$$\begin{cases} \sigma = \sigma_k + \beta \\ \alpha = \alpha_k - \beta \end{cases} \tag{6.36}$$

2) 球谐函数换极表示

将$\lambda = \lambda_p + \Delta\lambda$代入式(6.9),并令

$$\begin{cases} \overline{C}_{nm}^{**} = \overline{C}_{nm}\cos(m\lambda_p) + \overline{S}_{nm}\sin(m\lambda_p) \\ \overline{S}_{nm}^{**} = \overline{S}_{nm}\cos(m\lambda_p) - \overline{C}_{nm}\sin(m\lambda_p) \end{cases} \tag{6.37}$$

则式(6.9)变为

$$T = \frac{\mu}{r} \sum_{n=2}^{s} \left(\frac{a_e}{r}\right)^n \sum_{m=0}^{n} [\overline{C}_{nm}^{**} \cos(m\Delta\lambda) + \overline{S}_{nm}^{**} \sin(m\Delta\lambda)] \overline{P}_{nm}(\sin\phi) \quad (6.38)$$

若在远程火箭自由段飞行开始时,忽略地球自转,即 $\omega_e = 0$,则球谐函数可变换为 (r, α, η) 的函数。

齐次多项式存在下述性质,即任意齐次多项式可表示为经旋转后任意新轴的同阶多项式之和。

对于勒让德函数,满足

$$P_{nm}(\sin\phi) \begin{Bmatrix} \cos(m\Delta\lambda) \\ \sin(m\Delta\lambda) \end{Bmatrix} = \sum_{k=0}^{n} P_{nk}(\sin\eta) \begin{Bmatrix} a_{nm}^k \cos(k\alpha) \\ b_{nm}^k \sin(k\alpha) \end{Bmatrix} \quad (6.39)$$

对于归一化勒让德函数,满足

$$\overline{P}_{nm}(\sin\phi) \begin{Bmatrix} \cos(m\Delta\lambda) \\ \sin(m\Delta\lambda) \end{Bmatrix} = \sum_{k=0}^{n} \overline{P}_{nk}(\sin\eta) \begin{Bmatrix} \overline{a}_{nm}^k \cos(k\alpha) \\ \overline{b}_{nm}^k \sin(k\alpha) \end{Bmatrix} \quad (6.40)$$

联立以上两式,可以得到非归一化系数与归一化系数之间的关系:

$$\begin{Bmatrix} \overline{a}_{nm}^k \\ \overline{b}_{nm}^k \end{Bmatrix} = \sqrt{\frac{(n+k)!\ (n-m)!\ v_k}{(n-k)!\ (n+m)!\ v_m}} \begin{Bmatrix} a_{nm}^k \\ b_{nm}^k \end{Bmatrix}, \quad v_i = \begin{cases} 1 & (i=0) \\ 2 & (i \neq 0) \end{cases} \quad (6.41)$$

文献[32]给出了针对一般勒让德函数的变换关系。利用式(6.41)可得到针对归一化勒让德函数的变换关系。

因此,引力位球谐函数可变换为 (r, α, η) 的函数:

$$T_{\omega_e=0} = \frac{\mu}{r} \sum_{n=2}^{s} \left(\frac{a_e}{r}\right)^n \sum_{k=0}^{n} [\overline{A}_{nk}^{**} \cos(k\alpha) + \overline{B}_{nk}^{**} \sin(k\alpha)] \overline{P}_{nk}(\sin\eta) \quad (6.42)$$

变换前后的归一化位系数间的关系为

$$\begin{cases} \overline{A}_{nk}^{**} = \sum_{m=0}^{n} \overline{C}_{nm}^{**} \overline{a}_{nm}^k \\ \overline{B}_{nk}^{**} = \sum_{m=0}^{n} \overline{S}_{nm}^{**} \overline{b}_{nm}^k \end{cases} \quad (6.43)$$

其中,$\overline{a}_{nm}^k$、$\overline{b}_{nm}^k$ 可递推求解,初值为

$$\begin{cases} \overline{a}_{nm}^0 = \overline{P}_{nm}(\sin\phi)_p / \sqrt{2n+1} \\ \overline{b}_{nm}^0 = 0 \end{cases} \quad (n=2,\cdots,s;\ 0 \leq m \leq s) \quad (6.44)$$

$$\begin{cases} \overline{a}_{10}^1 = \cos\phi_p \\ \overline{a}_{11}^1 = -\sin\phi_p \\ \overline{b}_{10}^1 = 0 \\ \overline{b}_{11}^1 = 1 \end{cases} \quad (6.45)$$

$\bar{a}_{nn}^k$、$\bar{b}_{nn}^k$（其中 $n=2,3,\cdots,s;k=1,2,\cdots,n$）的递推公式为

$$\begin{cases} \bar{a}_{nn}^k = \alpha_0 [\alpha_1 \cos\phi_p \bar{a}_{n-1,n-1}^k + \alpha_2 (\bar{b}_{n-1,n-1}^{k-1} - \sin\phi_p \bar{a}_{n-1,n-1}^{k-1}) + \\ \qquad\qquad \alpha_3 (\bar{b}_{n-1,n-1}^{k+1} + \sin\phi_p \bar{a}_{n-1,n-1}^{k+1})] \\ \bar{b}_{nn}^k = \alpha_0 [\alpha_1 \cos\phi_p \bar{b}_{n-1,n-1}^k + \alpha_2 (\bar{a}_{n-1,n-1}^{k-1} - \sin\phi_p \bar{b}_{n-1,n-1}^{k-1}) + \\ \qquad\qquad \alpha_3 (\bar{a}_{n-1,n-1}^{k+1} + \sin\phi_p \bar{b}_{n-1,n-1}^{k+1})] \end{cases} \tag{6.46}$$

其中，

$$\begin{cases} \alpha_0 = \dfrac{1}{2}\dfrac{1}{\sqrt{2n(2n-1)}} \\ \alpha_1 = 2\sqrt{(n+k)(n-k)} \\ \alpha_2 = \xi \sqrt{(n+k)(n+k-1)} \\ \alpha_3 = \sqrt{(n-k)(n-k-1)} \end{cases} \tag{6.47}$$

$$\xi = \begin{cases} \sqrt{2} & (k=1) \\ 1 & (k \geq 2) \end{cases}$$

$\bar{a}_{nm}^k$、$\bar{b}_{nm}^k$（其中 $n=2,3,\cdots,s;k=1,2,\cdots,n$）的递推公式为

$$\begin{cases} \bar{a}_{nm}^k = \beta_0 [\beta_1 \sin\phi_p \bar{a}_{n-1,m}^k + \beta_2 \cos\phi_p \bar{a}_{n-1,m}^{k-1} + \beta_3 \cos\phi_p \bar{a}_{n-1,m}^{k+1}] \\ \bar{b}_{nm}^k = \beta_0 [\beta_1 \sin\phi_p \bar{b}_{n-1,m}^k + \beta_2 \cos\phi_p \bar{b}_{n-1,m}^{k-1} + \beta_3 \cos\phi_p \bar{b}_{n-1,m}^{k+1}] \end{cases} \tag{6.48}$$

其中，

$$\begin{cases} \beta_0 = \dfrac{1}{2}\dfrac{1}{\sqrt{(n+m)(n-m)}} \\ \beta_1 = 2\sqrt{(n+k)(n-k)} \\ \beta_2 = \xi \sqrt{(n+k)(n+k-1)} \\ \beta_3 = -\sqrt{(n-k)(n-k-1)} \end{cases} \tag{6.49}$$

进一步变换为 (r,β,η) 的函数：

$$T_{\omega_e=0} = \frac{\mu}{r} \sum_{n=2}^{s} \left(\frac{a_e}{r}\right)^n \sum_{k=0}^{n} [\bar{A}_{nk}\cos(k\beta) + \bar{B}_{nk}\sin(k\beta)] \bar{P}_{nk}(\sin\eta) \tag{6.50}$$

其中，

$$\begin{cases} \bar{A}_{nk} = \bar{A}_{nk}^* \cos(k\sigma_k) + \bar{B}_{nk}^* \sin(k\sigma_k) \\ \bar{B}_{nk} = \bar{B}_{nk}^* \cos(k\sigma_k) - \bar{A}_{nk}^* \sin(k\sigma_k) \end{cases} \tag{6.51}$$

$$\bar{A}_{nk}^* = \begin{cases} \bar{A}_{nk}^{**}, & \mathrm{mod}(k,2)=0 \\ -\bar{A}_{nk}^{**}, & \mathrm{mod}(k,2)=1 \end{cases}$$

$$\bar{B}_{nk}^* = \begin{cases} -\bar{B}_{nk}^{**}, & \mathrm{mod}(k,2)=0 \\ \bar{B}_{nk}^{**}, & \mathrm{mod}(k,2)=1 \end{cases} \tag{6.52}$$

注意在以上变换过程中取 $\overline{C}_{20} = 0$。

令 $\eta = 0$，扰动引力加速度 $\delta\overline{g}$ 在坐标系 $O - r\beta z$ 下的 3 个分量为

$$\delta g_r = \frac{\partial T}{\partial r} = -\frac{\mu}{r^2} \sum_{n=2}^{s} (n+1) \left(\frac{a_e}{r}\right)^n \sum_{k=0}^{n} [\overline{A}_{nk}\cos(k\beta) + \overline{B}_{nk}\sin(k\beta)] \overline{P}_{nk}(0) \tag{6.53}$$

$$\delta g_\beta = \frac{1}{r\cos\eta} \frac{\partial T}{\partial \beta} = -\frac{\mu}{r^2} \sum_{n=2}^{s} \left(\frac{a_e}{r}\right)^n \sum_{k=0}^{n} k[\overline{A}_{nk}\sin(k\beta) - \overline{B}_{nk}\cos(k\beta)] \overline{P}_{nk}(0) \tag{6.54}$$

$$\delta g_z = \frac{1}{r} \frac{\partial T}{\partial \eta} = \frac{\mu}{r^2} \sum_{n=2}^{s} \left(\frac{a_e}{r}\right)^n \sum_{k=0}^{n} [\overline{A}_{nk}\cos(k\beta) + \overline{B}_{nk}\sin(k\beta)] \overline{P}'_{nk}(0) \tag{6.55}$$

其中，

$$\overline{P}_{nk}(0) = \begin{cases} 0 & (\mathrm{mod}(n-k, 2) = 1) \\ (-1)^{\frac{n-k}{2}} \sqrt{\dfrac{v(2n+1)(n-k)!(n+k)!}{2^{2n}}} \dfrac{1}{\left(\dfrac{n-k}{2}\right)!\left(\dfrac{n+k}{2}\right)!} & (\mathrm{mod}(n-k, 2) = 0) \end{cases} \tag{6.56}$$

$$v = \begin{cases} 1 & (k = 0) \\ 2 & (k \neq 0) \end{cases}$$

$$\overline{P}'_{nk}(0) = \frac{\mathrm{d}\overline{P}_{nk}(\eta)}{\mathrm{d}\eta}\bigg|_{\eta=0} = \begin{cases} \sqrt{\dfrac{n(n+1)}{2}} \overline{P}_{n1}(0) & (k = 0) \\ \sqrt{(n-k)(n+k-1)} \overline{P}_{n,k+1}(0) & (1 \leq k \leq s) \end{cases} \tag{6.57}$$

3) 球谐函数换极法的改进

上述球谐函数换极法的误差主要来源于 3 个方面。

(1) 令 η 为 0，忽略了由于偏离射面引起的引力偏差；

(2) 系数变换是针对无旋地球进行的，但扰动引力计算依赖地球外的真实位置；

(3) 如果在发射惯性系或发射系中进行积分计算，则坐标变换会引入新的误差。

下面针对以上 3 方面进行方法的改进。

(1) 考虑侧向偏差。

利用式 (6.35) 进行变换，侧向偏差 η 的求解并无困难。而 $\overline{P}_{nk}(\sin\eta)$ 可以采用线性展开的方法计算，无须迭代。

(2) 地球自转修正。

在考虑地球自转的情况下，导弹弹下点经度变化了 $-\omega_e t$。对式(6.35)中第1、3式求导，并将第2式代入，得小偏差方程为

$$\begin{cases} \Delta\sigma = -\dfrac{\cos\sigma\cos\phi_p\sin\eta + \sin\phi_p\cos\eta}{\sin\sigma\cos\phi_p\cos\eta}\Delta\eta \\ \Delta\eta = \sin\sigma\cos\phi_p \cdot \omega_e t \end{cases} \quad (6.58)$$

考虑到 $\eta\approx 0°$ 的事实，可以得到 (β,η) 相应的变化量：

$$\begin{cases} \Delta\beta = \Delta\sigma = -\sin\phi_p \cdot \omega_e t \\ \Delta\eta = \sin(\sigma_k + \beta)\cos\phi_p \cdot \omega_e t \end{cases} \quad (6.59)$$

综合以上两方面的影响，并令

$$\begin{cases} \beta_\omega = \beta + \Delta\beta \\ \eta_\omega = \eta + \Delta\eta \end{cases} \quad (6.60)$$

得

$$T = \frac{\mu}{r}\sum_{n=2}^{s}\left(\frac{a_e}{r}\right)^n\sum_{k=0}^{n}[\overline{A}_{nk}\cos(k\beta_\omega) + \overline{B}_{nk}\sin(k\beta_\omega)]\overline{P}_{nk}(\sin\eta_\omega) \quad (6.61)$$

考虑到 η_ω 接近于0，Legendre函数可以线性展开，无须递推求解。即

$$\begin{cases} \overline{P}_{nk}(\sin\eta)_\omega = \overline{P}_{nk}(0) + \overline{P}'_{nk}(0)\eta_\omega + \dfrac{1}{2}\overline{P}''_{nk}(0)\eta_\omega^2 \\ \dfrac{d\overline{P}_{nk}(\sin\eta)_\omega}{d\eta_\omega} = \overline{P}'_{nk}(0) + \overline{P}''_{nk}(0)\eta_\omega \end{cases} \quad (6.62)$$

$\overline{P}_{nk}(0)$、$\overline{P}'_{nk}(0)$ 的计算同前，$\overline{P}''_{nk}(0)$ 的计算如下：

$$\overline{P}''_{nk}(0) = \frac{d^2\overline{P}_{nk}(\eta)}{d\eta^2}\bigg|_{\eta=0}$$

$$= \begin{cases} \dfrac{1}{2}\sqrt{\dfrac{n(n+1)}{2}(n-1)(n+2)}\,\overline{P}_{n2}(0) & (k=0) \\ \dfrac{1}{2}\sqrt{(n-k-1)(n-k)(n+k+1)(n+k+2)}\,\overline{P}_{n,k+2}(0) - k\overline{P}_{n,k}(0) \\ \hfill (1\leqslant k\leqslant s) \end{cases}$$

$$(6.63)$$

扰动引力加速度 δg 在坐标系 $O-r\beta z$ 下的3个分量为

$$\delta g_r = \frac{\partial T}{\partial r} = -\frac{\mu}{r^2}\sum_{n=2}^{s}(n+1)\left(\frac{a_e}{r}\right)^n\sum_{k=0}^{n}[\overline{A}_{nk}\cos(k\beta_\omega) + \overline{B}_{nk}\sin(k\beta_\omega)]\overline{P}_{nk}(\sin\eta)_\omega$$

$$(6.64)$$

$$\delta g_\beta = \frac{1}{r\cos\eta}\frac{\partial T}{\partial \beta} = -\frac{\mu}{r^2}\sum_{n=2}^{s}\left(\frac{a_e}{r}\right)^n \sum_{k=0}^{n} k\left[\overline{A}_{nk}\sin(k\beta_\omega) - \overline{B}_{nk}\cos(k\beta_\omega)\right]\overline{P}_{nk}(\sin\eta)_\omega \tag{6.65}$$

$$\delta g_z = \frac{1}{r}\frac{\partial T}{\partial \eta} = \frac{\mu}{r^2}\sum_{n=2}^{s}\left(\frac{a_e}{r}\right)^n \sum_{k=0}^{n}\left[\overline{A}_{nk}\cos(k\beta_\omega) + \overline{B}_{nk}\sin(k\beta_\omega)\right]\frac{d\overline{P}_{nk}(\sin\eta)_\omega}{d\eta_\omega} \tag{6.66}$$

(3) 坐标变换修正。

扰动引力的表示由轨道坐标系到北天东坐标系的转换关系式为

$$\overline{g}_{rEN} = M_1(\gamma)\overline{g}_{r\beta\eta} \tag{6.67}$$

其中,

$$\begin{cases} \cos\gamma = \dfrac{\sin\phi_p - \sin\phi\sin\eta}{\cos\phi\cos\eta} \\ \sin\gamma = \dfrac{\cos\phi_p\sin(\Delta\lambda)}{\cos\eta} \end{cases} \tag{6.68}$$

注意:式中的 $\Delta\lambda$ 为绝对经差。

以上几方面是相互联系的,单纯考虑某一方面因素,结果可能适得其反,会降低计算精度。

另外,注意到带谐项实际上与地球自转无关。因此在系数变换时将带谐项和田谐项分开,分别生成两组系数,计算时只对田谐项系数进行地球自转修正。但实际计算表明该思路对结果的改进只有 1~5m,而计算量增加一倍,得不偿失,不再讨论。

6.2.2 扰动引力场计算的直接法

直接法,又称 stokes 积分法。这种方法的基本思想是已知球面上的引力异常,利用 stokes 积分法计算外部扰动位。

设计算点 P 的坐标为 (r,ϕ,λ),球面上动点 P' 的坐标为 (R,ϕ',λ'),该点引力异常 Δg,则相应的微分单元 $d\omega$ 为

$$d\omega = \cos\phi' d\phi' d\lambda' \tag{6.69}$$

则 P 点的扰动位可按 Stokes – Pizzetti 积分得到,如下所示:

$$T(r,\phi,\lambda) = \frac{R^2}{4\pi}\iint_\omega \Delta g S(r,\psi)d\omega \tag{6.70}$$

Stokes – Pizzetti 函数 $S(r,\psi)$ 由下式给出:

$$S(r,\psi) = \frac{2}{d} + \frac{1}{r} - \frac{5R}{r^2}\cos\psi - \frac{3R}{r^2}\cos\psi\ln\frac{d+r-R\cos\psi}{2r} \tag{6.71}$$

式中:d 为计算点与球面上动点之间的距离,有

$$d = (r^2 + R^2 - 2rR\cos\psi)^{1/2} \tag{6.72}$$

ψ 为计算点与动点之间的角距,如图 6.4 所示,有

$$\cos\psi = \sin\phi\sin\phi' + \cos\phi\cos\phi'\cos(\lambda' - \lambda) \tag{6.73}$$

由式(6.70)可得扰动引力的 3 个分量为

$$\begin{cases} \delta_r = \dfrac{R^2}{4\pi}\iint_\omega \Delta g \dfrac{\partial S(r,\psi)}{\partial r} \mathrm{d}\omega \\ \delta_\phi = \dfrac{R^2}{4\pi r}\iint_\omega \Delta g \dfrac{\partial S(r,\psi)}{\partial \phi} \mathrm{d}\omega \\ \delta_\lambda = \dfrac{R^2}{4\pi r\cos\phi}\iint_\omega \Delta g \dfrac{\partial S(r,\psi)}{\partial \lambda} \mathrm{d}\omega \end{cases} \tag{6.74}$$

下面讨论式(6.74)的具体计算方法。

由于 ψ 是 ϕ 和 λ 的函数,因此

$$\dfrac{\partial S(r,\psi)}{\partial \phi} = \dfrac{\partial S(r,\psi)}{\partial \psi}\dfrac{\partial \psi}{\partial \phi} \tag{6.75}$$

$$\dfrac{\partial S(r,\psi)}{\partial \lambda} = \dfrac{\partial S(r,\psi)}{\partial \psi}\dfrac{\partial \psi}{\partial \lambda} \tag{6.76}$$

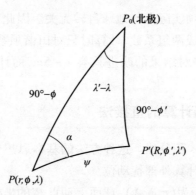

图 6.4 角距、方位角与坐标的关系

式(6.71)对 r 和 ψ 求偏导数,考虑到

$$\dfrac{\partial d}{\partial r} = \dfrac{r - R\cos\psi}{d} \tag{6.77}$$

$$\dfrac{\partial d}{\partial \psi} = \dfrac{rR}{d}\sin\psi \tag{6.78}$$

可得

$$\frac{\partial S(r,\psi)}{\partial r} = -\frac{R(r^2-R^2)}{rd^3} - \frac{4R}{rdr} - \frac{R}{r^2} + \frac{6Rd}{r^3} + \frac{R^2}{r^3}\cos\psi\left(13 + 6\ln\frac{r-R\cos\psi+d}{2r}\right)$$
(6.79)

$$\frac{\partial S(r,\psi)}{\partial \psi} = \sin\psi\left[-\frac{2rR^2}{d^3} - \frac{6R^2}{rd} + \frac{8R^2}{r^2} + \frac{3R^2}{r^2}\left(\frac{r-R\cos\psi-d}{d\sin^2\psi} + \ln\frac{r-R\cos\psi+d}{2r}\right)\right]$$
(6.80)

方位角 α 为

$$\tan\alpha = \frac{\cos\phi\sin(\lambda'-\lambda)}{\cos\phi\sin\phi' - \sin\phi\cos\phi'\cos(\lambda'-\lambda)} \tag{6.81}$$

因此

$$\frac{\partial \psi}{\partial \phi} = -\cos\alpha \tag{6.82}$$

$$\frac{\partial \psi}{\partial \lambda} = -\cos\phi\sin\alpha \tag{6.83}$$

在利用式(6.74)进行实际计算时,将球面上的引力异常取成等经纬度网格方块的平均异常,积分式(6.74)可近似用下面的数值求和代替

$$\begin{cases} \delta_r = \frac{R^2}{4\pi}\sum_k \overline{\Delta g_k}\left[\frac{\partial S(r,\psi)}{\partial r}\right]_k \Delta\omega_k \\ \delta_\phi = \frac{R^2}{4\pi r}\sum_k \overline{\Delta g_k}\left[\frac{\partial S(r,\psi)}{\partial \phi}\right]_k \Delta\omega_k \\ \delta_\lambda = -\frac{R^2}{4\pi r}\sum_k \overline{\Delta g_k}\left[\frac{\partial S(r,\psi)}{\partial \lambda}\right]_k \Delta\omega_k \end{cases} \tag{6.84}$$

式中:$\overline{\Delta g_k}$ 为第 k 个方块的平均异常值,相应系数按该方块中点的位置计算。

平均异常方块大小 $\overline{\theta}$ 代表了数据的空间分辨率,其与对应位系数的最高阶数 s 有下面的近似关系:

$$\overline{\theta} \approx \frac{\pi}{s}(\text{弧度}) \tag{6.85}$$

利用频谱分析的结果(表 6.1),可以确定用积分方法计算扰动引力所需选择平均引力异常方块的大小。例如,要求扰动引力的计算精度达到 0.5×10^{-5} ms^{-2},则对于 5km 高度以下 s 要大于 2200,须采用 $5'\times5'$ 的平均引力异常方块,而对于 50km 高度以上 s 为 360,相当于采用 $30'\times30'$ 的平均异常。

因此,在弹道计算时,靠近发射点的区域应采用较小方块的平均异常,远离发射点的区域应采用较大方块的平均异常。表 6.2 所示为美国民兵Ⅲ导弹在 20 世纪 70 年代后期采用的发射区重力模型数据的分布,可作为在实际应用中的参考。其中覆盖面积指的是以发射点为中心该大小平均异常方块的覆盖范

围,飞行时间指的是该大小平均异常方块数据使用的时间区间。

表 6.2 民兵Ⅲ导弹发射区重力模型数据分布

平均异常方块	覆盖面积				飞行时间/s
	民兵地下井		空军西靶场		
	纬度	经度	纬度	经度	
5°×5°	60°	100°	50°	70°	1500
1°×1°	26°	30°	26°	30°	360
15′×15′	6.5°	7.5°	6.5°	7.5°	180
5′×5′	2°	2.5°	2°	2.5°	60

6.2.3 扰动引力场计算的点质量法

点质量法是目前地球引力场计算的常用方法。该方法出现于20世纪60年代末,其目的是简化远程导弹的弹道计算,随之在美国民兵Ⅲ导弹的引力场计算中得到应用。该方法基于Bjerhammar理论,实质上是用具有一定几何分布的地球内部质点系的线性组合来逼近地球外部扰动位。

1. 点质量的计算

地球外部的扰动位 T 可以用地球内部一球层的引力位 T^* 来逼近,即

$$T_P = T_P^* = G \iint_S \frac{k^*}{d} \mathrm{d}S \tag{6.86}$$

式中:

$$d = (r_P^2 + R_B^2 - 2r_P R_B \cos\psi)^{1/2} \tag{6.87}$$

该式成立的前提是它在地面上必须满足已知的边界条件:

$$\Delta g_P = \left(-\frac{\partial T^*}{\partial r} - \frac{2T^*}{r} \right)_\Sigma = G \iint_S \left(\frac{r - R_B \cos\psi}{d^3} - \frac{2}{rd} \right) k^* \mathrm{d}S \tag{6.88}$$

由于实际上已知的是地面上有限个离散点的引力异常值,可以把积分方程离散化求解。将球面 S 划分成 N 个小面积,并近似取每个小面积的密度为常数。则式(6.86)可近似表示为

$$T_P = G \sum_{j=1}^{N} \frac{k_j^*}{r_{Pj}} \Delta S_j \tag{6.89}$$

式中: r_{Pj} 为点至面积 ΔS_j 中点的空间距离。令 $M_j' = k_j^* \Delta S_j$ 为单层面积 ΔS_j 的质量,式(6.89)变为

$$T_P = G \sum_{j=1}^{N} \frac{M_j'}{r_{Pj}} = \sum_{j=1}^{N} \frac{M_j}{r_{Pj}} \tag{6.90}$$

这样,球层引力位离散化为分布在球面 S 上的质点系的引力位,式中 M_j 为

引力常数 G 与第 j 个质点的质量 M'_j 的乘积。

相应地，积分方程式(6.88)变成下面的线性方程组：

$$\Delta g_P = \sum_{j=1}^{N} \left[\frac{r_P - R_B \cos\psi_{Pj}}{d_{Pj}^3} - \frac{2}{d_{Pj} r_P} \right] M_j \tag{6.91}$$

式中：ψ_{Pj} 为 P 与第 j 个质点之间的角距。

设已知地面 k 个点的引力异常，可组成方程组

$$\Delta G = AM \tag{6.92}$$

式中：

$$\Delta G = \begin{bmatrix} \Delta g_1 \\ \Delta g_2 \\ \vdots \\ \Delta g_k \end{bmatrix} \tag{6.93}$$

$$M = \begin{bmatrix} M_1 \\ M_2 \\ \vdots \\ M_N \end{bmatrix} \tag{6.94}$$

$$A = \begin{bmatrix} a_{ij} \end{bmatrix}_{k \times N} \tag{6.95}$$

$$a_{ij} = \frac{r_i - R_j \cos\psi_{ij}}{d_{ij}^3} - \frac{2}{d_{ij} r_i} \tag{6.96}$$

$$r_i = R + H_i \tag{6.97}$$

$$R_j = R - D_j \tag{6.98}$$

$$\cos\psi_{ij} = \sin\phi_i \sin\phi_j + \cos\phi_i \cos\phi_j \cos(\lambda_j - \lambda_i) \tag{6.99}$$

$$d_{ij} = (r_i^2 + R_j^2 - 2 r_i R_j \cos\psi_{ij})^{1/2} \tag{6.100}$$

式中：(r_i, ϕ_i, λ_i) 和 (R_j, ϕ_j, λ_j) 分别为第 i 个引力异常点和第 j 个点质量的球坐标；R 为平均地球半径；H_i 为第 i 个引力异常点的高程；D_j 为点质量的深度。

求解线性方程组(6.92)，求得 N 个质点的质量 $M_j (j=1,2,\cdots,N)$，代入式(6.91)得到外部扰动位用点质量表达的解。相应扰动引力三分量的计算公式为

$$\begin{cases} \delta_r = -\sum_{j=1}^{N} \dfrac{r_P - R_j \cos\psi_{Pj}}{d_{Pj}^3} M_j \\ \delta_\phi = \sum_{j=1}^{N} \dfrac{R_j \sin\psi}{d_{Pj}^3} \cos\alpha_{Pj} M_j \\ \delta_\lambda = \sum_{j=1}^{N} \dfrac{R_j \sin\psi_{Pj}}{d_{Pj}^3} \sin\alpha_{Pj} M_j \end{cases} \tag{6.101}$$

式中:$r_P = R + H_P$ 为计算点的地心距离。其他量的计算式为

$$d_{Pj} = (r_P^2 + R_j^2 - 2r_P R_j \cos\psi_{Pj})^{1/2} \tag{6.102}$$

$$\cos\psi_{Pj} = \sin\phi_P \sin\phi_j + \cos\phi_P \cos\phi_j \cos(\lambda_j - \lambda_P) \tag{6.103}$$

$$\cos\alpha_{Pj} = \frac{\cos\phi_P \sin\phi_j - \sin\phi_P \cos\phi_j \cos(\lambda_j - \lambda_P)}{\sin\psi_{Pj}} \tag{6.104}$$

$$\sin\alpha_{Pj} = \frac{\cos\phi_j \sin(\lambda_j - \lambda_P)}{\sin\psi_{Pj}} \tag{6.105}$$

式中:(ϕ_P, λ_P) 为 P 点的球坐标。

如果已知的引力异常不是离散的点值,而是方块面积的平均异常值,则可以近似地当作位于方块中点的点值来处理,其高程则采用方块的平均高。

2. 点质量的分布

以上讨论的是采用一组平均异常数据计算点质量。但由上一节的讨论知:不同高度对平均异常数据有不同的要求。在发射点的附近,可能需要 $1' \times 1'$ 的平均异常数据。随着到发射点距离和高度的增加,平均异常数据需求逐渐放宽到 $5' \times 5'$、$20' \times 20'$、$1° \times 1°$。由于点质量法的实质是以虚拟质点的引力位逼近实际扰动质量的引力位,可以采用分组点质量对不同类的平均异常场进行逼近。

下面举例说明分组点质量的计算。假设地面 Σ 上有一较大区域 A,该区域上分布有 $1° \times 1°$ 的平均引力异常。区域 A 中包含一较小区域 B,其中分布有 $20' \times 20'$ 的平均异常。则点质量的计算方法为:

(1)利用 $1° \times 1°$ 平均异常,按方程组(6.92)解出分布在同心球面 S_1 上的一组点质量 M_1。

(2)对于区域 B,利用点质量组 M_1 计算各节点的引力异常。该异常与给定的 $20' \times 20'$ 平均异常存在一差值,是区域 B 引力异常采用点质量组 M_1 表示的残差。利用该残差数据,按方程组(6.92)解出分布在同心球面 S_2 上的另一组点质量 M_2。

(3)将两组点质量 M_1 和 M_2 叠加,即可表示出在整个 A 区中的 $1° \times 1°$ 平均异常和 B 区中的 $20' \times 20'$ 平均异常。

利用以上思路,更小方块的平均异常可以建立新的点质量组来描述。最后将几组点质量叠加组成的模型即弹道计算的扰动引力模型。

在实际应用时,$1° \times 1°$ 及更大的平均异常区可结合球谐函数模型计算。

从理论上讲,点质量的数量与分布可以是任意的。但实验分析的结果表明:点质量应位于引力异常点沿地心矢径方向在球面 S 上的投影处;球面 S 到地面的距离应与平均异常方块的长度相当。这样的几何分布能够保证方程组

解的稳定性和模型对原始数据场的复现精度。据此,图6.5所示为发射区点质量埋藏深度,其中各层点质量的深度仅为参考值。

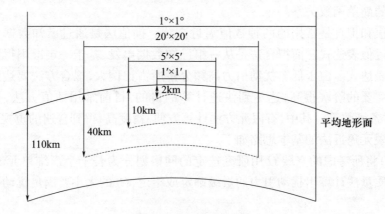

图6.5 点质量埋藏深度

下面是针对某一虚拟发射场构造的点质量实例。其在3个球面上分布的点质量见表6.3。

表6.3 点质量分布

点质量层	埋藏深度 D_j	分布密度 $\Delta\lambda \times \Delta\varphi$	分布范围 $\Delta\varphi' \times \Delta\lambda'$	点质量数 n
1	100km	$1° \times 1°$	$60° \times 55°$	3300
2	30km	$20' \times 20'$	$6° \times 8°$	432
3	10km	$5' \times 5'$	$2° \times 2°$	576

就扰动引力计算速度与精度而言,现有的扰动引力计算模型中,点质量法较为适用于弹道计算。但对大量的弹道计算尤其是由弹载计算机实时计算扰动引力,点质量法仍远未解决快速计算问题。其原因在于采用此方法时,空间任意点的扰动引力都需通过数千个乃至上万个扰动质点引力的求和来得到。因此,需要探讨在点质量模型基础上更快的计算方法。

6.2.4 扰动引力场的有限元重构模型

1. 有限元逼近法

目前,主动段扰动引力一般由点质量模型提供。虽然点质量法计算方便,但空间任意点的扰动引力都需要通过数千个乃至上万个扰动质点引力的求和来得到,因而仍远未解决快速计算问题。

针对这一问题,提出了扰动引力的逼近方法。逼近方法的基本思想是:根据扰动引力只是空间位置的函数这一特点,首先采用其他方法计算空间区域内有限个特征点的扰动引力值,而后通过一定的建模方法,得到空间位置与扰动引力间的简单函数关系。

插值和拟合是常用的两种数值逼近方法。插值法是通过已知数据点所作的函数近似表达式。而拟合法是从一组已知数据出发,基于一定准则得到的函数近似表达式。由于低空扰动引力高频分量所占比例大,拟合方法要达到一定的精度需要的阶次很高,达不到快速计算的目的,目前常用插值方法,如有限元、B样条函数等。其中,有限元方法计算方便、精度高,得到普遍的重视。

有限元逼近法的基本思路如下。

(1) 将所考虑的空域 Ω 用研究选定的网格划分为若干个三维单元 Ω_e。Ω_e 可由点质量法计算出扰动引力的量级确定或指定,Ω_e 的大小要满足扰动引力计算精度。

(2) 将单元 Ω_e 内的扰动引力构造成节点的多项式逼近函数,节点处的扰动引力由点质量法计算并存储。

(3) 为计算 Ω 中任一点 A 的扰动引力 $\bar{\delta}$,需先判断计算点 A 所在的单元 Ω_e,再由 A 点位置与该单元节点值,用逼近函数计算 $\bar{\delta}$。

下面对空域划分和逼近函数的构造进行讨论。

1) 空域划分与单元分析

记所考虑的空域 Ω 为具有一定厚度的球壳,大小可由地固球坐标 (r,λ,ϕ) 的取值区间来表示。考虑到导弹飞行的空域,将 Ω 取

$$r \in [r_0, r_f], \lambda \in [\lambda_0, \lambda_f], \varphi \in [\phi_0, \phi_f] \tag{6.106}$$

式中:下标"0""f"分别为起始值与终点值。

将 Ω 用所选择的网格分割为具有一定形状和大小的单元 Ω_e,即单元 Ω_e 之和构成整体 Ω。分割时,注意以下几点。

(1) 两个相邻单元 Ω_e 在公共边界上是相容的,其顶点不能作为相邻单元边上的内点,即保持连续性。

(2) 网格尽量规则,以减少计算量,减轻管理上的难度。

(3) 靠近发射点的低空区域,对弹道产生影响的扰动引力集中、变化大,网格要密些,对应的单元 Ω_e 体积较小;反之,对远离发射点的高空区域,网格可疏些,Ω_e 体积较大。

根据以上规则,取三维单元 Ω_e 的形状为由地固球坐标 (r,λ,ϕ) 截得的六面体。各面分别为:半径为 r_1 与 r_2 的球面,经度为 λ_1 与 λ_2 的子午面,纬度为 ϕ_1 与 ϕ_2 的纬圈,设 $r_1 < r_2, \lambda_1 < \lambda_2, \phi_1 < \phi_2$。沿径向看,$\Omega_e$ 的厚度为 Δr,低空的 Δr 可取得较小些;在球面上看,球面元方块大小为 $\Delta\lambda \times \Delta\phi$,离发射点近的区域,

$\Delta\lambda$、$\Delta\phi$ 可取得较小,为规整起见,对于每个单元,$\Delta\lambda = \Delta\phi$。显然,$\Omega_e$ 可由 8 个节点 $A_i(r_i,\lambda_i,\phi_i)$ $(i=1,2,\cdots,8)$ 的坐标表示。为便于逼近函数中型函数的形成,可引入局部坐标系表示单元的节点。

单元 Ω_e 的局部曲线坐标系由半径 $r_P = r_1 + \dfrac{\Delta r}{2}$ 的球面、经度 $\lambda_P = \lambda_1 + \dfrac{\Delta\lambda}{2}$ 的子午面、纬度 $\phi_P = \phi_1 + \dfrac{\Delta\phi}{2}$ 的纬圈的交线组成。原点 P 为三交线的交点,局部坐标 ξ,η,ζ 分别沿 P 点的径向、纬圈与子午线方向。

原点 P 的球坐标为 $P(r_P,\lambda_P,\phi_P)$,局部坐标为 $P(0,0,0)$,单元内任意点 $A(r,\lambda,\phi)$ 的局部坐标 $A(\xi,\eta,\zeta)$ 为

$$\begin{cases} \xi = r - r_P \\ \eta = r\cos\varphi(\lambda - \lambda_P) \\ \zeta = r(\phi - \phi_P) \end{cases} \quad (6.107)$$

单元顶点 $A_i(r_i,\lambda_i,\phi_i)$ 的局部坐标 $A_i(\xi_i,\eta_i,\zeta_i)$ 为

$$\begin{cases} \xi_i = r_i - r_P \\ \eta_i = r_i\cos\phi_i(\lambda_i - \lambda_P) \\ \zeta_i = r_i(\phi_i - \phi_P) \end{cases} \quad (6.108)$$

2) 逼近函数

记扰动引力 $\bar{\delta}$ 在天、东、北方向上的分量为 $(\delta_r,\delta_\lambda,\delta_\phi)$,简记为 δ_α ($\alpha = r,\lambda,\phi$)。因为 δ_α 是球坐标 (r,λ,ϕ) 的函数,当将 (r,λ,ϕ) 转换成局部坐标 (ξ,η,ζ) 后,δ_α 可表示成 (ξ,η,ζ) 的函数。

在单元 Ω_e 内,由于只取了 8 个节点的信息,逼近函数最多可以有 8 个待定系数。取逼近函数为如下的 8 次多项式:

$$\delta_\alpha = a_1 + a_2\xi + a_3\eta + a_4\zeta + a_5\xi\eta + a_6\xi\zeta + a_7\eta\zeta + a_8\xi\eta\zeta \quad (6.109)$$

节点的 $\delta_{\alpha i}$ 由其他赋值方法计算得到,记

$$Z = \begin{bmatrix} \delta_{\alpha_1} \\ \delta_{\alpha_2} \\ \vdots \\ \delta_{\alpha_8} \end{bmatrix}, a = \begin{bmatrix} a_1 \\ a_2 \\ \vdots \\ a_8 \end{bmatrix}, H = \begin{bmatrix} 1 & \xi_1 & \eta_1 & \zeta_1 & \xi_1\eta_1 & \xi_1\zeta_1 & \eta_1\zeta_1 & \xi_1\eta_1\zeta_1 \\ 1 & \xi_2 & \eta_2 & \zeta_2 & \xi_2\eta_2 & \xi_2\zeta_2 & \eta_2\zeta_2 & \xi_2\eta_2\zeta_2 \\ \vdots & \vdots & & & \vdots & & & \\ 1 & \xi_8 & \eta_8 & \zeta_8 & \xi_8\eta_8 & \xi_8\zeta_8 & \eta_8\zeta_8 & \xi_8\eta_8\zeta_8 \end{bmatrix}$$

$$(6.110)$$

则

$$a = H^{-1}Z \quad (6.111)$$

引入型函数 N_i,满足

$$\begin{cases} \sum_{i=1}^{8} N_i(A, A_i) = 1 \\ N_i(A_j, A_i) = \delta_{ij} \quad (i, j = 1, 2, \cdots, 8) \end{cases} \quad (6.112)$$

其中,$\delta_{ij} = \begin{cases} 0 & (i \neq j) \\ 1 & (i = j) \end{cases}$,则变点 A 扰动引力分量 $\delta_\alpha (\alpha = r, \lambda, \phi)$ 计算式为

$$\delta_\alpha = \sum_{i=1}^{8} N_i(A, A_i) \cdot \delta_{\alpha i} \quad (6.113)$$

经推导,$N_i(A, A_i)$ 可用下面的公式计算。

$$N_i(A, A_i) = \frac{1}{8}\left(1 + \frac{\xi}{\xi_i}\right)\left(1 + \frac{\eta}{\eta_i}\right)\left(1 + \frac{\zeta}{\zeta_i}\right) \quad (6.114)$$

如果将每条边的中点作为节点值,那么理论上可以构造 20 阶的插值函数。但这样一来增加了数据准备和存储的负担,而实际精度提高有限,因此不作进一步讨论。

2. 广义延拓逼近法

1) 广义延拓逼近的基本思想

有限元方法虽然得到了广泛的应用,但是一般的有限元方法在拟合精度和单元划分个数之间难以得到有效的协调。如果拟合精度要求很高,则单元划分数增多,需要的存储空间增大,特别是在制导计算时增加了弹载计算机的负担。为了实现单元最佳逼近,保证拟合值的变化趋势和单元边界的较好连续,本节将广义延拓逼近法引入扰动引力的逼近,建立一种新的数学模型。使用这种数学模型,在单元边界点上满足插值条件,使各单元之间的变化具有一定的协调性;另外利用插值单元周围节点(包括内点)的信息,实现单元内部的最佳拟合,从而达到吸取插值和拟合法的优点,将两者有机结合起来的目的,可以进一步提高扰动引力的计算精度。

广义延拓逼近方法是由施浒立、颜毅华、徐国华等提出的一种数值逼近方法,最早用于天体物理中的抛物面天线拟合、电磁场传播等领域。本节将其应用扩展到扰动引力逼近,并导出计算的型函数。

考虑如下的三维数值逼近问题:已知函数 $u(x, y, z): R^3 \to R$,在区域 $\Omega \subset R^3$ 上的一组离散数据 $\{u_i \mid u_i = u(x_i, y_i, z_i), (x_i, y_i, z_i) \in \Omega, i = 1, 2, \cdots, n\}$,现欲在 Ω 上构造 u 的一个近似函数 $U: \Omega \to R$ 满足 $U(x_i) = u_i (i = 1, 2, \cdots, n)$。

若采用分块逼近的方法求解,首先将区域进行划分,得 m 个互不重叠的子区域

$$\Omega = \Omega_1 \cup \Omega_2 \cup \cdots \cup \Omega_m \quad (6.115)$$

设第 e 子域 Ω_e 中包含 r 个插值结点。将 Ω_e 与临近几个子域结合起来形成延拓

域 Ω'_e,其中含 s 个节点,且 $s>r$,于是有

$$\Omega'_e \supset \Omega_e \quad (e=1,2,\cdots,m) \tag{6.116}$$

在单元 Ω_e 上,取三元多项式类

$$\{g_j(x,y,z)\} = \{1,x,y,z,x^2,y^2,z^2,xy,xz,yz,x^3,y^3,z^3,x^2y,x^2z,xy^2,xz^2,yz^2,y^2z,xyz,\cdots\} \tag{6.117}$$

的前 t 项为插值基函数,且 $r<t<s$,即令

$$U(x,y,z) = \sum_{j=1}^{t} a_j g_j(x,y,z),(x,y,z) \in \Omega_e \tag{6.118}$$

式中:$a_1,a_2,\cdots,a_t$ 为待定系数,可由下述问题解出:

$$\min I(a_1,a_2,\cdots,a_t) = \sum_{i=r+1}^{s} \left(\sum_{j=1}^{t} a_j g_j(x_i,y_i,z_i) - u_i \right)^2$$

$$\text{s.t.} \sum_{j=1}^{t} a_j g_j(x_i,y_i,z_i) = u_i \quad (i=1,2,\cdots,r) \tag{6.119}$$

显然,若 $r=t=s$,即通常意义下的分片插值模型,如前述有限元模型;若 $r=0$,则 $t<s$ 即通常意义下的分片拟合模型。显然,广义延拓逼近是集插值、拟合之长的高精度分片逼近方法。

对于所研究的问题,将空间域作立方体剖分,每个立方体子域 Ω_e 上的节点编号依次为 $0\sim 7$,其延拓域 Ω'_e 上有 s 个节点,编号为 $8\sim 31$,如图6.6所示。

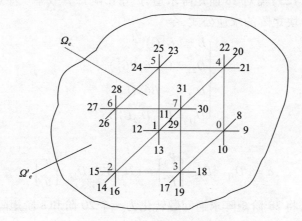

图6.6 三维子域及延拓域

对于给定的插值基函数,可以给出待定系数求解的具体表达式。对于所研究的问题,取 $r=8,s=24,t=20$。

令

$$\begin{cases} G = \{g_j(x_i,y_i,z_i)\}_{ij} & (i=8,9,\cdots,31;j=1,2,\cdots,t) \\ G_I = \{g_j(x_i,y_i,z_i)\}_{ij} & (i=0,1,\cdots,7;j=1,2,\cdots,t) \\ u = [u_9,u_{10},\cdots,u_{32}]^T \\ u_I = [u_1,u_2,\cdots,u_8]^T \\ a = [a_1,a_2,\cdots,a_{20}]^T \end{cases} \quad (6.120)$$

则式(6.119)可表示为

$$\min I(a) = (Ga-u)^T(Ga-u) \\ \text{s.t.} \quad G_I a - u_I = 0 \quad (6.121)$$

引入拉格朗日乘子 $\lambda = [\lambda_1,\lambda_2,\cdots,\lambda_8]^T$，则

$$L(a,\lambda) = (Ga-u)^T(Ga-u) + 2(G_I a - u_I)\lambda \quad (6.122)$$

根据优化原理，待定系数 a 可通过代数方程

$$\begin{bmatrix} A & C^T \\ C & 0 \end{bmatrix} \begin{bmatrix} a \\ \lambda \end{bmatrix} = \begin{bmatrix} F_0 \\ F_1 \end{bmatrix} \quad (6.123)$$

求解，其中，

$$F_0 = G^T u, \quad F_1 = u_I \\ A = G^T G, \quad C = G_I \quad (6.124)$$

求解式(6.123)需对28阶矩阵求逆，严重影响计算效率。注意到 A 为方阵且可逆，利用分块矩阵的求逆公式，令

$$\begin{cases} B = (G^T G)^{-1} \\ D_{22} = (-G_I B G_I^T)^{-1} \\ D_{12} = -B G_I^T D_{22} \\ D_{11} = B - D_{12} G_I^T B \end{cases} \quad (6.125)$$

则

$$a = \begin{bmatrix} D_{11} & D_{12} \end{bmatrix} \begin{bmatrix} F_0 \\ F_1 \end{bmatrix} = \begin{bmatrix} D_{11} G^T & D_{12} \end{bmatrix} \begin{bmatrix} u \\ u_I \end{bmatrix} \quad (6.126)$$

通过变换，将28阶矩阵求逆问题转化为一个20阶和8阶矩阵的求逆问题，减少了计算量。

令 $P(x,y,z) = \{g_j(x,y,z) | j=1,2,\cdots,t\}$，则扰动引力分量

$$\delta_\alpha(x,y,z) = N(x,y,z) \begin{bmatrix} u \\ u_I \end{bmatrix} \quad (6.127)$$

其中，型函数为

$$N(x,y,z) = P(x,y,z) \begin{bmatrix} D_{11} G^T & D_{12} \end{bmatrix} \quad (6.128)$$

主要的计算量集中在矩阵 $[D_{11}\ G^{\mathrm{T}}\ D_{12}]$ 的求解上。注意到该矩阵的值只与单元有关,因此只有在火箭飞出该单元后才需要进行更新。

2) 广义延拓逼近方法的空域划分

将所考虑的空域 Ω 用选定的网格划分为若干个三维单元 Ω_e 是数值逼近的第一步。

对于远程火箭射击诸元计算而言,如果要满足某一区域内任意射向的计算要求,则在地固球坐标系内进行空域划分。与有限元方法一样,取三维单元 Ω_e 的形状为由球坐标 (r,λ,ϕ) 截得的六面体。六面体的划分方式和局部坐标的定义如式(6.106)至式(6.108)所示。

对于制导计算而言,扰动引力快速赋值包括地面数据准备和弹上实时计算两部分。地面数据准备主要是根据火箭的发射参数进行空域划分,计算节点的扰动引力并装订到箭上。而箭上根据节点数据,利用快速赋值模型实时计算当前位置的扰动引力。

此时,由于发射参数已经确定,可充分利用这一特点,直接在发射坐标系内设定空域 Ω 并进行划分,以达到减少存储量的目的。因此,所选空域为以标准轨迹为对称中心的狭长空间区域,如图6.7所示。

显然,在基本诸元已经确定的情况下,该方法也可用于修正诸元的计算。

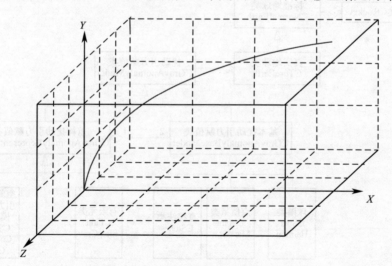

图6.7 面向火箭应用的空域划分示意图

取三维单元 Ω_e 的形状为由直角坐标 (x,y,z) 截得的六面体。各面分别是 y 值为 y_1 与 y_2,x 值为 x_1 与 x_2,z 值为 z_1 与 z_2 的平面,设 $y_1<y_2,x_1<x_2,z_1<z_2$。显然,Ω_e 可由8个节点 $A_i(x_i,y_i,z_i)$ 的坐标表示。

单元 Ω_e 的局部直角坐标系是由 $y_P = y_1 + \frac{\Delta y}{2}$、$x_P = x_1 + \frac{\Delta x}{2}$、$z_P = z_1 + \frac{\Delta z}{2}$ 的 3 个平面的交线组成。原点 P 为三交线的交点,局部坐标 ξ,η,ζ 分别沿 P 点的 y、x、z 方向。原点 P 的发射系坐标为 $P(x_P, y_P, z_P)$,局部坐标为 $P(0,0,0)$,单元内变点 $A(x,y,z)$ 的局部坐标 $A(\xi,\eta,\zeta)$ 为

$$\begin{cases} \xi = y - y_P \\ \eta = x - x_P \\ \zeta = z - z_P \end{cases} \tag{6.129}$$

无论在哪个坐标系内划分,将变点转换成局部坐标 (ξ,η,ζ) 后,扰动引力 δ_α 可表示成 (ξ,η,ζ) 的函数,因此扰动引力在单元内的拟合方法是一样的。

6.3 地球引力场表征的面向对象类体系

6.3.1 类体系设计

扰动引力类体系包括火箭类、地球模型类及扰动引力类,如图 6.8 所示。

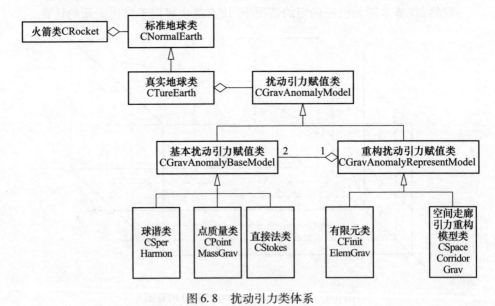

图 6.8 扰动引力类体系

6.3.2 类设计

标准地球类对应于地球的椭球模型,定义了地球的扁率、地球的半长轴、地

球的平均半径、地球的自转角速度、地球引力常数、J_2项、黄赤交角、平均地日距离等。

图6.9所示为标准地球类设计,描述了标准地球类的主要属性和主要操作,它含有时间系统指针对象等。它包含的主要操作有:

(1)常数定义,主要包括与地球物理信息相关的常数,如地球扁率、地球半长轴、地球平均半径、地球引力常数等。

(2)获取地面高度、地心距、地球正常引力位等与位置有关的信息。

```
CNormalEarth(标准地球类)
CTimeSystem* pTime;(时间系统指针对象)
double Alpha_E();(地球的扁率)
double  a_E();(地球的半长轴)
double  R_E();(地球的平均半径)
double Omega_E();(地球的自转角速度)
double Mu_E();(地球引力常数)
double J2_E();(J2项)
double Eps_E();(黄赤交角)
double A_Sun();(平均地日距离 (米) )
virtual double Get_Height(double r,double z);(返回距地面高度)
virtual double Get_Exact_Height(double r,double Psi,double Eps=0.1);(返回精确的地面距)
virtual double Get_Core_Distance(double Psi);(返回给定地心纬度的地心距)
virtual double Get_Curvature_Radius(double B);(返回给定大地纬度的卯酉圈曲率半径)
virtual CVector Get_Radius_Vector(Arc_Position Arc);(返回地面给定位置的矢径(不考虑地球扁率,地固坐标系))
virtual CVector Get_Radius_Vector_J2(Arc_Position Arc);(返回地面给定位置的矢径(考虑地球扁率,地固坐标系))
virtual CVector Get_Radius_Vector_Unit(Arc_Position Arc);(返回地面给定位置的单位矢径(地固坐标系))
virtual double U_E(double r,double z);(地球正常引力位(含J2))
virtual CVector Grav_Acc_Inertial(CVector R);(惯性坐标系中的引力加速度矢量)
virtual CVector Grav_Acc_Inertial(CVector R,double r);(惯性坐标系中的引力加速度矢量)
virtual double Get_Grav_by_r(double r,double Phi);(引力加速度沿矢径的分解)
virtual double Get_Grav_by_Omega(double r,double Phi);(引力加速度沿地球自转方向的分解)
virtual CVector Grav_Acc_Launching(CVector V,CVector R,  CVector R0,CVector Omega0,int isPoweredOrNot,double t);(发射坐标系,发射惯性坐标系中的引力加速度矢量)
virtual double Get_Core_Lat(CVector Re,CVector Omega0);(返回地心纬度)
virtual double Get_Core_Lat(double B);(返回地心纬度 )
```

图6.9 标准地球类设计

真实地球类是标准地球类的一个实现类,重载了发射坐标系引力加速度矢量计算函数。

图6.10所示为真实地球类设计,包含的扰动引力计算模型指针对象完成实际的扰动引力计算等。它包含的主要操作为引力加速度计算:Grav_Acc_Launching,返回发射坐标系的引力加速度矢量。

CTureEarth(真实地球类)
CGravAnomalyModel * m_gravAnomalyModel;(扰动引力计算模型指针对象)
virtual CVector Grav_Acc_Launching(CVector V,CVector R,CVector R0,CVector Omega0, int isPoweredOrNot,double t);(返回发射坐标系的引力加速度矢量)

图 6.10　真实地球类设计

下面以应用重构模型计算远程火箭弹道为例,说明真实地球对象初始化和扰动引力计算实现流程。这是一个相对比较复杂的例子。

(1)初始化。真实地球调用扰动引力赋值对象的 Init(初始化)函数,扰动引力赋值对象调用重构扰动引力赋值模型对象的 Init(初始化)函数,重构扰动引力赋值模型对象调用其引用的基本扰动引力赋值模型对象的 Init(初始化)函数。完成后返回,初始化完成。

(2)节点赋值:重构扰动引力赋值模型对象调用自身空域剖分函数划分节点,然后重构扰动引力赋值模型对象调用基本扰动引力赋值模型对象的 Get_AnomalyGrav_in_LC(节点扰动引力计算)函数进行节点赋值,重构扰动引力赋值模型对象调用自身的空域剖分函数划分节点,然后重构扰动引力赋值模型对象调用基本扰动引力赋值模型对象的 Get_AnomalyGrav_in_LC(节点扰动引力计算)函数进行节点赋值,完成后返回"初始化完成"指令给扰动引力赋值对象,扰动引力赋值对象返回"初始化完成"指令给真实地球对象。

(3)扰动引力计算:真实地球调用扰动引力赋值对象的 Get_AnomalyGrav_in_LC(扰动引力计算)函数,扰动引力赋值对象调用重构扰动引力赋值模型对象的 Get_AnomalyGrav_in_LC(扰动引力计算)函数,重构扰动引力赋值模型对象调用自身的判断节点位置函数,然后调用自身的节点计算函数,并返回计算结果给扰动引力赋值对象,扰动引力赋值对象把扰动引力结果返回给真实地球对象。

图 6.11 所示为真实地球对象时序,描述了真实地球对象初始化和扰动引力计算的过程。

扰动引力赋值类是一个抽象类,是扰动引力类体系根节点,负责为各种扰动引力设计提供统一的接口。

图 6.12 所示为扰动引力赋值类设计,描述了扰动引力赋值类的主要属性和主要操作,它的主要操作有:

(1)初始化:Init,基本模型初始化接口函数;Init,重构模型初始化接口函数。

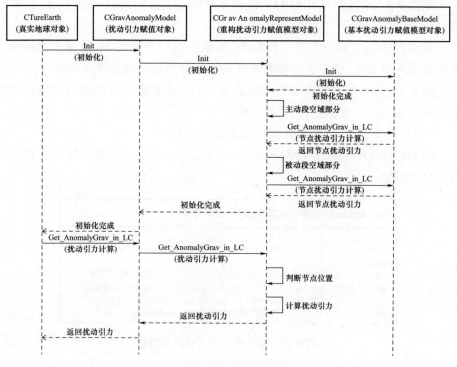

图 6.11 真实地球时序

（2）扰动引力计算：Get_AnomalyGrav_in_LC，返回发射坐标系中的扰动引力值；Get_AnomalyGrav_in_SEN，返回天东北坐标系中的扰动引力值；Get_AnomalyGrav_by_xyz，由空间位置直接计算扰动引力三分量函数。

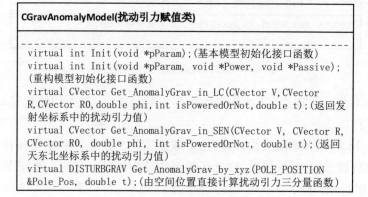

图 6.12 扰动引力赋值类设计

在图 6.13 中,DISTURBGRAV 结构体是扰动引力极坐标的径向、纬向、经向的三分量。

基本扰动引力赋值类是一抽象类,继承扰动引力赋值类,是基本扰动引力模型类体系根节点,负责为各种基本扰动引力模型设计提供统一的接口。

图 6.11 所示为基本扰动引力赋值类设计,描述了基本扰动引力赋值类的主要属性和主要操作,它的主要操作有:

(1) 初始化:Initial,模型数据初始化接口函数。

(2) 扰动引力计算:Get_AnomalyGrav_by_xyz,由空间位置直接计算扰动引力三分量函数。

```
CGravAnomalyBaseModel(基本扰动引力赋值类)

virtual int Initial(CString Datapath);(模型数据初始化接口
函数)
virtual DISTURBGRAV Get_AnomalyGrav_by_xyz(POLE_POSITION
&Pole_Pos, double t);(由空间位置直接计算扰动引力三分量函数)
virtual DISTURBGRAV Get_AnomalyGrav_by_xyz(POLE_POSITION
&Pole_Pos);(由空间位置直接计算扰动引力三分量函数)
```

图 6.13　基本扰动引力赋值类设计

重构扰动引力赋值类是一抽象类,继承扰动引力赋值类,是重构扰动引力模型类体系根节点,负责为各种重构扰动引力模型设计提供统一的接口。

图 6.14 所示为重构扰动引力赋值类设计,描述了弹头状态类的主要属性和主要操作,它含有主动段基本模型对象指针、被动段基本模型对象指针等。

```
CGravAnomalyRepresentModel(扰动引力模型类)

CGravAnomalyModel *m_BaseModel;(基本模型对象指针)
```

图 6.14　重构扰动引力赋值类设计

球谐类是一实现类,继承基本扰动引力赋值类,实现类初始化接口和扰动引力计算接口。

图 6.15 所示为球谐类设计,描述了球谐类的主要属性和主要操作,它含有球谐函数阶数、球谐函数级数、球谐函数系数结构体等。它的主要操作有:

(1) 初始化:Init,基本模型初始化接口函数;Init,重构模型初始化接口函数。

(2) 扰动引力计算:Get_AnomalyGrav_in_LC,返回发射坐标系中的扰动引力值;Get_AnomalyGrav_in_SEN,返回天东北坐标系中的扰动引力值;Get_Anomaly Grav_by_xyz,由空间位置直接计算扰动引力三分量函数。

```
CSperHarmon(球谐类)
  int nn;(球谐函数阶数)
  int mm;(球谐函数级数)
  SPHER_HARMON_COEFF DisturbcoefData;(球谐函数系数结构体)
  virtual int Init(void *pParam);(基本模型初始化接口函数)
  virtual int Init(void *pParam, void *Power, void *Passive);
    (重构模型初始化接口函数)
  virtual CVector Get_AnomalyGrav_in_LC(CVector V,CVector
  R,CVector R0,double phi,int isPoweredOrNot,double t);(返回发
  射坐标系中的扰动引力值)
  virtual CVector Get_AnomalyGrav_in_SEN(CVector V, CVector R,
  CVector R0, double phi, int isPoweredOrNot, double t);(返回
  天东北坐标系中的扰动引力值)
  virtual DISTURBGRAV Get_AnomalyGrav_by_xyz(POLE_POSITION
  &Pole_Pos);(由空间位置直接计算扰动引力三分量函数)
```

图 6.15　球谐类设计

点质量类是一实现类,继承基本扰动引力赋值类,实现类初始化接口和扰动引力计算接口。

图 6.16 所示为点质量类设计,描述了点质量类的主要属性和主要操作。它的主要操作有:

（1）初始化:Init,基本模型初始化接口函数;Init,重构模型初始化接口函数。

（2）扰动引力计算:Get_AnomalyGrav_in_LC,返回发射坐标系中的扰动引力值;Get_AnomalyGrav_in_SEN,返回天东北坐标系中的扰动引力值;Get_Anomaly Grav_by_xyz,由空间位置直接计算扰动引力三分量函数。

```
CPointMassGrav(点质量类)
  POINTMASSDATA pointMassData[5];(点质量数据结构体数组)
  virtual int Init(void *pParam);(基本模型初始化接口函数)
  virtual int Init(void *pParam, void *Power, void *Passive);
    (重构模型初始化接口函数)
  virtual CVector Get_AnomalyGrav_in_LC(CVector V,CVector
  R,CVector R0,double phi,int isPoweredOrNot,double t);(返回发
  射坐标系中的扰动引力值)
  virtual CVector Get_AnomalyGrav_in_SEN(CVector V, CVector R,
  CVector R0, double phi, int isPoweredOrNot, double t);(返回
  天东北坐标系中的扰动引力值)
  virtual DISTURBGRAV Get_AnomalyGrav_by_xyz(POLE_POSITION
  &Pole_Pos);(由空间位置直接计算扰动引力三分量函数)
```

图 6.16　点质量类设计

直接法类是一实现类,继承基本扰动引力赋值类,实现类初始化接口和扰动引力计算接口。

图6.17所示为直接法类设计,描述了直接法类的主要属性和主要操作。它的主要操作有:

(1)初始化:Init,基本模型初始化接口函数;Init,重构模型初始化接口函数。

(2)扰动引力计算:Get_AnomalyGrav_in_LC,返回发射坐标系中的扰动引力值;Get_AnomalyGrav_in_SEN,返回天东北坐标系中的扰动引力值;Get_AnomalyGrav_by_xyz,由空间位置直接计算扰动引力三分量函数。

```
CStokes(直接法类)
float *m_DG2_5M;(2.5分重力异常数组)
float *m_DG05M;(5分重力异常数组)
float *m_DG30M;(30分重力异常数组)
float *m_DG60M;(60分重力异常数组)
int m_nm2_5;(2.5分重力异常数组大小)
int m_nm05;(5分重力异常数组大小)
int m_nm30;(30分重力异常数组大小)
int m_nm60;(60分重力异常数组大小)
virtual int Init(void *pParam);(基本模型初始化接口函数)
virtual int Init(void *pParam, void *Power, void *Passive);
(重构模型初始化接口函数)
virtual CVector Get_AnomalyGrav_in_LC(CVector V,CVector
R,CVector R0,double phi,int isPoweredOrNot,double t);(返回发
射坐标系中的扰动引力值)
virtual CVector Get_AnomalyGrav_in_SEN(CVector V, CVector R,
CVector R0, double phi, int isPoweredOrNot, double t);(返回
天东北坐标系中的扰动引力值)
virtual DISTURBGRAV Get_AnomalyGrav_by_xyz(POLE_POSITION
&Pole_Pos);(由空间位置直接计算扰动引力三分量函数)
```

图6.17 直接法类设计

有限元类是一实现类,继承重构扰动引力赋值类,实现类初始化接口和扰动引力计算接口。

图6.18所示为有限元类设计,描述了有限元类的主要属性和主要操作。它的主要操作有:

(1)初始化:Init,基本模型初始化接口函数;Init,重构模型初始化接口函数。

(2)扰动引力计算:Get_AnomalyGrav_in_LC,返回发射坐标系中的扰动引力值;Get_AnomalyGrav_in_SEN,返回天东北坐标系中的扰动引力值;Get_AnomalyGrav_by_xyz,由空间位置直接计算扰动引力三分量函数。

CFinitElemGrav(有限元类)
FINITE_ELEMENT_FIELD Field;(有限元计算空域) FINITE_ELEMENT_UNIT_8 Unit;(有限元计算单元)
virtual int Init(void *pParam);(基本模型初始化接口函数) virtual int Init(void *pParam, void *Power, void *Passive);(重构模型初始化接口函数) virtual CVector Get_AnomalyGrav_in_LC(CVector V,CVector R,CVector R0,double phi,int isPoweredOrNot,double t);(返回发射坐标系中的扰动引力值) virtual CVector Get_AnomalyGrav_in_SEN(CVector V, CVector R, CVector R0, double phi, int isPoweredOrNot, double t);(返回天东北坐标系中的扰动引力值) virtual DISTURBGRAV Get_AnomalyGrav_by_xyz(POLE_POSITION &Pole_Pos);(由空间位置直接计算扰动引力三分量函数)

图 6.18　有限元类设计

第 7 章　火箭发动机模型及类设计

7.1　火箭推进的基本原理

远程火箭的动力系统目前均采用以化学推进方式为主的火箭发动机。这种发动机将火箭自身携带的燃烧剂和氧化剂(统称为推进剂)在燃烧室内进行化学反应(燃烧),主要燃烧产物是释放化学能所产生的高温燃气。由于这些剧烈燃烧被限制在容积相当小的燃烧室内,因此燃气的热膨胀会导致高压。这些被压缩的燃气通过喷管膨胀而加速,从而产生作用于火箭的反作用力。图 7.1 所示为推力产生的基本原理。

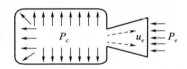

图 7.1　推力产生的基本原理

火箭所携带推进剂根据物理状态主要分为液体推进剂和固体推进剂两种,与之对应的火箭叫作液体火箭和固体火箭。

液体火箭的推进剂包括单组元推进剂和双组元推进剂。单组元推进剂如过氧化氢或肼,它们在催化剂的作用下进行分解,从而产生高温高压燃气。双组元推进剂为自燃推进剂,如液氢–液氧、偏二甲肼–四氧化二氮等。以双组元推进剂为例,火箭发动机工作状态是将推进剂分别贮存在燃料箱和氧化剂箱内,发动机开始工作时涡轮泵将推进剂送入燃烧室进行燃烧,以产生高温高压燃气。涡轮泵可以利用一部分燃气能量来驱动自身工作,也有采用独立的燃气发生器提供燃气进行驱动的。近代多级火箭发动机中多采用预燃室,即燃料与一部分氧化剂先在预燃室中进行化学反应,其预燃产物先去驱动涡轮泵,然后进入主燃烧室,并在主燃烧室内与剩下的氧化剂进行反应。对于简单的液体火箭,可以采用推进剂储箱内增压的方法代替涡轮泵。

固体火箭是将全部推进剂装在燃烧室壳体内,在固体药柱表面进行燃烧。

药柱的形状设计极为重要,因为药柱形状决定了固体火箭的相对力随时间的变化关系。固体推进剂可以是把燃烧剂和氧化剂组合在一个分子内的推进剂(称为双基药),也可以是燃烧剂和氧化剂的混合物(称为复合药)。

7.2 火箭发动机推力与力矩计算模型

7.2.1 推力与流量计算模型

1. 理论推力与流量

发动机的推力由动推力和静推力两部分组成,定义如下

$$\boldsymbol{P} = -\dot{m}\boldsymbol{u}_e + S_e(p_e - p_H)\boldsymbol{x}_1^0 \tag{7.1}$$

式中: $-\dot{m}\boldsymbol{u}_e$ 为动推力分量,也称相对力;$S_e(p_e - p_H)\boldsymbol{x}_1^0$ 为静推力分量。其中,$\dot{m}$ 为质量流量,$\boldsymbol{u}_e$ 为排气速度矢量,S_e 为喷口截面面积,p_e 为喷口截面上燃气的平均静压,p_H 为发动机所处高度下的大气压,$\boldsymbol{x}_1^0$ 为导弹纵轴方向的单位矢量。

现引入描述发动机性能的重要指标:比推力 I_{sp}(或称比冲量)。它的定义为发动机在无限小时间间隔 δt 内产生的冲量 $P\delta t$ 与该段时间间隔内消耗的推进剂重量 $\dot{m}g_0\delta t$ 之比,即

$$I_{sp} = \frac{P\delta t}{\dot{m}g_0\delta t} = \frac{P}{\dot{m}g_0} \tag{7.2}$$

式中:g_0 为海平面标准重力加速度。

如果所给额定推力为地面推力,则当前高度推力为

$$P = P_0 + S_e p_0\left(1 - \frac{p_H}{p_0}\right) \tag{7.3}$$

如果所给额定推力为真空推力,则当前高度推力为

$$P = P_V - S_a p_H \tag{7.4}$$

式中:P_V 为发动机真空推力;p_0 为海平面大气压力。

对于固体发动机,其推力一般随时间变化较大。工程应用中,一般是根据地面试车结果给出发动机的真空或地面推力曲线和流量曲线。如果只有推力曲线,则可以利用下式计算流量:

$$\dot{m} = \frac{P}{I_{sp}g_0} \tag{7.5}$$

液体发动机其理论流量计算可采用如下公式

$$\dot{G} = \dot{G}_R + \dot{G}_y - \dot{G}_P \tag{7.6}$$

式中:$\dot{G}_R$ 为理论燃烧剂流量;$\dot{G}_y$ 为理论氧化剂流量;$\dot{G}_P$ 为储箱增压流量。

2. 小偏差推力与流量

液体火箭发动机在工作中受到多种干扰因素影响,使其实际工况偏离理论工况,从而使实际推力和流量偏离理论值。这些干扰因素可以分为两类:一类是内部干扰因素,这些因素通常是无法知道变化规律的随机变量,包括推力室(比冲)效率偏差、泵压头偏差、涡轮和泵的效率偏差、管路损失系数偏差及零组件的制造、装配误差等;另一类是外部干扰因素,通常能够测量出其变化量,属于非随机变量,如推进剂密度偏差、泵前入口压力偏差等。

由于这些干扰因素在正常情况下都是在很小的范围内变化(一般不超过±5%),为了对干扰因素对推力和流量的影响进行建模,可将非线性问题用线性化的方法进行求解,工程上称这种方法为小偏差法,线性化后的线性方程组称为小偏差方程。

在利用小偏差方程进行分析时,需作以下两条假设。

(1)发动机参数和各干扰因素的偏差与其额定值相比是比较小的,即偏差量是小量;

(2)叠加原理是正确的,也就是可以单独研究每个干扰因素的影响,然后把各个干扰因素的影响叠加起来得到总的影响。

将干扰因素与发动机性能参数之间的非线性函数关系表示如下

$$y = f(x_1, x_2, \cdots) \tag{7.7}$$

式中:$x_i(i=1,2,\cdots)$ 为影响因素;y 为发动机性能参数。

将上式在额定值附近展开成泰勒级数,略去高阶项,得到描述干扰因素与发动机性能偏差关系的线性化模型,即小偏差方程,如下所示

$$\delta y = \frac{\partial y}{\partial x_1}\delta x_1 + \frac{\partial y}{\partial x_2}\delta x_2 + \cdots \tag{7.8}$$

式中:δx 为干扰因素;δy 为发动机性能参数偏差,偏导数 $\partial y/\partial x_1, \partial y/\partial x_2, \cdots, \partial y/\partial x_n$ 分别为各干扰因素对发动机性能的影响系数,也称小偏差方程系数。这些系数认为对于同一批次发动机是相同的,通过发动机试车的试验数据确定。

小偏差方程的一个重要应用即在远程火箭的发射轨迹计算时提供发动机实际性能数据或特性。因为远程火箭实际飞行过程中,发动机的工作状态会受到各种干扰因素的影响。此时,利用小偏差方程可以确定这些干扰因素对发动机实际性能参数的影响大小,进而对额定性能数据进行修正,保证弹道计算的准确性。

3. 插值推力与流量

由于发动机工作时的实际推力与流量无法用一个函数或模型进行精确描述,通常预先给出一个推力和流量变化曲线,利用插值计算获得当前时刻的推

力与流量。

4. 附加推力与流量

在发动机推力与流量计算中,除以上模型外,由于一些特殊原因,可能会产生附加推力与附加流量。如在计算一级弹道时,芯级推力需要考虑底部压力产生的附加推力。附加推力一般表示为飞行高度的折线型函数,如下所示

$$\Delta P = \begin{cases} \Delta P_0 & (0 \leqslant h \leqslant h_0) \\ \Delta P_0 + \dfrac{\Delta P_1 - \Delta P_0}{h_1 - h_0}(h - h_0) & (h_0 < h \leqslant h_1) \\ \Delta P_1 & (h > h_1) \end{cases} \tag{7.9}$$

附加流量用于级间分离、预冷或其他特殊用途,一般为常值。

7.2.2 控制力与控制力矩计算模型

一般来说,火箭常用的执行机构有空气舵、燃气舵、摇摆发动机等,而对于远程弹道导弹和运载火箭来说,多采用后两种执行机构。

1. 燃气舵

燃气舵一般是由石墨或其他耐高温材料制成,安装在发动机喷口出口处,通常共有4片控制舵面。根据控制舵面与火箭箭体主对称面相对安装位置的不同,燃气舵可分为"十"字形布局(图7.2)和"×"字形布局(图7.3)两种具体形式。

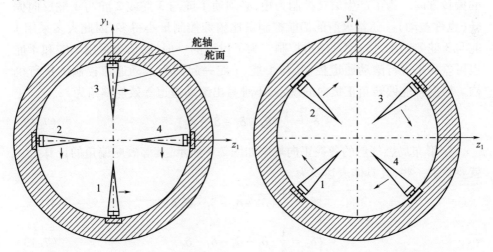

图 7.2 "十"字形布局的燃气舵　　　图 7.3 "×"字形布局的燃气舵

竖立在发射台上时,"十"字形布局燃气舵的舵面的安装位置是两片舵(编号为1、3)在射面内,另两片舵(编号为2、4)垂直于射面,4个舵面成"十"字形。

而"×"字形布局燃气舵的舵面的安装位置是其中两片舵(编号为1、3)所在平面与射面成45°夹角,而另两片舵(编号为2、4)所在平面与射面成 -45°夹角,4个舵面成"×"字形。

发动机燃烧室排出的燃气流作用在燃气舵上,就像空气流作用在飞行器上一样形成燃气动力,即作为控制力。显然,控制力的大小与燃气舵的偏转角(舵偏角)有关。考虑到每个舵的形状、大小均相同,因此各舵的气动特性是一样的。为了便于计算控制力和控制力矩,通常引入等效舵偏角的概念,其含义是与实际舵偏角具有相同控制力的平均舵偏角。不难理解,对于"十"字形布局的燃气舵来说,若要产生俯仰控制力矩,则可同时偏转2舵、4舵,其舵偏角分别记为 δ_2,δ_4,则俯仰等效舵偏角记为

$$\delta_\varphi = \frac{1}{2}(\delta_2 + \delta_4) \tag{7.10}$$

同理,同时偏转1舵、3舵时可产生偏航控制力矩,与1舵、3舵偏角 δ_1,δ_3 对应的偏航等效舵偏角为

$$\delta_\psi = \frac{1}{2}(\delta_1 + \delta_3) \tag{7.11}$$

从控制火箭的俯仰和偏航运动出发,不难理解,对于"十"字形布局的燃气舵而言,1舵与3舵应同向偏转、2舵与4舵应同向偏转,并规定产生负的控制力矩的舵偏角为正。具体各舵正向规定如图7.2所示,箭头方向表示舵面后缘的偏转方向。为了产生滚转控制力矩,必须使1舵与3舵或2舵与4舵反向偏转(也称差动)。通常火箭的偏航控制量比俯仰控制量小得多,因此大多采用1舵与3舵差动来进行滚动通道控制。为了讨论的一般性,认为采用2舵和4舵也可差动来进行滚动通道控制,与1舵、3舵一起同为滚动通道控制的执行机构。根据各舵偏转角正负向的规定,不难写出滚动通道等效舵偏角为

$$\delta_\gamma = \frac{1}{4}(\delta_3 - \delta_1 + \delta_4 - \delta_2) \tag{7.12}$$

"×"字形布局燃气舵的各舵正向规定如图7.3所示,其等效舵偏角的计算公式就要复杂一些,其具体表达式为

$$\begin{cases} \delta_\varphi = \frac{1}{4}(\delta_3 + \delta_4 - \delta_1 - \delta_2) \\ \delta_\psi = \frac{1}{4}(\delta_2 + \delta_3 - \delta_1 - \delta_4) \\ \delta_\gamma = \frac{1}{4}(\delta_1 + \delta_2 + \delta_3 + \delta_4) \end{cases} \tag{7.13}$$

通过对比分析不难发现,"十"字形对应的等效舵偏角的计算公式比较简

单,执行机构的控制动作易于操作;而"×"字形布局的优点在于当一台发动机发生故障时,仍可使3个通道完成控制任务,即提高了控制可靠性。当然,"×"字形布局形式使控制通道比较复杂,交联影响较大,精度较"十"字形布局要低。

2. 摇摆发动机

运载火箭一般采用摇摆发动机作为控制执行机构,下面介绍"一"字形、"十"字形、"×"字形3种典型配置方式的控制力与控制力矩计算公式。

通常,火箭发动机的安装位置是使其所产生的推力沿着或平行于箭体轴线方向,而摇摆发动机是指其喷管可以相对于箭体轴线产生一个摆角,从而利用推力在箭体轴线垂直方向的分量形成控制力矩,控制箭体的姿态运动。

摇摆发动机有"一"字形配置(图7.4和图7.5)、"十"字形布局(图7.6)和"×"字形布局(图7.7)等形式。摇摆发动机产生俯仰、偏航和滚动控制力矩的方式与燃气舵类似,也可定义等效摆角(与等效舵偏角类似)的概念。

1)"一"字形配置

"一"字形配置,即两个发动机以过几何中心的"一"字形斜线配置,每台摇摆发动机的推力均为 P_c,记

$$P = 2P_c \tag{7.14}$$

式中: P 为总推力。运载火箭三级的氢氧发动机就采用这种构型,如图7.4所示。

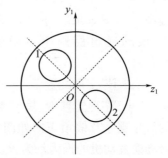

图7.4 "一"字形发动机配置

为了便于计算控制力和控制力矩,通常引进等效控制偏角的概念,其含义是与实际偏角具有相同控制力的平均偏角。"一"字形发动机配置中3个通道(俯仰、偏航、滚转)等效控制偏角分别为 δ_φ、δ_ψ、δ_γ,其产生的控制力在体坐标系的表达式为

$$\begin{cases} X_{1c} = R_c \cos\delta_\varphi \cos\delta_\psi \\ Y_{1c} = R_c \sin\delta_\varphi \cos\delta_\psi \\ Z_{1c} = -R_c \cos\delta_\varphi \sin\delta_\psi \end{cases} \tag{7.15}$$

式中: $R_c = 2P_c \cos\alpha_i$, α_i 为发动机安装角。

按"一"字形配置的控制力矩如下所示

$$\begin{cases} M_{x1c} = -R_c r_c \delta_\gamma \\ M_{y1c} = -R_c (x_c - x_g) \delta_\psi \\ M_{x1c} = -R_c (x_c - x_g) \delta_\varphi \end{cases} \tag{7.16}$$

式中: x_c 为发动机推力轴线与箭体 x_1 轴的交点至火箭尖端的距离; x_g 为火箭质

心至火箭尖端的距离;r_c为箭体y_1z_1平面几何中心到发动机推力轴线的距离。

单喷管中心配置可认为是一种特殊的"一"字形配置方式,如图7.5所示。大型固体发动机一般采用这种配置方式,利用柔性喷管作为控制执行机构,通过喷管的摆动产生控制力与控制力矩。

由于单喷管发动机无法实现滚转控制,其等效控制控制偏角仅有俯仰通道的δ_φ和偏航通道的δ_ψ,由此可得其产生的控制力、控制力矩可以写为

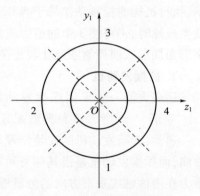

图7.5 单喷管发动机配置

$$\begin{cases} X_{1c} = 0 \\ Y_{1c} = R_c \delta_\varphi \\ Z_{1c} = -R_c \delta_\psi \end{cases} \quad (7.17)$$

$$\begin{cases} M_{y1c} = -R_c(x_c - x_g)\delta_\psi \\ M_{z1c} = -R_c(x_c - x_g)\delta_\varphi \end{cases} \quad (7.18)$$

其中,$R_c = P_c \cos\alpha_t$。单喷管发动机配置形式下,滚动通道控制由专门的滚控发动机实现。

2)"十"字形配置

"十"字形配置中,规定4台摇摆发动机的编号顺序及偏角正向如图7.6所示,且每台摇摆发动机的推力均为P_c,记

$$P = 4P_c \quad (7.19)$$

式中:P为总推力。

控制力在体坐标系表达式分别为

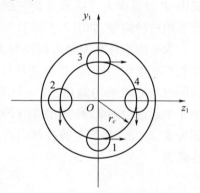

图7.6 "十"字形发动机配置

$$\begin{cases} X_{1c} = 4P_c - P_c(\cos\delta_1 + \cos\delta_2 + \cos\delta_3 + \cos\delta_4) \\ Y_{1c} = P_c(\sin\delta_2 + \sin\delta_4) \\ Z_{1c} = -P_c(\sin\delta_1 + \sin\delta_3) \end{cases} \quad (7.20)$$

俯仰、偏航和滚动通道控制力矩分别为

$$\begin{cases} M_{x1c} = -P_c r_c(\sin\delta_3 - \sin\delta_1 + \sin\delta_4 - \sin\delta_2) \\ M_{y1c} = -P_c(x_c - x_g)(\sin\delta_1 + \sin\delta_3) \\ M_{z1c} = -P_c(x_c - x_g)(\sin\delta_2 + \sin\delta_4) \end{cases} \quad (7.21)$$

式中:x_c,r_c 分别为摇摆发动机铰链与喷管发动机推力轴线的交点至火箭顶端的距离及箭体 x_1 轴的距离。

对于"十"字形配置,同样可以定义 3 个通道的等效控制偏角。若要在俯仰通道产生法向控制力,则可同时偏转 2、4 发动机,其偏角分别记为 δ_2、δ_4,则等效偏角记为

$$\delta_\varphi = \frac{1}{2}(\delta_2 + \delta_4) \tag{7.22}$$

同理,偏航通道对应 1、3 发动机的 δ_1、δ_3 之等效偏角即

$$\delta_\psi = \frac{1}{2}(\delta_1 + \delta_3) \tag{7.23}$$

当取 $\sin\delta_i = \delta_i$,$\cos\delta_i = 1$($i = 1,2,3,4$),并引入上述等效偏角的概念时,上式可简化为

$$\begin{cases} X_{1c} = 0 \\ Y_{1c} = \dfrac{P}{2}\delta_\varphi \\ Z_{1c} = -\dfrac{P}{2}\delta_\psi \end{cases} \tag{7.24}$$

$$\begin{cases} M_{x1c} = -Pr_c\delta_\gamma \\ M_{y1c} = -\dfrac{P}{2}(x_c - x_g)\delta_\psi \\ M_{z1c} = -\dfrac{P}{2}(x_c - x_g)\delta_\varphi \end{cases} \tag{7.25}$$

3)"×"字形配置

"×"字形配置中,规定 4 台摇摆发动机的编号顺序及偏角正向如图 7.7 所示,发动机偏转角的正向定义为从喷管尾端按顺时针旋转的偏转角。

设各个发动机具有相同的推力为 P_c,则其控制力和控制力矩为

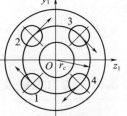

图7.7 "×"字形发动机配置

$$\begin{cases} X_{1c} = 4P_c - P_c(\cos\delta_1 + \cos\delta_2 + \cos\delta_3 + \cos\delta_4) \\ Y_{1c} = \dfrac{\sqrt{2}}{2}P_c(\sin\delta_3 + \sin\delta_4 - \sin\delta_1 - \sin\delta_2) \\ Z_{1c} = -\dfrac{\sqrt{2}}{2}P_c(\sin\delta_2 + \sin\delta_3 - \sin\delta_1 - \sin\delta_4) \end{cases} \tag{7.26}$$

$$\begin{cases} M_{x1c} = -P_c r_c (\sin\delta_1 + \sin\delta_2 + \sin\delta_3 + \sin\delta_4) \\ M_{y1c} = -\dfrac{\sqrt{2}}{2} P_c (x_c - x_g)(\sin\delta_2 + \sin\delta_3 - \sin\delta_1 - \sin\delta_4) \\ M_{z1c} = -\dfrac{\sqrt{2}}{2} P_c (x_c - x_g)(\sin\delta_3 + \sin\delta_4 - \sin\delta_1 - \sin\delta_2) \end{cases} \quad (7.27)$$

当取 $\sin\delta_i = \delta_i, \cos\delta_i = 1 (i = 1,2,3,4)$ 及 $P = 4P_c$ 时,定义等效偏角为

$$\begin{cases} \delta_\varphi = (\delta_3 + \delta_4 - \delta_1 - \delta_2)/4 \\ \delta_\psi = (\delta_2 + \delta_3 - \delta_1 - \delta_4)/4 \\ \delta_\gamma = (\delta_1 + \delta_2 + \delta_3 + \delta_4)/4 \end{cases} \quad (7.28)$$

则控制力、控制力矩可以写为

$$\begin{cases} X_{1c} = 0 \\ Y_{1c} = \dfrac{\sqrt{2}}{2} P \delta_\varphi \\ Z_{1c} = -\dfrac{\sqrt{2}}{2} P \delta_\psi \end{cases} \quad (7.29)$$

$$\begin{cases} M_{x1c} = -P r_c \delta_\gamma \\ M_{y1c} = -\dfrac{\sqrt{2}}{2} P (x_c - x_g) \delta_\psi \\ M_{z1c} = -\dfrac{\sqrt{2}}{2} P (x_c - x_g) \delta_\varphi \end{cases} \quad (7.30)$$

7.3 火箭发动机的面向对象类体系

7.3.1 动力系统类体系设计

1. 基本框图

考虑到一个火箭可能会安装多个不同的发动机,因此火箭类(CRocket)聚合一个发动机组类(CEngineGroup),而发动机组类又包含若干发动机类(CEngine),它们之间也是聚合关系。

推力与流量是发动机的重要属性。考虑到不同类型的发动机、不同计算粒度下推力与流量的模型有很大的差别,因此发动机类的推力与流量计算通过关联一个服务类,即推力与流量模型类(CTrustModel)来实现。

类体系如图 7.8 所示。

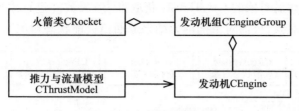

图 7.8　动力系统类体系

2. 时序图

发动机组类更新由火箭状态类调用,具体调用流程参考第 5 章相关时序。图 7.9 所示为发动机系统时序。火箭对象在各组件更新时会调用发动机组对象的 UpdateState 接口,之后发动机组对象依次调用各个组成发动机对象的 UpdateState 接口,然后各个发动机对象再调用关联的推力与流量模型对象的 UpdateState 接口计算当前的推力与流量。

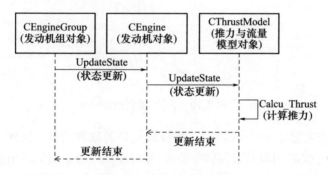

图 7.9　发动机系统时序

注意这一过程只是对象状态的更新,而不直接返回值。这主要是考虑到不同仿真状态有不同的要求。发动机组推力矢量、流量及力矩的调用时序如图 7.10 所示。

获得发动机推力、流量的流程为:

(1)秒流量计算:通用右函数对象调用火箭状态对象的 Get_DM(获取秒流量)函数,火箭状态对象调用火箭对象的 Get_DM(获取秒流量)函数,火箭对象调用发动机组对象的 Get_DM(获取秒流量)函数,发动机组对象循环调用保存的发动机对象的 Get_DM(获取秒流量)函数并进行累加,得到秒流量结果返回给火箭对象,火箭对象把秒流量结果返回给火箭状态对象,火箭状态对象把秒流量结果返回给通用右函数对象。

(2)推力计算:火箭状态对象调用火箭对象的 Get_Thrust(获取推力)函数,火箭对象调用发动机组对象的 Get_Thrust(获取推力)函数,发动机组对象循环调用保存的发动机对象的 Get_Thrust(获取推力)函数并进行累加,得到推力结果返回给火箭对象,火箭对象把推力结果返回给火箭状态对象。

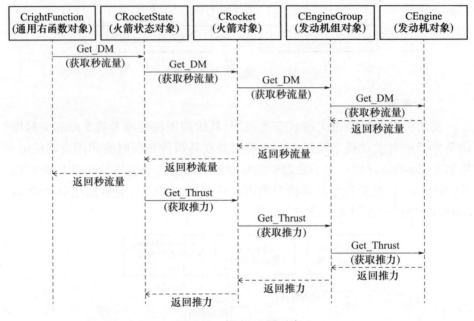

图 7.10　推力、流量时序

对于目前大部分远程火箭而言,执行机构是遥摆发动机。因此,执行机构对象的概念是从 GNC 对象获取偏转角要求,并对发动机对象的偏转角进行设置。

图 7.11 所示为火箭对象调用执行机构时序,其实现流程为

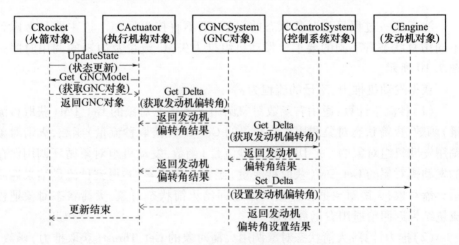

图 7.11　执行机构调用时序

(1) 状态更新：火箭对象调用执行机构对象的 UpdateState（状态更新）函数。

(2) 偏转角计算：执行机构对象调用火箭对象的 Get_GNCModel（获取 GNC 对象），然后再调用 GNC 对象的 Get_Delta（获取发动机偏转角）函数，之后 GNC 对象调用控制系统对象的 Get_Delta（获取发动机偏转角）函数，计算完成后逐级返回。执行机构对象调用发动机对象的 Set_Delta（设置发动机偏转角）函数，设置发动机偏转角。

7.3.2 发动机类体系设计

1. 类体系设计

发动机类体系主要对发动机中各个类之间的继承关系进行说明，如图 7.12 所示。

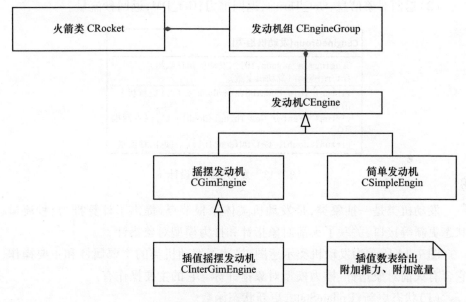

图 7.12 发动机类体系

简单发动机类只考虑轴线方向推力，但考虑一个安装角的影响，主要用于末级正推发动机、末修发动机等的建模。

摇摆发动机类处理"十"字形、"×"字形、"一"字形配置的摇摆发动机的推力、力矩计算。

子类插值摇摆发动机，提供采用插值数表的附加推力和附加流量计算。这部分计算之所以没有放在推力与流量模型类中，是考虑到不同情况组合下使用的方便。

注意到发动机类并没有对液体发动机、固体发动机分别建模。这是因为对于火箭发动机本身而言，它们的特点可以高度抽象，而它们在推力、流量计算中的不同则是通过关联不同的推力与流量模型类(CTrustModel)来体现的。

2. 类设计

发动机组类负责为火箭提供推力。发动机组类最多允许添加10台发动机的设计，为火箭动力系统仿真提供了很大的灵活性。发动机组除返回推力、力矩、流量的函数外，还有状态更新函数，对全部或指定发动机实施启动、关闭等操作。

图7.13所示为发动机组类设计，描述了发动机组类的主要属性和主要操作，它含有发动机对象指针数组、发动机个数等。它的主要操作有：

（1）状态更新：UpdateState，更新状态函数。

（2）返回对象信息：Get_Thrust，返回推力；Get_DM，返回秒流量。

CEngineGroup(发动机组类)
CEngine* m_aGroup[10];(发动机指针数组) int m_nNum;(发动机个数)
virtual void UpdateState(double t);(更新状态函数) virtual CVector Get_Thrust(double t) ;(返回推力) virtual double Get_DM(double t); （返回秒流量）

图7.13　发动机组类设计

发动机类是一抽象类，是发动机类体系根节点，提供了计算推力、秒流量、状态更新等接口，关联了火箭对象指针和推力模型对象指针。

图7.14所示为发动机类示意图，描述了发动机类的主要属性和主要操作，它含有火箭对象指针、推力模型对象指针等。它的主要操作有：

（1）状态更新：UpdateState，更新状态函数。

（2）返回对象信息：Get_M1_by_Delta，返回控制力偏转角力矩系数；Get_Control_Moment，返回控制力距；Get_Thrust，返回推力；Get_Annex_Thrust，返回附加推力；Get_DM，返回秒流量；Get_Annex_DM，返回附加秒流量。

注意发动机类会关联一个火箭对象。这是因为推力、流量计算时会调用火箭的部分参数(如高度、气动模型)。

附加推力、附加流量缺省返回为0。无此类情况则无需重构该函数。

简单发动机类是发动机类的一个实现类。简单发动机本身不能摆动，仅考虑安装角导致的推力损失，且不提供力矩。它在发动机的基础上重写了推力返

第 7 章 火箭发动机模型及类设计

```
CEngine(发动机类)
─────────────────────────────────────────
CRocket* pRocket;(火箭对象指针)
CThrustModel* pTr;(推力模型对象指针)
─────────────────────────────────────────
virtual void UpdateState(double t);(更新状态
函数)
virtual double Get_M1_by_Delta(double t);(返
回控制力偏转角力矩系数)
virtual CVector Get_Control_Moment(double t);
(返回控制力距)
virtual CVector Get_Thrust(double t);(返回推
力)
virtual double Get_Annex_Thrust(double t);(返
回附加推力)
virtual double Get_DM(double t);(返回秒流量)
virtual double Get_Annex_DM(double t);(返回附
加秒流量)
```

图 7.14　发动机类设计

回函数。

图 7.15 所示为简单发动机类设计,描述了简单发动机类的主要属性和主要操作,它含有安装角等,它的主要操作有:

返回对象信息:Get_Thrust,返回推力。

```
CSimpleEngine(简单发动机类)
─────────────────────────────────────────
double Theta;(安装角)
─────────────────────────────────────────
virtual CVector Get_Thrust(double t);(返回推
力)
```

图 7.15　简单发动机类设计

摇摆发动机类也是发动机类的一个实现类。摇摆发动机是运载火箭、弹道导弹主要采用的发动机形式,根据不同的安装分为"十"字形、"×"字形、"一"字形等。该类提供所有这些型式的发动机推力、力矩计算,并允许设置安装偏差。

图 7.16 所示为摇摆发动机类设计,描述了摇摆发动机类的主要属性和主要操作,含有发动机安装型式等。它的主要操作有:

返回对象信息:Get_Thrust,返回推力;Get_Cross_Force,返回"十"字形发动机的推力;Get_Furcation_Force,返回"×"字形发动机的推力;Get_Iword_Force,返回"一"字形发动机的推力;Get_Boosting_Force,返回助推器型发动机的推力。

```
CGimEngine(摇摆发动机类)
    int m_Style;(发动机安装型式,0,"十"字形;1,"一"字形;2,"×"字形)
    virtual CVector Get_Thrust(double t);(返回推力)
    virtual CVector Get_Cross_Force(double t);(返回"十"字形发动机的推力)
    virtual CVector Get_Furcation_Force(double t);(返回"×"字形发动机的推力)
    virtual CVector Get_Iword_Force(double t);(返回"I"字形发动机的推力)
    CVector Get_Boosting_Force(double t);(返回助推器型发动机的推力)
    virtual CVector Get_Inclined_Force(double t);(返回"/"字形发动机的推力)
```

图 7.16　摇摆发动机类设计

"十"字形、"一"字形、"×"字形等发动机构型之所以没有单独建模为类,主要是考虑到这几种构型应用广泛,在同一个远程火箭上可能包含多种构型,为简单起见,作为摇摆发动机类的不同情况。但如果有新的安装构型时,则建议继承一个子类,而不是修改该类的设计,以尽可能保证原有框架的稳定性。

7.3.3　执行机构类体系设计

1. 类体系设计

之所以把执行机构单独出来建模,主要考虑:①虽然目前远程火箭执行机构就是发动机,控制力、控制力矩均通过发动机产生,但毕竟两者概念上有很大不同;②未来火箭可能会采用新的执行机构,如气动舵、栅格舵等,框架设计需要保证未来扩展的方便性。

执行机构目前只考虑摇摆发动机一种情况。执行机构类体系如图 7.17 所示。

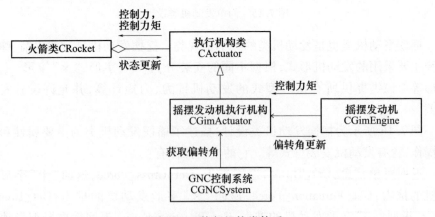

图 7.17　执行机构类体系

2. 类设计

执行机构类是一抽象类，负责为控制执行机构控制力、控制力矩计算提供统一接口。执行机构类控制力、控制力矩缺省均为 0。

图 7.18 所示为执行机构类设计，描述了执行机构类的主要属性和主要操作，它含有火箭对象指针等。它的主要操作有：

（1）状态更新：UpdateState，更新状态函数。

（2）返回对象信息：Get_Control_Moment，返回控制力矩；Get_Data_Moment，返回推力线偏斜和推力线横移的偏差力距；Get_Control_Force，返回控制力；Get_M1_by_Delta，返回控制力偏转角力矩系数。

```
CActuator(执行机构类)
---------------------------------------------
CRocket* pRocket;(火箭对象指针)
---------------------------------------------
virtual void UpdateState(double t);(更新状态
函数)
virtual CVector Get_Control_Moment(double t);
(返回控制力距)
virtual CVector Get_Data_Moment(double t);
(返回推力线偏斜和推力线横移的偏差力距)
virtual CVector Get_Control_Force(double t);
(返回控制力)
virtual double Get_M1_by_Delta(double t);(返
回控制力偏转角力矩系数)
```

图 7.18　执行机构类设计

摇摆发动机执行机构类是执行机构类的实现类。摇摆发动机执行机构由于控制力算作推力的一部分，仍保持为 0。控制力矩由关联摇摆发动机返回，偏转角更新时偏转角由 GNC 的控制系统计算返回。

图 7.19 所示为摇摆发动机执行机构类设计，描述了摇摆发动机执行机构类的主要属性和主要操作，它含有摇摆发动机对象指针等。它的主要操作有：

```
CGimActuator(摇摆发动机执行机构类)
---------------------------------------------
CGimEngine* pEng;(摇摆发动机对象指针)
---------------------------------------------
virtual void UpdateState(double t);(更新状态
函数)
virtual CVector Get_Control_Moment(double t);
(返回控制力距)
virtual CVector Get_Data_Moment(double t);
(返回推力线偏斜和推力线横移的偏差力距)
virtual double Get_M1_by_Delta(double t);(返
回控制力偏转角力矩系数)
```

图 7.19　摇摆发动机执行机构类设计

(1) 状态更新:UpdateState,更新状态函数。

(2) 返回对象信息:Get_Control_Moment,返回控制力距;Get_Data_Moment,返回推力线偏斜和推力线横移的偏差力距;Get_M1_by_Delta,返回控制力偏转角力矩系数。

7.3.4 推力与流量模型

1. 类体系设计

推力与流量模型类体系,支持不同发动机特点、不同计算粒度下发动机推力与流量的计算。类体系如图7.20所示。

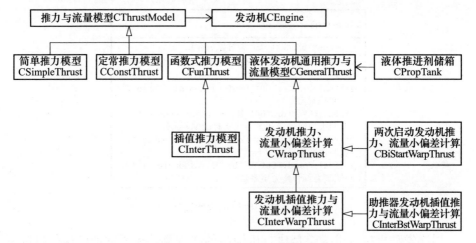

图 7.20 推力与流量计算基本类体系

类体系根节点 CThrustModel 除定义了推力、流量、状态更新、启动、关闭接口外,还保存了当前状态的开始时间,供子类使用,用于计算发动机当前工作时间。

简单推力模型是指发动机推力、流量均为标称值保持不变,不考虑大气压力的影响。

定常推力模型推力、流量标称值保持不变,但考虑大气压力的影响。推力标准值可为真空或地面状态,由内部标志设定。

函数式推力模型是指发动机推力、流量采用某一预设的函数形式进行变化,并考虑大气压力的影响。工程中可以采用实际发动机的试车数据进行插值,从而更加贴近发动机真实工况。

液体发动机通用推力与流量模型将推力分为3段考虑:启动段、正常段和关机段。启动段、关机段的推力、氧化剂、燃烧剂流量由关联函数提供。正常段同定常发动机模型。另外,考虑到关机延迟、储箱增压流量等情况,并对关联储箱中推进剂质量根据流量进行更新。参数包括推力、喷管出口面积、比冲、真空推力标志、燃烧剂、氧化剂标准流量、储箱增压流量、启动段时间、接受关机指令后延迟时间等。

液体推进剂储箱除保存燃烧剂、氧化剂质量作为状态变量外,主要用于计算燃烧剂、氧化剂不同质量液柱高度和不同时间储箱压力,为小偏差下的推力和流量计算模型服务。

考虑小偏差的推力与流量模型是在通用推力模型基础上,正常段考虑小偏差影响。两次启动情况下小偏差推力与流量模型,是在此基础上考虑了发动机两次启动、运行、关闭的过程。

液体发动机通用推力与流量模型及其子类涉及大量关联函数,它们一般由数表给出。图 7.21 所示为推力与流量模型关联函数的实现。CFunction(通用函数类)提供了通用的接口,为具体实现(如支持文件读取)提供了方便;CDataInterFun(通用数据插值函数)支持数据插值计算。

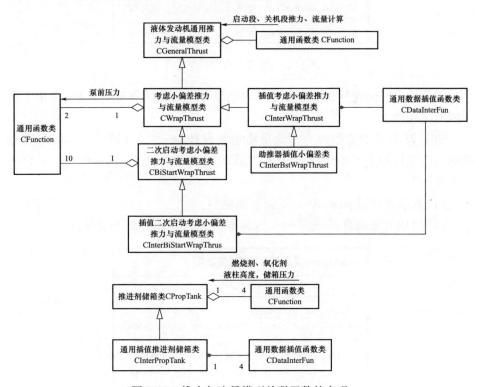

图 7.21 推力与流量模型关联函数的实现

利用插值函数实现的模型,其内部关联在构造函数中实现。这样用户只需要与一个特定的类打交道,而无须面对一堆复杂的接口。

2. 类设计

推力与流量模型类是一抽象类,定义了推力及流量计算的统一接口。它和发动机类之间设计为委托关系,实现了发动机构型与推力模型的自由搭配,极大提高了程序的灵活性和适应性。

图 7.22 所示为推力与流量模型类设计,描述了推力与流量模型类的主要属性和主要操作,它含有火箭发动机对象指针等。它的主要操作有:

(1) 状态更新:UpdateState,状态更新函数。
(2) 返回对象信息:Get_Thrust,返回推力;Get_DM,返回秒流量。

CThrustModel(推力与流量模型类)
CEngine* pEng;(发动机对象指针)
virtual void UpdateState(double t);(更新状态函数)
virtual double Get_Thrust(double t);(返回推力)
virtual double Get_DM(double t);(返回秒流量)

图 7.22 推力与流量模型类图

常值推力与流量模型类在额定推力的基础上考虑大气压的影响,常用于初步或简化计算。

图 7.23 所示为常值推力与流量模型类设计,描述了常值推力与流量模型类的主要属性和主要操作,它含有真空或地面推力、秒流量、出口面积等。它的主要操作有:

(1) 状态更新:UpdateState,更新状态函数。
(2) 返回对象信息:Get_Thrust,返回推力;Get_DM,返回秒流量。

CConstThrust(常值推力与流量模型类)
double P0;(真空或地面推力) double dm;(秒流量) double Sa;(出口面积)
virtual void UpdateState(double t);(更新状态函数)
virtual double Get_Thrust(double t);(返回推力)
virtual double Get_DM(double t);(返回秒流量)

图 7.23 常值推力与流量模型类设计

简单推力与流量模型类在工作状态下返回指定推力、流量,在关机状态下返回 0。

图 7.24 所示为简单推力与流量模型类设计,描述了简单推力模型类的主要属性和主要操作,它含有推力、秒流量等。它的主要操作有:

(1)状态更新:UpdateState,更新状态函数。

(2)返回对象信息:Get_Thrust,返回推力;Get_DM,返回秒流量。

CSimpleThrust(简单推力与流量模型类)
double Tr;(推力)   double dm;(秒流量)
virtual void UpdateState(double t);(更新状态函数)
virtual double Get_Thrust(double t);(返回推力)
virtual double Get_DM(double t);(返回秒流量)

图 7.24　简单推力与流量模型类

液体发动机通用推力与流量模型类可考虑启动、正常、关机各段的推力与流量计算。其中启动、关机段由关联函数计算,正常段基本同常值推力模型。该模型允许设置偏差量,包括流量偏差、推力偏差、比冲偏差等。

图 7.25 所示为液体发动机通用推力与流量模型类设计,描述了液体发动机通用推力与流量模型类的主要属性和主要操作,它含有推进剂储箱对象指针等。它的主要操作有:

(1)状态更新:UpdateState 更新状态函数。

(2)返回对象信息:Get_Thrust,返回推力;Get_DM,返回秒流量;Get_Prop_Quality,返回推进剂质量;Get_Prop_Flux,返回推进剂流量。

CGeneralThrust(液体发动机通用推力与流量模型类)
CPropTank *pTank;(推进剂储箱对象指针)
virtual void UpdateState(double t);(更新状态函数)
virtual double Get_Thrust(double t);(返回推力)
virtual double Get_DM(double t);(返回秒流量)
virtual void Get_Prop_Quality(double& Mr1, double& My1);(返回推进剂质量)
virtual void Get_Prop_Flux(double& dMr1, double& dMy1);(返回推进剂流量)

图 7.25　液体发动机通用推力与流量模型类设计

小偏差推力与流量模型类继承自通用推力与流量模型类,重载了通用推力与流量模型类中正常段推力计算函数,在考虑小偏差情况下计算发动机的推力、流量。

图 7.26 所示为发动机推力与流量小偏差计算类设计,描述了液体发动机通用推力模型类的主要属性和主要操作,它含有 16 个系数数组等。它的主要操作有:

(1) 状态更新:UpdateState,更新状态函数。

(2) 返回对象信息:Get_WarpFlux,计算小偏差流量;Get_WarpFlux,计算小偏差流量及推力。

CWrapThrust(发动机推力与流量小偏差计算类)
double c[16];(系数)
virtual void UpdateState(double t);(更新状态函数)
void Get_WarpFlux(double t,double& DGr,double& DGy);(计算小偏差流量)
void Get_WarpFlux(double t,double& DGr,double& DGy,double& dP);(计算小偏差流量及推力)

图 7.26　发动机推力与流量小偏差计算类设计

发动机推力与流量小偏差计算实现流程为:

(1) 轴向过载计算。发动机推力与流量小偏差计算对象调用发动机对象的获取轴向过载函数,发动机对象调用火箭对象获取轴向过载函数,火箭对象调用火箭状态对象的获取轴向过载函数返回轴向过载给火箭对象,火箭对象把轴向过载返回给发动机对象,发动机对象把轴向过载返回给发动机推力与流量小偏差对象。

(2) 储箱压力计算:发动机推力与流量小偏差对象调用推进剂储箱对象的 Get_Tank_Press(获取储箱压力)函数计算完成后返回储箱压力给发动机推力与流量小偏差对象。

(3) 储箱液柱高度计算:发动机推力与流量小偏差对象调用推进剂储箱对象的 Get_Tank_Height(获取储箱液柱高度)函数计算完成后返回储箱液柱高度给发动机推力与流量小偏差对象。

(4) 计算 DGr、Dgy。发动机推力与流量小偏差对象计算 DGr,计算 Dgy。

图 7.27 所示为发动机推力与流量小偏差对象时序,描述了发动机推力与流量小偏差计算的过程。

发动机推力与流量小偏差计算通用插值类是推力与流量模型类的一个实

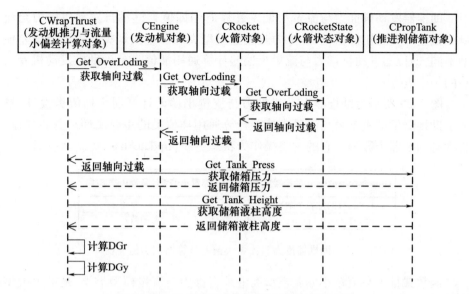

图 7.27　发动机推力与流量小偏差计算时序

现类,其中计算燃烧剂启动段秒耗量、氧化剂启动段秒耗量、燃烧剂关机段秒耗量数据、氧化剂关机段秒耗量数据、启动段推力数据、关机段推力数据、燃烧剂不同时间泵前压力、氧化剂不同时间泵前压力使用插值模式。

图 7.28 所示为发动机推力与流量小偏差计算通用插值类设计,描述了发动机推力与流量小偏差计算通用插值类的主要属性和主要操作,它含有燃烧剂启动段秒耗量对象、氧化剂启动段秒耗量对象、燃烧剂关机段秒耗量对象、氧化剂关机段秒耗量对象、启动段推力数据对象、关机段推力数据对象、燃烧剂不同时间泵前压力对象、氧化剂不同时间泵前压力对象等。它的主要操作有:

状态更新:UpdateState,更新状态函数。

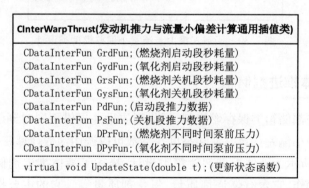

图 7.28　发动机推力与流量小偏差计算通用插值类设计

助推器发动机推力与流量小偏差计算通用插值类继承自发动机推力与流量小偏差计算通用插值类,是推力与流量模型类的一个实现类。由于小偏差模型不同,助推器发动机推力与流量小偏差计算通用插值类是为助推发动机专门写的一个类。

图 7.29 所示为助推器发动机推力与流量小偏差计算通用插值类设计,描述了助推器发动机推力与流量小偏差计算通用插值类的主要属性和主要操作,它含有助推器个数等。它的主要操作为状态更新:UpdateState,更新状态函数。

```
CInterBstWarpThrust(助推器发动机推力与流量小偏差计算通用插值类)
int Num;(助推器个数)
virtual void UpdateState(double t);(更新状态函数)
```

图 7.29　助推器推力与流量小偏差计算通用插值类设计

函数式推力与流量小偏差模型类继承自推力与流量模型类类,是推力模型类的一个实现类。

图 7.30 所示为函数式推力与流量小偏差模型类设计,描述了函数式推力与流量小偏差模型类的主要属性和主要操作,它含有助推器个数等。它的主要操作有:

(1) 状态更新:UpdateState,更新状态函数。

(2) 推力与流量计算:operator,推力与流量计算函数。

```
CWrapThrustFunction(函数式推力与流量小偏差模型类)
virtual void UpdateState(double t);(更新状态函数)
void operator(double t);(计算小偏差流量及推力)
```

图 7.30　函数式推力与流量小偏差模型类设计

7.3.5　液体推进剂储箱

液体推进剂储箱类保存燃烧剂、氧化剂质量并提供不同时刻的储箱压力和液柱高度用于小偏差计算。液注高度等参数可以调用函数计算获得。

图 7.31 所示为液体推进剂储箱类设计,描述了液体推进剂储箱类的主要属性和主要操作,它含有燃烧剂质量、氧化剂质量等。它的主要操作为返回对象信息:Get_Prop_Quality,返回推进剂质量。

第 7 章 火箭发动机模型及类设计

```
CPropTank(液体推进剂储箱类)
---
double Mr;(燃烧剂质量)
double My;(氧化剂质量)
---
virtual void Get_Prop_Quality(double& Mr1,
    double& My1);(返回推进剂质量)
```

图 7.31 液体推进剂储箱类设计

通用插值液体推进剂储箱类继承自液体推进剂储箱类,使用插值函数计算燃烧剂、氧化剂的液柱高度、储箱压力等。

图 7.32 所示为通用插值液体推进剂储箱类设计,描述了通用插值液体推进剂储箱类的主要属性和主要操作,它含有燃烧剂不同质量液柱高度对象、氧化剂不同质量液柱高度对象、燃烧剂不同时间储箱压力对象、氧化剂不同时间储箱压力对象等。它的主要操作为返回对象信息:Get_Prop_Quality,返回推进剂质量。

```
CInterPropTank(通用插值液体推进剂储箱类)
---
CDataInterFun HrFun;(燃烧剂不同质量液柱高度)
CDataInterFun HyFun;(氧化剂不同质量液柱高度)
CDataInterFun PrzFun;(燃烧剂不同时间储箱压力)
CDataInterFun PyzFun;(氧化剂不同时间储箱压力)
---
virtual void Get_Prop_Quality(double& Mr1,
    double& My1);(返回推进剂质量)
```

图 7.32 通用插值液体推进剂储箱类设计

液体推进剂储箱分段三点二次等距插值类继承自液体推进剂储箱一般插值类,它的燃烧剂、氧化剂质量计算是通过插值函数来实现的。

图 7.33 所示为液体推进剂储箱分段三点二次等距插值类设计,描述了通用插值液体推进剂储箱类的主要属性和主要操作,它含有燃烧剂不同质量液柱高度对象、氧化剂不同质量液柱高度对象、燃烧剂不同时间储箱压力对象、氧化剂不同时间储箱压力对象等。它的主要操作为返回对象信息:Get_Prop_Quality,返回推进剂质量。

```
CInter32PropTank(液体推进剂储箱分段三点二次等距插值类)
---
CMultiInter32Fun HrFun;(燃烧剂不同质量液柱高度)
CMultiInter32Fun HyFun;(氧化剂不同质量液柱高度)
CMultiInter32Fun PrzFun;(燃烧剂不同时间储箱压力)
CMultiInter32Fun PyzFun;(氧化剂不同时间储箱压力)
---
virtual void Get_Prop_Quality(double& Mr1,
    double& My1);(返回推进剂质量)
```

图 7.33 液体推进剂储箱分段三点二次等距插值类设计

第8章 大气与气动作用模型及类设计

8.1 大气与气动作用模型

8.1.1 大气模型

虽然地球大气全部质量大约仅为地球质量的百万分之一,但是大气对火箭的飞行弹道、近地卫星运行轨道和各种再入飞行器运动弹道均有较大的影响。这是因为任何物体只要有相对于大气的运动就都会产生空气动力。因此,下面介绍有关大气的基础知识。

1. 地球大气分层

为了讨论大气的一般特征,比较方便的办法是根据大气的温度分布,把它分成几层。

1) 对流层

对流层是大气的最底层,它的下边界是地面,在赤道地区的顶部高度约为18km,在两极地区只有8km左右。在对流层中集中了整个大气层质量的75%左右及水汽的95%。该层是大气变化最复杂的层次,一些大气现象,如风、云、雾、雷暴、积冰等均出现在这一层中[62]。该层的主要特征如下。

(1) 大气沿垂直方向上、下对流。地球表面和大气的热量主要来源是太阳的辐射能、地球内部的热量、来自宇宙中其它星体的辐射能等。据计算,来自太阳的热量比其他星球来的热量大约1亿倍,比来自地球内部的热量大约1万倍。而太阳辐射能有51%被地面吸收,19%被大气和云吸收,30%被大气层反射并散射回宇宙空间,故地球表面温度较大气高,地球就像一个大火炉,使下面的大气受热上升,上面冷空气下降,这就发生了空气的对流。

(2) 在该层内气温随高度离地面距离的增加而下降,平均而言,每上升 100m,气温下降 0.65℃。因此,对流层顶部的温度常常低于 -50℃。

(3) 该层大气的密度和压力随高度增加而减少,到对流层的顶部,密度是地球表面处的 30% 左右,压力是地球表面处的 22% 左右。

2) 平流层

平流层高度范围在 11km 左右到 50km 左右,平流层又可分为两个范围。高度 11km 左右到 30km 左右,称为同温层。在同温层中,大气从太阳吸收的热量等于散射的热量,温度几乎保存不变,对流运动比对流层显著减弱,整层的气流比较平稳。而高度 30~50km 这一区间,因存在臭氧(O_3),故称为臭氧层。因臭氧对太阳辐射的波长在 $0.2~0.3\mu m$ 的短波紫外线的吸收能力强,越接近太阳吸收能力越强,在这种辐射作用下,臭氧发生分解,产生热量,使臭氧层温度随着高度的增加而增加。在整个平流层中,随着高度的升高,大气的密度和压力一直下降,如在 50km 处的值,只有地球表面处相应值的 0.08%。

3) 中间层

中间层的高度为 50~90km。该层内温度随高度增加而下降,原因之一是臭氧浓度降低为零,另一原因是在该层内没有使温度明显变化的放热化学反应。

4) 电离层

电离层大约从 50km 高度起,延伸到地球上空数百千米处。其特点是空气成分被强烈地电离,因而有大量的自由电子存在。由于该层内空气密度已经很低,自由电子与正离子不会很快复合,即使在夜间不存在产生电离的太阳辐射时,电离层仍继续存在。

5) 热成层

热成层的高度为 90~500km。该层内温度随着高度的增加急剧升高,到达 300~500km 处,温度就达到所谓的外逸层温度,在此高度以上,分子动力温度保持不变,热成层的大气状况受太阳活动的强烈影响,在太阳扰动期间太阳的紫外辐射和微粒子辐射增强,使大气压强、密度和平均分子量有较明显的变化。

6) 外逸层

外逸层的高度处于 500km 以上。这时空气密度极低,在 1000km 处,密度小于 $10^{-13} kg/m^3$,此时作用在宇宙飞行器上的空气动力基本上可以略去不计。

对于运载火箭而言,比上述高度低得多的高度上,大气的影响就可以不予考虑,一般只考虑到 80~90km 处。

2. 标准大气表

标准大气表是以实际大气为特征的统计平均值为基础并结合一定的近似数值计算所形成的,它反映了大气状态参数的年平均状况。

1976年美国国家海洋和大气局、美国国家航空航天局、美国空军部联合制定了新的美国国家标准大气,它依据大量的探空火箭探测资料和人造地球卫星对一个以上完整的太阳活动周期的探索结果,把高度扩展到1000km。1980年我国国家标准总局根据航空航天部门的工作需要,发布了以1976年美国国家标准大气为基础,将30km以下的数据定作中华人民共和国国家标准大气(GB 1920—80),30km以上的数据作为选用值。

显然,利用标准大气表计算的运载火箭运动轨迹,反映的只是火箭"平均"运动规律。对于火箭设计而言,只关心该型号火箭在"平均"大气状态下的运动规律,因此,运用标准大气表就可以了。对于火箭飞行试验而言,可以把标准大气下的运动规律作为基准,然后考虑实际大气条件与该标准大气的偏差对试验结果的影响,从而对火箭的真实运动进行分析。

在进行弹道分析计算中,若将标准大气表的上万个数据输入计算机中,工作量及存储均很大。如能使用公式计算大气温度、密度、压强、声速等诸参数,既能节省许多内存容量,而且不必作大量的插值运算,可节省大量箭上运行时间。杨炳尉在《标准大气参数的公式表示》一文中给出了以标准大气为依据,采用拟合法得出的从海平面到91km范围内的标准大气参数计算公式。运用该公式计算的参数值与原表之值相对误差小于万分之三。可以认为利用这套公式进行弹道分析计算是足够精确的,可代替原标准大气表。

标准大气表用 Z 表示几何高度,它与地势高度 H 有下列换算关系

$$H = Z/(1 + Z/R_0) \tag{8.1}$$

其中,$R_0 = 6356.766 \text{km}$。

计算大气表参数的公式是以几何高度 Z 进行分段,每段引入一个中间参数 W,它在各段代表不同的简单函数。各段统一选用海平面的值作为参照值,以下标"SL"表示,各段大气参数计算公式为

1) $0 \leqslant Z \leqslant 11.0191 \text{km}$

$$\begin{cases} W = 1 - H/44.3308 \\ T = 288.15W \\ p/p_{SL} = W^{5.2559} \\ \rho/\rho_{SL} = W^{4.2559} \end{cases} \tag{8.2}$$

2) $11.0191 < Z \leqslant 20.0631 \text{km}$

$$\begin{cases} W = \exp((14.9647 - H)/6.3416) \\ T = 216.650W \\ p/p_{SL} = 0.11953W \\ \rho/\rho_{SL} = 0.15898W \end{cases} \tag{8.3}$$

3) $20.0631 < Z \leq 32.1619 \text{km}$

$$\begin{cases} W = 1 + ((H - 24.9021)/221.552) \\ T = 211.552W \\ p/p_{SL} = 0.025158W^{-34.1629} \\ \rho/p_{SL} = 0.032722W^{-35.1629} \end{cases} \quad (8.4)$$

4) $32.1619 < Z \leq 47.3501 \text{km}$

$$\begin{cases} W = 1 + ((H - 39.7499)/89.4107) \\ T = 250.350W \\ p/p_{SL} = 2.8338 \times 10^{-3}W^{-12.2011} \\ \rho/p_{SL} = 3.2618 \times 10^{-3}W^{-13.2011} \end{cases} \quad (8.5)$$

5) $47.3501 < Z \leq 51.4125 \text{km}$

$$\begin{cases} W = \exp((48.6252 - H)/7.9233) \\ T = 270.654W \\ p/p_{SL} = 8.9155 \times 10^{-4}W \\ \rho/p_{SL} = 9.4920 \times 10^{-4}W \end{cases} \quad (8.6)$$

6) $51.4125 < Z \leq 71.8020 \text{km}$

$$\begin{cases} W = 1 - ((H - 59.4390)/88.2218) \\ T = 247.021W \\ p/p_{SL} = 2.1671 \times 10^{-4}W^{12.2011} \\ \rho/p_{SL} = 2.5280 \times 10^{-4}W^{11.2011} \end{cases} \quad (8.7)$$

7) $71.8020 < Z \leq 86.000 \text{km}$

$$\begin{cases} W = 1 - ((H - 78.0303)/100.2950) \\ T = 200.590W \\ p/p_{SL} = 1.2274 \times 10^{-5}W^{17.0816} \\ \rho/p_{SL} = 1.7632 \times 10^{-5}W^{16.0816} \end{cases} \quad (8.8)$$

8) $86.000 < Z \leq 91.000 \text{km}$

$$\begin{cases} W = \exp((87.2848 - H)/5.4700) \\ T = 186.870W \\ p/p_{SL} = (2.2730 + 1.042 \times 10^{-3}H) \cdot 10^{-6}W \\ \rho/p_{SL} = 3.6411 \times 10^{-6}W \end{cases} \quad (8.9)$$

在 0~91km 范围内的声速公式为

$$a = 20.0468\sqrt{T(K)} \text{ (m/s)} \quad (8.10)$$

8.1.2 气动力和气动力矩模型

1. 气动力

一般将作用在火箭上的空气动力 $\boldsymbol{R}$ 在速度坐标系内分解为升力 Y、阻力 X、侧向力 Z,其中力的各分量可按下式计算

$$\begin{cases} X = C_x \dfrac{1}{2}\rho v^2 S_M = C_x q S_M \\ Y = C_y \dfrac{1}{2}\rho v^2 S_M = C_y q S_M \\ Z = C_z \dfrac{1}{2}\rho v^2 S_M = C_z q S_M \end{cases} \tag{8.11}$$

式中:C_x、C_y、C_z 分别为阻力系数、升力系数、侧力系数,它们均为无因次量;v 为火箭相对大气的速度;ρ 为大气密度,可由标准大气表得到;S_M 为火箭特征面积;q 为动压头,$q = \dfrac{1}{2}\rho v^2$。

C_x、C_y、C_z 主要和攻角 α、侧滑角 β、马赫数 Ma 及高度 H 有关,可写成如下函数形式

$$\begin{cases} C_x = f(\alpha,\beta,\mathrm{Ma},H\cdots) \\ C_y = f(\alpha,\beta,\mathrm{Ma},H\cdots) \\ C_z = f(\alpha,\beta,\mathrm{Ma},H\cdots) \end{cases} \tag{8.12}$$

2. 气动力矩

火箭相对于大气运动时,由于火箭的对称性,作用于火箭表面气动力合力 $\boldsymbol{R}$ 的作用点应位于火箭纵轴 x_1 上,该作用点称为压力中心,或简称压心,记为 O_{cp}。一般情况下,压心 O_{cp} 并不与火箭质心 O_{cg} 重合。

在研究火箭质心运动时,一般将气动力合力 $\boldsymbol{R}$ 简化到质心(重心)上,因此产生一空气动力矩,这种力矩称为稳定力矩,记为 $\boldsymbol{M}_{st}$。另外,当火箭产生相对于大气的转动时,大气对其将产生阻尼作用。该作用力矩称为阻尼力矩,记为 $\boldsymbol{M}_d$。

1)稳定力矩

将稳定力矩进行分解可得

$$\begin{cases} M_{y1st} = Z_1(x_p - x_g) = m_{y1st} q S_M l_k \\ M_{z1st} = -Y_1(x_p - x_g) = m_{z1st} q S_M l_k \end{cases} \tag{8.13}$$

式中:M_{y1st}、M_{z1st} 分别为绕 y_1、z_1 轴的稳定力矩值;x_p、x_g 为压心、质心至火箭头部理论尖端的距离;m_{y1st}、m_{z1st} 为相应的力矩系数;l_k 为火箭的参考长度;S_M 为火箭的参考面积。

由式(8.13)可得

$$\begin{cases} m_{y1st} = \dfrac{Z_1(x_p - x_g)}{qS_Ml_k} = C_{y1}^{\alpha}(\bar{x}_g - \bar{x}_p)\beta \\ m_{z1st} = \dfrac{-Y_1(x_p - x_g)}{qS_Ml_k} = C_{y1}^{\alpha}(\bar{x}_g - \bar{x}_p)\alpha \end{cases} \quad (8.14)$$

式中，$\bar{x}_g = \dfrac{x_g}{l_k}$，$\bar{x}_p = \dfrac{x_p}{l_k}$。

显然可以得到

$$m_{y1}^{\beta} = m_{z1}^{\alpha} \quad (8.15)$$

上述分析可以得到，稳定力矩的计算与质心和压心的位置有关。压心的位置是通过气动力计算和风洞实验确定的，质心的位置可通过具体火箭的质量分布和剩余燃料的质量和位置计算得到。

2) 阻尼力矩

阻力力矩的方向总是和转动方向相反，对转动角速度起阻尼作用，一般分解为

$$\begin{cases} M_{y1d} = m_{y1}^{\bar{\omega}_{y1}} qS_Ml_k\bar{\omega}_{y1} \\ M_{z1d} = m_{z1}^{\bar{\omega}_{z1}} qS_Ml_k\bar{\omega}_{z1} \end{cases} \quad (8.16)$$

式中：M_{y1d} 称为偏航阻尼力矩值；M_{z1d} 称为俯仰阻尼力矩值；$\bar{\omega}_{y1} = \dfrac{l_k\omega_{y1}}{v}$，称为无因次偏航角速度；$\bar{\omega}_{z1} = \dfrac{l_k\omega_{z1}}{v}$，称为无因次俯仰角速度。滚转阻尼力矩较俯仰和偏航阻尼力矩要小得多，一般可忽略不计。

8.1.3 高空风计算模型

高空风作为一种普遍的大气现象，对主要在大气层内运动的飞行器动力学特性具有重要影响。根据气象部门的测量数据统计，在中纬度地区，高空风以纬向风速为绝对优势，经向风速一般比纬向风速低一个量级。在我国大部分地区，高空风速主要反映的是纬向西风的风速。而一般在火箭上升段也只考虑水平风的影响，而忽略垂直风的影响，其中，水平风速可分解为纬向风速和经向风速。

水平风的速度在当地北天东坐标系中的分量如下所示

$$\begin{bmatrix} V_{W1x} \\ V_{W1y} \\ V_{W1z} \end{bmatrix} = \begin{bmatrix} V_{HW}\cos\alpha_w \\ 0 \\ V_{HW}\sin\alpha_w \end{bmatrix} \quad (8.17)$$

式中:α_w 为风速方位角。

通过坐标转换,得到风速在发射坐标系中的分量为

$$V_W = R_2[-(90°+A_0)]R_1(B_0)R_3(-\Delta\lambda)R_1(-B)R_2(90°)\begin{bmatrix}V_{W1x}\\V_{W1y}\\V_{W1z}\end{bmatrix} \quad (8.18)$$

式中,R_i 为绕第 i 个坐标轴进行旋转的转移矩阵,$i=1,2,3$;A_0、B_0 分别为发射坐标系原点的大地方位角和地理纬度;B 为风速当地的地理纬度;$\Delta\lambda$ 为风速当地与发射系原点经度之差,即 $\Delta\lambda = \lambda - \lambda_0$。

火箭相对于大气的速度,即空速 V_K 表示为

$$\begin{cases}V_K = V - V_W\\V_k = \|V_K\|\end{cases} \quad (8.19)$$

式中:V 为火箭相对地面的速度(简称地速),至此,建立了描述高空风的基本数学模型,并将其引入远程火箭的运动状态中。

火箭空速的大小和方向均会由于高空风的存在而发生变化,空速大小的改变将直接引起动压发生变化,而方向的改变将产生附加攻角和附加侧滑角,图 8.1 所示为只考虑远程火箭飞行射面内运动的附加攻角示意。

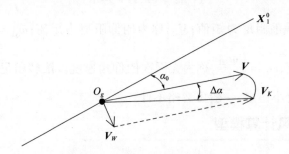

图 8.1 高空风引起附加攻角示意

图 8.1 中,X_1^0 表示箭体纵轴方向的单位矢量,α_0 表示火箭地速与箭体纵轴方向的夹角,$\Delta\alpha$ 表示由高空风引起的附加攻角,则高空风条件下的攻角表示为

$$\alpha_w = \alpha_0 + \Delta\alpha \quad (8.20)$$

同理,高空风条件下的侧滑角表示为

$$\beta_w = \beta_0 + \Delta\beta \quad (8.21)$$

为了计算高空风干扰条件下的附加攻角 $\Delta\alpha$ 和附加侧滑角 $\Delta\beta$,首先将式(8.18)中得到的发射坐标系下的空速转换至箭体坐标系下,则箭体系下的空速表示形式为

$$\boldsymbol{V}_{K,B} = [V_{K,Bx}, V_{K,By}, V_{K,Bz}] \tag{8.22}$$

则在高空风条件下攻角和侧滑角计算方法为

$$\begin{cases} \alpha_w = \arctan\left(\dfrac{-V_{K,By}}{V_{K,Bx}}\right) \\ \beta_w = \arcsin\left(\dfrac{V_{K,Bz}}{V_{K,B}}\right) \end{cases} \tag{8.23}$$

式中：$V_{K,B} = \sqrt{V_{K,Bx}^2 + V_{K,By}^2 + V_{K,Bz}^2}$ 为总速度大小，结合式(8.20)和式(8.21)即可得附加攻角和附加侧滑角。

定义综合攻角，其反映了高空风对纵向和侧向速度方向变化共同的作用效果，表示如下

$$\alpha_{zh} = \sqrt{\alpha_w^2 + \beta_w^2} \tag{8.24}$$

式中：α_{zh} 为综合攻角。

8.2 大气与气动作用的类体系设计

图 8.2 给出了气动作用计算的时序。火箭对象在各组件更新时会调用空气动力学对象的 UpdateState 接口。之后空气动力学对象调用大气模型对象获取大气特征，再调用飞行器对象获取速度、攻角、侧滑角、姿态角速度、质心等信息，然后根据获取的信息计算速度头、马赫数、气动系数、压心、阻尼力矩系数导数，最后计算气动力和气动力矩。

8.2.1 大气模型的类体系及实现

1. 类体系设计

大气模型类用于为弹道计算提供给定高度上的密度、温度、压强、风场等信息，并计算飞行器相对大气的速度。大气模型类体系如图 8.3 所示。

2. 类设计

大气模型类是一抽象类，是大气模型类体系的根节点，它为大气计算模型的实现提供了统一的接口，同时提供了一些公共计算函数，并允许设置偏差量。

图 8.4 所示为大气模型类设计，描述了大气模型类的主要属性和主要操作，它含有高空风补偿模型指针对象、加高空风的标志等。它的主要操作为返回对象信息：Get_Characters 返回大气特征：密度、压强、温度；Get_Characters，返回大气特征：密度、温度；Get_Density，返回大气密度；Get_Presure，返回大气压强；Get_Presure_Info，返回大气压强信息；Get_Temperature，返回大气温度。

图 8.2 空气动力学时序

第 8 章 大气与气动作用模型及类设计

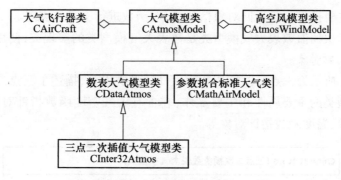

图 8.3 大气模型类体系

```
CAtmosModel(大气模型类)
─────────────────────────────────────────────
CAtmosWindModel *WindModel;(高空风补偿模型指针对象)
bool Wind_Flag;(加高空风的标志)
─────────────────────────────────────────────
virtual void Get_Characters(double H, double &Rou, double &P,
double &T);(返回大气特征:密度、压强、温度)
virtual void Get_Characters(double H, double &Rou, double &T);
(返回大气特征:密度、温度)
virtual double Get_Density(double H);(返回大气密度)
virtual double Get_Presure(double H);(返回大气压强)
virtual double Get_Presure_Info(double H, double& p0, double&
dp);(返回大气压强信息)
virtual double Get_Temperature(double H);(返回大气温度)
```

图 8.4 大气模型类

其中,风场信息由高空风补偿模型 CAtmosWindModel 返回。

数表大气模型类是大气模型类的实现类,实现了密度、压强、温度计算。图 8.5 所示为数表大气模型类设计,描述了数表大气模型类的主要属性和主要操作,它包括大气密度函数指针对象、压强函数指针对象、温度函数指针对象

```
CDataAtmos(数表大气模型类)
─────────────────────────────────────────────
CFunction *fPress;(大气密度函数指针对象)
CFunction *fRou;(压强函数指针对象)
CFunction *fT;(温度函数指针对象)
─────────────────────────────────────────────
virtual void Get_Characters(double H, double &Rou, double &P,
double &T);(返回大气特征:密度,压强,温度)
virtual void Get_Characters(double H, double &Rou, double &T);
(返回大气特征:密度,温度)
virtual double Get_Density(double H);(返回大气密度)
virtual double Get_Presure(double H);(返回大气压强)
virtual double Get_Presure_Info(double H, double& p0, double&
dp);(返回大气压强信息)
virtual double Get_Temperature(double H);(返回大气温度)
```

图 8.5 数表大气模型类设计

等。它的主要操作也是返回对象信息,但对函数进行了具体实现。

三点二次插值数表大气模型类是数表大气模型类的实现类,使用分段三点二次插值函数对象。

图 8.6 所示为三点二次插值数表大气模型类设计,描述了三点二次插值数表大气模型类的主要属性和主要操作,它含有大气密度函数指针对象、压强函数指针对象、温度函数指针对象等。

```
CInter32Atmos(三点二次插值数表大气模型类)
-----------------------------------------------
CMultiInter32Fun *PressFun;(大气密度函数指针对象)
CMultiInter32Fun *RouFun;(压强函数指针对象)
CMultiInter32Fun *TempFun;(温度函数指针对象)
```

图 8.6　三点二次插值数表大气模型类设计

参数拟合标准大气模型类是大气模型类的实现类,它通过拟合公式计算大气参数。实际应用中,本模型与三点二次插值数表大气模型吻合度极高。

图 8.7 所示为参数拟合标准大气模型类设计,描述了参数拟合标准大气模型类的主要属性和主要操作。

```
CMathAirModel(参数拟合标准大气模型类)
-----------------------------------------------
virtual void Get_Characters(double H, double &Rou, double &P,
double &T);(返回大气特征:密度,压强,温度)
virtual void Get_Characters(double H, double &Rou, double &T);
(返回大气特征:密度,温度)
virtual double Get_Density(double H);(返回大气密度)
virtual double Get_Presure(double H);(返回大气压强)
virtual double Get_Presure_Info(double H, double& p0, double&
dp);(返回大气压强信息)
virtual double Get_Temperature(double H);(返回大气温度)
```

图 8.7　参数拟合标准大气模型类设计

高空风模型类提供了高空风情况下箭体相对大气速度的计算。

图 8.8 所示为高空风模型类设计,描述了高空风模型类的主要属性和主要操作,它含有大气高空风风速对象、高空风风向对象、迎头风计算设置等。它的主要操作有:

(1)初始化:Initial,初始化高空风的函数。

(2)返回对象信息:Get_Vel_in_Air,返回相对大气的速度和考虑高空风的影响。

```
CAtmosWindModel(高空风模型类)
    CInterFunction Fun_Wind_V;(高空风风速对象)
    CInterFunction Fun_Wind_A;(高空风风向对象)
    bool bHeadOn;(迎头风计算设置)
------------------------------------------------------------
    void Initial(CString& High_Wind);(初始化高空风的函数)
    double CAtmosWindModel::Get_Vel_in_Air(const CCoordinate& V, double
    H, double lmt, double fai, double lmt0, double fai0, double alfa0, double
    theta, double sigma, double Alpha, double Beta, double &dAlpha, double
    &dBeta)(返回相对大气的速度和考虑高空风的影响 )
```

图 8.8　高空风模型类设计

8.2.2　气动力及力矩的类体系及实现

1. 类体系设计

气动力负责为飞行器提供气动力及气动力矩。空气动力类包含大气飞行类和大气模型类,采取层次聚合样式。其类体系如图 8.9 所示。

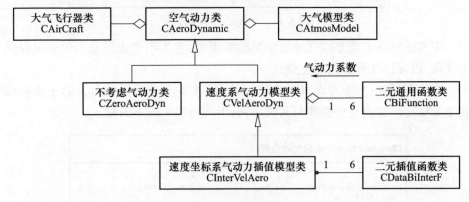

图 8.9　气动力类体系

2. 类设计

空气动力学类是一抽象类,是气动力类体系的根节点,负责为不同情况下的气动计算提供统一的接口。

图 8.10 所示为空气动力学类设计,描述了空气动力学类的主要属性和主要操作,它含有飞行器指针对象、大气模型指针对象等。它的主要操作有:

(1)状态更新:UpdateState,状态更新函数。

(2)返回对象信息:Get_Aero_Force_in_Body,返回体坐标系气动力;Get_Resistance,返回气动阻力;Get_Lift,返回气动升力;Get_Stable_Moment,返回稳定力矩;Get_Damp_Moment,返回阻尼力矩;Get_M1_by_Alpha,返回气动攻角力矩系

数;Get_Cx,返回阻力系数;Get_Cya,返回升力系数导数;Get_Xp,返回相对压心位置;Get_Cur_q,返回当前速度头;Get_Cur_Ma,返回当前马赫数。

```
CAeroDynamic(空气动力学类)
--------------------------------------------------
CAirCraft* pCraft;(飞行器指针对象)
CAtmosModel* pAtmos;(大气模型指针对象)
--------------------------------------------------
virtual CCoordinate Get_Aero_Force_in_Body(double t);(返回
体坐标系气动力)
virtual double Get_Resistance(double t);(返回气动阻力)
virtual double Get_Lift(double t,double Alpha);(返回气动升力)
virtual CVector Get_Stable_Moment(double t);(返回稳定力矩)
virtual CVector Get_Damp_Moment(double t);(返回阻尼力矩)
virtual double Get_M1_by_Alpha(double t);(返回气动攻角力矩系
数)
virtual double Get_Cx(double t);(返回阻力系数)
virtual double Get_Cya(double t);(返回升力系数导数)
virtual double Get_Xp(double t);(返回相对压心位置)
virtual double Get_Cur_q();(返回当前速度头)
virtual double Get_Cur_Ma();(返回当前马赫数)
virtual void UpdateState(double t);(状态更新函数)
```

图 8.10　空气动力学类设计

不考虑气动力类是空气动力学类的实现类,它为不考虑气动力的情况提供了实现,以保证计算结构的完整性。

图 8.11 所示为不考虑气动力类设计,描述了不考虑气动力类的主要属性和主要操作。它的主要操作与父类相同,但均返回 0 或零矢量。

```
CZeroAeroDyn(不考虑气动力类)
--------------------------------------------------
--------------------------------------------------
virtual CCoordinate Get_Aero_Force_in_Body(double t);(返回体
坐标系气动力)
virtual double Get_Resistance(double t);(返回气动阻力)
virtual double Get_Lift(double t,double Alpha);(返回气动升力)
virtual CVector Get_Stable_Moment(double t);(返回稳定力矩)
virtual CVector Get_Damp_Moment(double t);(返回阻尼力矩)
virtual double Get_M1_by_Alpha(double t);(返回气动攻角力矩系
数)
virtual double Get_Cx(double t);(返回阻力系数)
virtual double Get_Cya(double t);(返回升力系数导数)
virtual double Get_Xp(double t);(返回相对压心位置)
virtual double Get_Cur_q();(返回当前速度头)
virtual double Get_Cur_Ma();(返回当前马赫数)
virtual void UpdateState(double t);(状态更新函数)
```

图 8.11　不考虑气动力类设计

速度坐标系气动力模型类是空气动力学类的实现类,速度坐标系气动力模型中气动阻力系数、升力系数导数为速度系下的模型,其他为体系下模型,它实现了空气动力学类的接口函数。

图 8.12 所示为速度坐标系气动力模型类设计,描述了速度坐标系气动力模型类的主要属性和主要操作,它含有阻力系数 C_x 的函数指针对象、升力系数对攻角导数 C_y^α 的函数指针对象、阻尼力矩系数 $m_{x1}^{\bar{\omega}_{x1}}$ 的函数指针对象、阻尼力矩系数 $m_{y1}^{\bar{\omega}_{y1}}$ 的函数指针对象、阻尼力矩系数 $m_{z1}^{\bar{\omega}_{z1}}$ 的函数指针对象、归一化压心位置的函数指针对象。它的主要操作与父类相同,但在速度系下进行了具体实现。

速度坐标系气动力插值模型类是速度坐标系气动力模型类的实现类,以二元通用插值函数实现速度坐标系气动力模型类的气动系数计算模型。通过在构造函数中调用速度坐标系气动力模型类的初始化气动系数模型函数,实现自动的初始化连接。

图 8.13 所示为速度坐标系气动力插值模型类设计,描述了速度坐标系气动力插值模型类的主要属性和主要操作,它含有阻力系数 C_x 的函数指针对象、升力系数对攻角导数 C_y^α 的函数指针对象、阻尼力矩系数 $m_{x1}^{\bar{\omega}_{x1}}$ 的函数指针对象、阻尼力矩系数 $m_{y1}^{\bar{\omega}_{y1}}$ 的函数指针对象、阻尼力矩系数 $m_{z1}^{\bar{\omega}_{z1}}$ 的函数指针对象、归一化压心位置的函数指针对象。

```
CVelAeroDyn(速度坐标系气动力模型类)
CBiFunction* pCxFun;(阻力系数的函数指针对象)
CBiFunction* pCyaFun;(升力系数导数的函数指针对象)
CBiFunction* pMx1Fun;(阻尼力矩系数导数X的函数指针对象)
CBiFunction* pMy1Fun;(阻尼力矩系数导数Y的函数指针对象)
CBiFunction* pMz1Fun;(阻尼力矩系数导数Z的函数指针对象)
CBiFunction* pXcpFun;(归一化压心位置的函数指针对象)
virtual CCoordinate Get_Aero_Force_in_Body(double t);(返回体坐标系气动力)
virtual double Get_Resistance(double t);(返回气动阻力)
virtual double Get_Lift(double t,double Alpha);(返回气动升力)
virtual CVector Get_Stable_Moment(double t);(返回稳定力矩)
virtual CVector Get_Damp_Moment(double t);(返回阻尼力矩)
virtual double Get_M1_by_Alpha(double t);(返回气动攻角力矩系数)
virtual double Get_Cx(double t);(返回阻力系数)
virtual double Get_Cya(double t);(返回升力系数导数)
virtual double Get_Xp(double t);(返回相对压心位置)
virtual double Get_Cur_q();(返回当前速度头)
virtual double Get_Cur_Ma();(返回当前马赫数)
virtual void UpdateState(double t);(状态更新函数)
void Init_Coeff_Model(CBiFunction* pCx,CBiFunction* pCya,CBiFunction* pXcp,CBiFunction* pMx1,CBiFunction* pMy1,CBiFunction* pMz1);(初始化气动系数模型函数)
```

图 8.12 速度坐标系气动力模型类设计

```
CInterVelAero(速度坐标系气动力插值模型类)
CDataBiInterFun CxFun;(阻力系数的函数对象)
CDataBiInterFun CyaFun;(升力系数导数的函数对象)
CDataBiInterFun MxFun;(阻尼力矩系数导数X的函数对象)
CDataBiInterFun MyFun;(阻尼力矩系数导数Y的函数对象)
CDataBiInterFun MzFun;(阻尼力矩系数导数Z的函数对象)
CDataBiInterFun XcpFun;(归一化压心位置的函数对象)
```

图 8.13　速度坐标系气动力插值模型类设计

第 9 章 GNC 建模与类设计

9.1 GNC 系统的面向对象总体框架

GNC 系统类是一中介类,用于在火箭类与导航、制导与控制类之间传递数据和指令。图 9.1 所示为 GNC 系统的类体系。

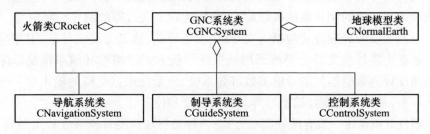

图 9.1 GNC 系统类体系设计

图 9.2 和图 9.3 所示分别为 GNC 系统类设计和时序,描述了 GNC 系统类的主要属性和主要操作,它含有导航系统指针对象、制导系统指针对象、控制系统指针对象、火箭指针对象、地球模型指针对象。它的主要操作有:

CGNCSystem(GNC系统类)
CNavigationSystem* pNav;(导航系统指针对象) CGuideSystem* pGuide;(制导系统指针对象) CControlSystem* pCtrl;(控制系统指针对象) CRocket* pRocket;(火箭指针对象) CNormalEarth* pEarth;(地球模型指针对象) int CutOffEquation(double t, int j);(关机方程函数) virtual void UpdateState(double t);(状态更新函数)

图 9.2 GNC 系统类设计

(1) 状态更新：UpdateState，状态更新函数。
(2) 关机方程：CutOffEquation，关机方程函数。

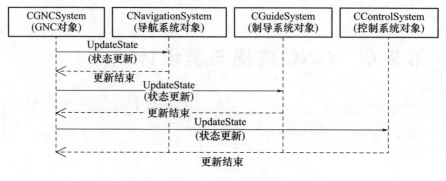

图 9.3　GNC 系统时序

9.2　导航系统建模及其面向对象类体系

飞行器导航系统的任务是获取飞行器的位置、速度、姿态、时间等信息。导航系统为飞行器的制导系统提供输入，直接决定了飞行器的制导控制精度。

目前主要的导航方式包括天文导航、惯性导航、地基无线电导航、卫星导航等。远程火箭目前大部分仍然采用纯惯性导航方式。惯性导航系统是以陀螺和加速度计为敏感器件的导航参数解算系统，该系统根据陀螺的输出建立起导航坐标系，根据加速度计输出解算载体的速度和位置。

惯性导航系统一般有两种实现方式：一种是将加速度计安装在稳定平台上，稳定平台由陀螺控制，使平台始终跟踪要求的导航坐标系；另一种是将加速度计和陀螺都直接安装在载体上，陀螺输出用来解算运载体相对导航坐标系的姿态变换矩阵，加速度计输出经姿态变换至导航坐标系内，这相当于建立起了数学平台。

根据导航坐标系构建方法的不同可将惯导系统分为两大类：物理平台模拟导航坐标系的系统称为平台式惯导系统，采用数学算法确定出导航坐标系的系统称为捷联式惯导系统。这两种系统在远程火箭中均有应用，后面分别对这两种惯导系统进行介绍。同时本节所述的面向对象类体系可自然包含星光导航、卫星导航及它们的组合。

9.2.1　平台惯性系统

平台惯性系统是将陀螺仪和加速度计等惯性元件通过平台与载体固联的惯性导航系统。由于平台隔离了飞行器飞行过程的噪声，使平台惯性系统的精度比较高,且计算也比较简单。影响平台惯导系统精度的主要是惯性器件(陀螺、加速度表)误差及平台控制回路静态误差。因此下面主要介绍平台惯性系统的误差模型。

由于制导坐标系是发射惯性坐标系,制导方程中视加速度 $\dot{W}$、视速度 W 的各分量均是在发射惯性坐标系中度量。当陀螺仪与加速度表在平台上固定安装后,$\dot{W}$、W 在平台坐标系 $O_1 - x_p y_p z_p$ 3 轴上进行分解。在平台、陀螺、加速度表没有误差时,由于发射时平台坐标系与发射惯性坐标系重合,依据平台坐标系各轴的分量进行制导是精确的。实际上,由于平台、陀螺与加速度表存在误差,使实际惯性坐标系中的分量有误差,从而引起制导误差,结果产生落点偏差。

由于平台系统误差与陀螺、加速度表在平台上的安装方式有关,现设平台上 3 块加速度表和 3 个陀螺的输入轴分别组成正交坐标系并与平台坐标系相应平行,它们的安装方位如图 9.4 所示。

在上述安装方式下,不计平台的动态误差,则平台坐标系相对于发射惯性坐标系的漂移率全部由陀螺的漂移率决定,按 3 个陀螺仪的输入轴所确定的方向,可以写为

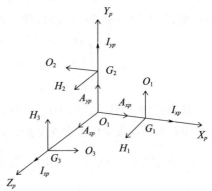

图 9.4 平台惯导系统安装方式

$$\begin{cases} \dot{\alpha}_{xp} = D_{01} + D_{11}\dot{W}_{xp} + D_{21}\dot{W}_{zp} + D_{31}\dot{W}_{xp}\dot{W}_{zp} \\ \dot{\alpha}_{yp} = D_{02} + D_{12}\dot{W}_{yp} + D_{22}\dot{W}_{zp} + D_{32}\dot{W}_{yp}\dot{W}_{zp} \\ \dot{\alpha}_{zp} = D_{03} + D_{13}\dot{W}_{zp} + D_{23}\dot{W}_{yp} + D_{33}\dot{W}_{zp}\dot{W}_{yp} \end{cases} \quad (9.1)$$

每块加速度表沿输入轴的误差为

$$\begin{cases} \delta\dot{W}_{axA} = C_{01} + C_{11}\dot{W}_{xA} \\ \delta\dot{W}_{ayA} = C_{02} + C_{12}\dot{W}_{yA} \\ \delta\dot{W}_{azA} = C_{03} + C_{13}\dot{W}_{zA} \end{cases} \quad (9.2)$$

考虑到平台坐标轴的漂移量 α_{xp}、α_{yp}、α_{zp} 较小,则 $\dot{W}$ 沿发射惯性坐标系的分量 $\dot{W}_{xA}$、$\dot{W}_{yA}$、$\dot{W}_{zA}$ 与沿平台坐标系的分量 $\dot{W}_{xp}$、$\dot{W}_{yp}$、$\dot{W}_{zp}$ 之间可用小角转动的方向余弦关系表示为

$$\begin{bmatrix} \dot{W}_{xp} \\ \dot{W}_{yp} \\ \dot{W}_{zp} \end{bmatrix} = \begin{bmatrix} 1 & -\alpha_{zp} & \alpha_{yp} \\ \alpha_{zp} & 1 & -\alpha_{xp} \\ -\alpha_{yp} & \alpha_{xp} & 1 \end{bmatrix} \begin{bmatrix} \dot{W}_{xA} \\ \dot{W}_{yA} \\ \dot{W}_{zA} \end{bmatrix} \quad (9.3)$$

制导方程要求的量是 $\dot{W}_{xA}$、$\dot{W}_{yA}$、$\dot{W}_{zA}$,而由于实际飞行中所获得的是平台坐标系的分量 $\dot{W}_{xp}$、$\dot{W}_{yp}$、$\dot{W}_{zp}$,由陀螺漂移引起的误差为

$$\begin{bmatrix} \delta \dot{W}_{gxA} \\ \delta \dot{W}_{gyA} \\ \delta \dot{W}_{gzA} \end{bmatrix} = \begin{bmatrix} \dot{W}_{xA} \\ \dot{W}_{yA} \\ \dot{W}_{zA} \end{bmatrix} - \begin{bmatrix} 1 & -\alpha_{zp} & \alpha_{yp} \\ \alpha_{zp} & 1 & -\alpha_{xp} \\ -\alpha_{yp} & \alpha_{xp} & 1 \end{bmatrix} \begin{bmatrix} \dot{W}_{xA} \\ \dot{W}_{yA} \\ \dot{W}_{zA} \end{bmatrix} \quad (9.4)$$

事实上,加速度表存在测量误差,其误差见式(9.2),因此平台系统引起的视加速度总误差为

$$\begin{bmatrix} \delta \dot{W}_{xA} \\ \delta \dot{W}_{yA} \\ \delta \dot{W}_{zA} \end{bmatrix} = \begin{bmatrix} \delta \dot{W}_{gxA} \\ \delta \dot{W}_{gyA} \\ \delta \dot{W}_{gzA} \end{bmatrix} + \begin{bmatrix} \delta \dot{W}_{axA} \\ \delta \dot{W}_{ayA} \\ \delta \dot{W}_{azA} \end{bmatrix} \quad (9.5)$$

将式(9.2)~式(9.4)联合代入式(9.5)后得

$$\begin{cases} \delta \dot{W}_{xA} = \alpha_{zp} \dot{W}_{yA} - \alpha_{yp} \dot{W}_{zA} + C_{01} + C_{11} \dot{W}_{xA} \\ \delta \dot{W}_{yA} = \alpha_{xp} \dot{W}_{zA} - \alpha_{zp} \dot{W}_{xA} + C_{02} + C_{12} \dot{W}_{yA} \\ \delta \dot{W}_{zA} = \alpha_{yp} \dot{W}_{xA} - \alpha_{xp} \dot{W}_{yA} + C_{03} + C_{13} \dot{W}_{zA} \end{cases} \quad (9.6)$$

再将式(9.1)代入式(9.6),并对式(9.6)由起飞时刻积分至主动段关机点时刻,即可得在发射惯性坐标系中视速度分量在关机点的偏差量(忽略 α_p^2 以上项)为

$$\begin{cases}
\delta W_{xA}(t_k) = D_{03} \int_0^{t_k} \dot{W}_{yA} t \mathrm{d}t - D_{02} \int_0^{t_k} \dot{W}_{zA} t \mathrm{d}t + D_{13} \int_0^{t_k} \dot{W}_{yA} W_{zA} \mathrm{d}t + \\
\qquad D_{23} \int_0^{t_k} \dot{W}_{yA} W_{yA} \mathrm{d}t - D_{12} \int_0^{t_k} \dot{W}_{zA} W_{yA} \mathrm{d}t - D_{22} \int_0^{t_k} \dot{W}_{zA} W_{zA} \mathrm{d}t + \\
\qquad D_{33} \int_0^{t_k} \dot{W}_{yA} \int_0^{t} \dot{W}_{zA} \dot{W}_{yA} \mathrm{d}\tau \mathrm{d}t - D_{32} \int_0^{t_k} \dot{W}_{zA} \int_0^{t} \dot{W}_{yA} \dot{W}_{zA} \mathrm{d}\tau \mathrm{d}t + \\
\qquad C_{01} t_k + C_{11} \dot{W}_{xA}(t_k) \\
\delta W_{yA}(t_k) = D_{01} \int_0^{t_k} \dot{W}_{zA} t \mathrm{d}t - D_{03} \int_0^{t_k} \dot{W}_{xA} t \mathrm{d}t + D_{11} \int_0^{t_k} \dot{W}_{zA} W_{zA} \mathrm{d}t + \\
\qquad D_{21} \int_0^{t_k} \dot{W}_{zA} W_{zA} \mathrm{d}t - D_{13} \int_0^{t_k} \dot{W}_{xA} W_{zA} \mathrm{d}t - D_{23} \int_0^{t_k} \dot{W}_{xA} W_{yA} \mathrm{d}t + \\
\qquad D_{31} \int_0^{t_k} \dot{W}_{zA} \int_0^{t} \dot{W}_{xA} \dot{W}_{zA} \mathrm{d}\tau \mathrm{d}t - D_{33} \int_0^{t_k} \dot{W}_{xA} \int_0^{t} \dot{W}_{zA} \dot{W}_{yA} \mathrm{d}\tau \mathrm{d}t + \\
\qquad C_{02} t_k + C_{12} \dot{W}_{yA}(t_k) \\
\delta W_{zA}(t_k) = D_{02} \int_0^{t_k} \dot{W}_{xA} t \mathrm{d}t - D_{01} \int_0^{t_k} \dot{W}_{yA} t \mathrm{d}t + D_{12} \int_0^{t_k} \dot{W}_{xA} W_{yA} \mathrm{d}t + \\
\qquad D_{22} \int_0^{t_k} \dot{W}_{xA} W_{zA} \mathrm{d}t - D_{11} \int_0^{t_k} \dot{W}_{yA} W_{xA} \mathrm{d}t - D_{21} \int_0^{t_k} \dot{W}_{yA} W_{zA} \mathrm{d}t + \\
\qquad D_{32} \int_0^{t_k} \dot{W}_{xA} \int_0^{t} \dot{W}_{yA} \dot{W}_{zA} \mathrm{d}\tau \mathrm{d}t - D_{31} \int_0^{t_k} \dot{W}_{yA} \int_0^{t} \dot{W}_{xA} \dot{W}_{zA} \mathrm{d}\tau \mathrm{d}t + \\
\qquad C_{03} t_k + C_{13} \dot{W}_{zA}(t_k)
\end{cases} \quad (9.7)$$

式中：D_{01} 为 X 陀螺与加速度无关的漂移系数（X 陀螺零漂）；D_{02} 为 Y 陀螺与加速度无关的漂移系数（Y 陀螺零漂）；D_{03} 为 Z 陀螺与加速度无关的漂移系数（Z 陀螺零漂）；D_{11} 为 X 陀螺与输入轴方向加速度一次方成正比的漂移系数（X 陀螺沿输入轴方向质量不平衡）；D_{12} 为 Y 陀螺与输入轴方向加速度一次方成正比的漂移系数（Y 陀螺沿输入轴方向质量不平衡）；D_{13} 为 Z 陀螺与输入轴方向加速度一次方成正比的漂移系数（Z 陀螺沿输入轴方向质量不平衡）；D_{21} 为 X 陀螺与转子轴方向加速度一次方成正比的漂移系数（X 陀螺沿转子轴轴方向质量不平衡）；D_{22} 为 Y 陀螺与转子轴方向加速度一次方成正比的漂移系数（Y 陀螺沿转子轴轴方向质量不平衡）；D_{23} 为 Z 陀螺与转子轴方向加速度一次方成正比的漂移系数（Z 陀螺沿转子轴轴方向质量不平衡）；D_{31} 为 X 陀螺与加速度平方成正比的漂移系数（X 陀螺非等弹性）；D_{32} 为 Y 陀螺与加速度平方成正比的漂移系数（Y 陀螺非等弹性）；D_{33} 为 Z 陀螺与加速度平方成正比的漂移系数（Z 陀螺非等弹性）；C_{01} 为 X 加速度表与视速度无关的误差系数（X 加速度表零偏）；C_{02} 为 Y 加速度表与视速度无关的误差系数（Y 加速度表零偏）；C_{03} 为 Z 加速度表与视速度无关的误差系数（Z 加速度表零偏）；C_{11} 为 X 加速度表与视速度一次方成正比的误差系数（X 加速度表比例系数）；C_{12} 为 Y 加速度表与视速度一次方成正比的误差系数（Y 加速度表比例系数）；C_{13} 为 Z 加速度表与视速度一次方成正比的误差系数（Z 加速度表比例系数）。

这是最简单的平台惯性系统模型。考虑更多因素及高阶项，可以建立更为复杂、更为精确的误差模型。

9.2.2 捷联惯性系统

捷联式惯性导航系统是指没有物理平台，陀螺仪和加速度计直接安装在载体上的惯性导航系统。它直接承受载体的振动和冲击，工作环境恶劣，使惯性器件的测量精度降低。同时，捷联惯性导航系统中加速度计输出的是沿载体坐标系的加速度分量，需要转换到导航坐标系下，从而加大了计算量。

捷联惯性导航系统原理如图 9.5 所示，为便于说明，图中用矢量和矩阵描述。载体的姿态角可用导航坐标系相对载体坐标系的三次转动角确定。由于载体的姿态不断变化，姿态矩阵的元素是时间的函数。当用四元数表示姿态时，需要求解一个四元数运动学方程，即

$$\dot{q} = \frac{1}{2} q \circ \boldsymbol{\omega}_{nb}^{b} \tag{9.8}$$

式中：$\boldsymbol{\omega}_{nb}^{b}$ 为角速率，是姿态矩阵更新的速率，$\circ$ 表示四元数乘法。

由于 $\boldsymbol{\omega}_{nb}^{b} = \boldsymbol{\omega}_{ib}^{b} - \boldsymbol{\omega}_{in}^{b}$，$\boldsymbol{\omega}_{nb}^{b}$ 与其他角速率的关系为

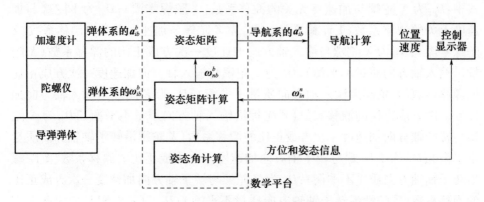

图 9.5 捷联惯性导航系统原理

$$\omega_{nb}^b = \omega_{ib}^b - C_n^b \omega_{in}^n = \omega_{ib}^b - C_n^b(\omega_{ie}^n + \omega_{en}^n) \tag{9.9}$$

式中：ω_{ib}^b 为陀螺仪输出；ω_{ie}^n 为在导航坐标系下表示的地球自转角速率；ω_{en}^n 为载体的位移角速率，它可以由载体相对速度求得；ω_{in}^b 为导航坐标系相对惯性空间的角速度在载体坐标系下的投影；ω_{in}^n 为导航坐标系相对惯性空间的角速度在导航系下的投影；姿态角可以从姿态矩阵 C_n^b 中的相应元素求得。

加速度计输出比力为 f_{ib}^b，经 C_b^n 实现加速度矢量从 B 系到 N 系的变换，得 f_{ib}^n。相对速度 V_{en}^n 可由相对加速度 a_{en}^n 积分得到，相对加速度 a_{en}^n 由 f_{ib}^n 经过消除有害加速度后得到，具体如下：

$$a_{en}^n = f_{ib}^n - (2\omega_{ie}^n + \omega_{en}^n) \cdot V_{en}^n + g^n \tag{9.10}$$

1. 陀螺误差模型

假设陀螺仪漂移误差的模型为

$$\delta\omega_{ib}^b = \begin{bmatrix} \delta\omega_x^b \\ \delta\omega_y^b \\ \delta\omega_z^b \end{bmatrix} = \begin{bmatrix} E_{X0} + E_{X1}\omega_X + E_{YX}\omega_Y + E_{ZX}\omega_Z \\ E_{Y0} + E_{XY}\omega_X + E_{Y1}\omega_Y + E_{ZY}\omega_Z \\ E_{Z0} + E_{XZ}\omega_X + E_{YZ}\omega_Y + E_{Z1}\omega_Z \end{bmatrix} \tag{9.11}$$

式中：$K_g = [E_{X0} \quad E_{Y0} \quad E_{Z0} \quad E_{X1} \quad E_{YX} \quad E_{ZX} \quad E_{XY} \quad E_{Y1} \quad E_{ZY} \quad E_{XZ} \quad E_{YZ} \quad E_{Z1}]^T$ 为陀螺仪的误差系数，且有

$$N_{gw} = \begin{bmatrix} 1 & 0 & 0 & \omega_X & \omega_Y & \omega_Z & 0 & 0 & 0 & 0 & 0 & 0 \\ 0 & 1 & 0 & 0 & 0 & 0 & \omega_X & \omega_Y & \omega_Z & 0 & 0 & 0 \\ 0 & 0 & 1 & 0 & 0 & 0 & 0 & 0 & 0 & \omega_X & \omega_Y & \omega_Z \end{bmatrix} \tag{9.12}$$

2. 加表误差模型

假设加表误差模型为

$$\delta\boldsymbol{f}_b = \begin{bmatrix} \delta f_x^b \\ \delta f_y^b \\ \delta f_z^b \end{bmatrix} = \begin{bmatrix} K_{AX0} + K_{AX1}a_X + K_{AXY}a_Y + K_{AXZ}a_Z \\ K_{AY0} + K_{AYX}a_X + K_{AY1}a_Y + K_{AYZ}a_Z \\ K_{AZ0} + K_{AZX}a_X + K_{AZY}a_Y + K_{AZ1}a_Z \end{bmatrix} = \boldsymbol{N} \cdot \boldsymbol{K}_a \quad (9.13)$$

式中: $\boldsymbol{K}_a = [K_{AX0} \quad K_{AY0} \quad K_{AZ0} \quad K_{AX1} \quad K_{AXY} \quad K_{AXZ} \quad K_{AY1} \quad K_{AYX} \quad K_{AYZ} \quad K_{AZ1} \quad K_{AZX} \quad K_{AZY}]^T$ 为加表误差系数,且有

$$\boldsymbol{N}_a = \begin{bmatrix} 1 & 0 & 0 & a_X & a_Y & a_Z & 0 & 0 & 0 & 0 & 0 & 0 \\ 0 & 1 & 0 & 0 & 0 & 0 & a_X & a_Y & a_Z & 0 & 0 & 0 \\ 0 & 0 & 1 & 0 & 0 & 0 & 0 & 0 & 0 & a_X & a_Y & a_Z \end{bmatrix} \quad (9.14)$$

9.2.3 导航系统的面向对象类体系

导航系统类是一抽象类,为导航系统建模提供统一接口。导航系统的主要接口为返回遥测视速度、视位置及姿态角。当不计导航误差时,返回弹道计算真值。图 9.6 所示为导航系统类体系。

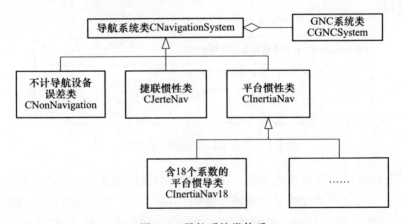

图 9.6 导航系统类体系

图 9.7 所示为导航系统类设计,描述了导航系统类的主要属性和主要操作,它含有 GNC 系统指针对象。它的主要操作有:

(1) 初始化:Init_Nav_Param,初始化状态变量函数。

(2) 状态更新:UpdateState,状态更新函数。

(3) 返回对象信息:Get_LIC_Attitude,发射惯性系姿态角函数;Get_V_in_Telemetry,遥测视速度函数;Get_R_in_Telemetry,遥测视位置函数;Get_DW_in_Telemetry,遥测视加速度函数。

不考虑设备误差导航类是导航系统类的一个子类,为不考虑导航误差的情

```
┌─────────────────────────────────────────────────────────────────┐
│ CNavigationSystem(导航系统类)                                    │
├─────────────────────────────────────────────────────────────────┤
│ CGNCSystem* pGNC;(GNC系统指针对象)                               │
├─────────────────────────────────────────────────────────────────┤
│ virtual void Init_Nav_Param(CVector& W,CVector& P,CVector&      │
│ DW,double t,double Other[]);(初始化状态变量函数)                 │
│ virtual void UpdateState(double t);(状态更新函数)                │
│ virtual CVector Get_LIC_Attitude(double t,const CVector Attia);( │
│ 发射惯性系姿态角函数)                                             │
│ virtual CCoordinate Get_V_in_Telemetry();(遥测视速度函数)        │
│ virtual CCoordinate Get_R_in_Telemetry();(遥测视位置函数)        │
│ virtual CCoordinate Get_DW_in_Telemetry();(遥测视加速度函数)     │
└─────────────────────────────────────────────────────────────────┘
```

图 9.7　导航系统类设计

况提供统一的接口。

图 9.8 所示为不考虑设备误差导航类设计,描述了不考虑设备误差导航类的主要属性和主要操作,它含有 GNC 系统指针对象。它的主要操作为重载了返回对象信息函数,并返回真值,为不考虑导航误差情况下程序设计提供了统一的接口。

```
┌─────────────────────────────────────────────────────────────────┐
│ CNonNavigation(不考虑设备误差导航类)                             │
├─────────────────────────────────────────────────────────────────┤
│ CGNCSystem* pGNC;(GNC系统指针对象)                               │
├─────────────────────────────────────────────────────────────────┤
│ CCoordinate Get_V_in_Telemetry();(遥测视速度函数)                │
│ virtual CCoordinate Get_R_in_Telemetry();(遥测视位置函数)        │
│ virtual CCoordinate Get_DW_in_Telemetry();(遥测视加速度函数)     │
└─────────────────────────────────────────────────────────────────┘
```

图 9.8　不考虑设备误差导航类设计

平台惯导类是导航系统类的一个子类,是当前远程火箭主要的导航设备。

图 9.9 所示为平台惯导类的类示意图,描述了平台惯导类的主要属性和主要操作,它含有误差系数数组指针、当前视速度、当前视位置、当前平台误差角、当前视加速度、计算模式。它的主要操作有:

(1) 状态更新:UpdateState,状态更新函数。

(2) 返回对象信息:Get_LIC_Attitude,发射惯性系姿态角函数;Get_V_in_Telemetry,遥测视速度函数;Get_R_in_Telemetry,遥测视位置函数;Get_DW_in_Telemetry,遥测视加速度函数。

平台惯导类是一个通用类,下面包含多个误差系数惯导模型类,这里以包含 18 个误差系数的模型为例进行说明。

图 9.10 所示为 18 个系数平台惯导类设计,描述了 18 个系数平台惯导类的主要属性和主要操作,它含有误差系数数组指针。它的主要操作有:

第 9 章　GNC 建模与类设计

```
CInertiaNav(平台惯导类)
─────────────────────────────────────────────
CCoordinate Wt;(当前视速度)
CCoordinate Pt;(当前视位置)
CVector DAtti;(当前平台误差角)
CCoordinate DWt;(当前视加速度)
int nMode;(计算模式)
─────────────────────────────────────────────
virtual void UpdateState(double t);(状态更新函数)
virtual CVector Get_LIC_Attitude(double t,const CVector Attia);
    (发射惯性系姿态角函数)
virtual CCoordinate Get_V_in_Telemetry();(遥测视速度函数)
virtual CCoordinate Get_R_in_Telemetry();(遥测视位置函数)
virtual CCoordinate Get_DW_in_Telemetry();(遥测视加速度函数)
```

图 9.9　平台惯导类设计

（1）初始化：Init，初始化误差系数函数。

（2）状态更新：UpdateState，状态更新函数。

（3）返回对象信息：Get_LIC_Attitude，发射惯性系姿态角函数；Get_V_in_Telemetry，遥测视速度函数；Get_R_in_Telemetry，遥测视位置函数；Get_DW_in_Telemetry，遥测视加速度函数。

```
CInertiaNav18(18系数平台惯导类)
─────────────────────────────────────────────
double *pC;(误差系数数组指针)
─────────────────────────────────────────────
void Init(double C[18]);(初始化误差系数函数)
virtual void UpdateState(double t);(状态更新函数)
virtual CVector Get_LIC_Attitude(double t,const CVector Attia);
    (发射惯性系姿态角函数)
virtual CCoordinate Get_V_in_Telemetry();(遥测视速度函数)
virtual CCoordinate Get_R_in_Telemetry();(遥测视位置函数)
virtual CCoordinate Get_DW_in_Telemetry();(遥测视加速度函数)
```

图 9.10　18 个系数平台惯导类设计

捷联惯导类是导航系统类的一个子类，是当前运载火箭主要的导航设备。

图 9.11 所示为捷联惯导类设计，描述了捷联惯导类的主要属性和主要操作，它含有误差系数数组指针、当前视速度、当前视位置、当前平台误差角、当前视加速度、计算模式。它的主要操作有：

（1）初始化：Init，初始化误差系数函数。

（2）状态更新：UpdateState，状态更新函数。

（3）返回对象信息：Get_LIC_Attitude，发射惯性系姿态角函数；Get_V_in_Telemetry，遥测视速度函数；Get_R_in_Telemetry，遥测视位置函数；Get_DW_in_Telemetry，遥测视加速度函数。

```
CJerteNav(捷联惯导类)
─────────────────────────────
double *C;(误差系数数组指针)
CCoordinate Wt;(当前视速度)
CCoordinate Pt;(当前视位置)
CVector DAtti;(当前平台误差角)
CCoordinate DWt;(当前视加速度)
int nMode;(计算模式)
─────────────────────────────
void Init(double *C);(初始化误差系数函数)
virtual void UpdateState(double t);(状态更新函数)
virtual CVector Get_LIC_Attitude(double t,const CVector Attia);
(发射惯性系姿态角函数)
virtual CCoordinate Get_V_in_Telemetry();(遥测视速度函数)
virtual CCoordinate Get_R_in_Telemetry();(遥测视位置函数)
virtual CCoordinate Get_DW_in_Telemetry();(遥测视加速度函数)
```

图 9.11　捷联惯导类设计

9.3　制导系统建模及其面向对象类体系

9.3.1　摄动制导

摄动制导的基础是弹道摄动理论,即在发射条件固定时,由于飞行过程中飞行器受到各种干扰的影响,事先只能给定运动的某些平均规律。假设实际运动规律对这些平均运动规律的偏差是小量,那么可在平均运动规律的基础上,利用小偏差理论来研究这些偏差对火箭运动特性的影响。摄动制导依赖一条标准参考轨迹,通过计算标准关机点处的偏导数,即关机量(如落点偏差)关于关机点位置速度的导数,获得发射诸元。在火箭飞行过程中,利用当前飞行状态和发射诸元实时计算关机量偏差,当偏差小于某一值时,发动机关机。

摄动制导的基本原理如图 9.12 所示。

基于此,在火箭发射前必须根据任务要求设计一条满足各项约束要求的标准轨迹,将这条标准轨迹以"诸元"的形式装订到箭/弹载计算机上。通过设计合适的制导参数,使火箭在存在干扰的实际飞行环境中尽可能沿着标准轨迹飞行,这种制导方式即摄动制导。

1. 发射诸元

火箭的发射诸元一般包括发射方位角和飞行程序角。发射方位角决定了火箭的射向,飞行程序角表示火箭标准轨迹的姿态变化规律,是对标准轨迹的表征,通过跟踪飞行程序角实现对标准轨迹的实时跟踪,从而减小实际轨迹与标准轨迹的偏差,这个跟踪过程一般由导引方程实现。发射方位角和飞行程序角的详细设计过程在第 10 章有详细介绍。

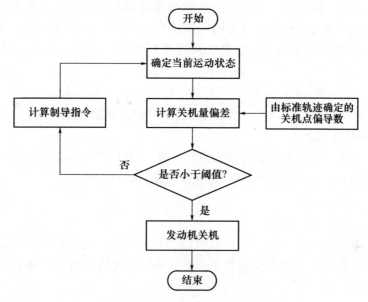

图 9.12 摄动制导的基本原理

2. 关机方程

对于运载火箭,其末级关机时刻的状态决定了卫星的入轨参数及精度;而对于弹道导弹,其末级关机时刻的状态决定了被动段弹道的飞行轨迹,对导弹命中精度有重要影响。由此可以看出,采用何种关机方式并且提高关机精度对提高制导精度具有重要意义。

1) 关机量计算方程

弹道计算时制导关机有定时关机、耗尽关机、射程关机、速度关机、轨道半长轴关机等多种形式。下面给出各种制导关机方式下的关机量计算方程。

(1) 定时关机。

定时关机一般用于运载火箭或弹道导弹的标准弹道计算,关机量为飞行时间或分段飞行时间,如下所示

$$W = t_f \tag{9.15}$$

(2) 耗尽关机。

耗尽关机一般用于固体运载火箭或助推器。对于固体运载火箭关机量一般为燃烧室的压强,当压强接近 0 时关机。对于助推器,关机量一般为燃烧剂质量及氧化剂质量之和,如下所示

$$W = m_r + m_y \tag{9.16}$$

(3) 射程关机。

射程关机一般是远程火箭非末级和弹道导弹末级的主要关机方式。关机量应为残骸的再入射程或者导弹的全程射程。但由于弹上难以实时计算残骸或弹头射程,实际采用的关机量是关机点参数与关机量偏导数的乘积和,如下所示

$$W = k_1 V_{ax} + k_2 V_{ay} + k_3 V_{az} + k_4 x_a + k_5 y_a + k_6 z_a + k_7 t \quad (9.17)$$

式中:$k_i, i = 1, 2, \cdots, 7$ 为关机方程系数,表示射程偏导数。

(4) 速度关机。

速度关机一般用于运载火箭的最后一级,主要用于发射人造卫星时进入预定轨道时的关机,关机量为惯性系的速度大小,表示如下

$$W = V_a \quad (9.18)$$

(5) 轨道半长轴关机。

轨道半长轴关机一般用于运载火箭的最后一级,与速度关机类似,也主要用于发射人造卫星时进入预定轨道时的关机,关机量为当前二体轨道的半长轴,如下所示

$$W = a \quad (9.19)$$

2) 关机方程系数的选取

射程关机方式下,关机方程的基本形式如式(9.17)所示。其中关机方程系数为关机点参数对射程的偏导数,用表达式可表示为

$$k_i = \frac{\Delta L}{\Delta \alpha} \quad (9.20)$$

式中:$i = 1, 2, \cdots, 7$;α 依次对应 V_{ax}、V_{ay}、V_{az}、x_a、y_a、z_a、t。

关机方程系数的计算过程为:

(1) 由标准弹道计算出理论射程;

(2) 对关机点的速度和位置分量,分别进行双向增量设置(如速度改变±5m/s,位置改变±500m);

(3) 计算此时对应的各个射程增量,如果射程增量过小,则调节速度和位置增量,重新计算;

(4) 同理论值相比较求差,并求出单位的射程增量,此即关机方程的各个系数。

3. 导引方程

为了尽可能提高火箭的入轨精度或导弹的命中精度,除了对关机时刻的状态进行控制,在关机前的飞行过程中也需要对飞行器的状态进行控制,尽量减小实际轨迹与标准轨迹的偏差,这就是导引的作用。导引方程给出了利用飞行

状态偏差如何确定导引量的计算关系。

1) 导引方程的数学模型

法向导引计算公式如下

$$u_\varphi = a_0^{\theta_H} I(t) [K_{u_\varphi}(t) - \overline{K}_{u_\varphi}(t)] \qquad (9.21)$$

$$K_{u_\varphi}(t) = \sum_{i=1}^{6} k_i^\varphi \alpha_i(t) \qquad (9.22)$$

横向导引计算公式如下

$$u_\psi = -a_0^H I(t) [K_{u_\psi}(t) - \overline{K}_{u_\psi}(t)] \qquad (9.23)$$

$$K_{u_\psi}(t) = \sum_{i=1}^{6} k_i^\psi \alpha_i(t) \qquad (9.24)$$

式中:$i = 1,2,\cdots,6$;$\alpha_i(t)$ 依次对应 V_{ax}、V_{ay}、V_{az}、x_a、y_a、z_a。k_i^φ 和 k_i^ψ 为法向和横向导引方程系数;$K_{u_\varphi}(t)$、$K_{u_\psi}(t)$ 为导引变系数,根据标准弹道计算,计算公式同式(9.22)和式(9.24);$I(t)$ 为调节函数。

2) 导引方程系数的选取

导引方程系数的计算方法与关机方程系数的计算基本相同。由于导引系数的计算同关机方式密切相关,导引方程的形式依据关机方式不同而不同。

(1) 射程关机情况。

法向导引用于控制弹道倾角,计算公式为

$$k_i^\varphi = \omega_i^\varphi \left(\frac{\partial \theta_H}{\partial \alpha} - \frac{\dot{\theta}_H}{\dot{L}} \frac{\partial L}{\partial \alpha} \right) \qquad (9.25)$$

式中:ω_i^φ 为加权系数;α 依次对应 V_{ax}、V_{ay}、V_{az}、x_a、y_a、z_a。

横向导引用于控制横向偏差,计算公式为

$$k_i^\psi = \omega_i^\psi \left(\frac{\partial H}{\partial \alpha} - \frac{\dot{H}}{\dot{L}} \frac{\partial L}{\partial \alpha} \right) \qquad (9.26)$$

式中:ω_i^ψ 为加权系数。

(2) 速度关机情况。

① 法向导引。

如果法向导引既用于控制弹道倾角,同时也要兼顾到轨道参数(如近地点高度 h_p)的控制,则计算公式为

$$k_i^\varphi = \omega_i^{\theta_H} \left(\frac{\partial \theta_H}{\partial \alpha} - \frac{\dot{\theta}_H}{\dot{V}} \frac{\partial V}{\partial \alpha} \right) + \omega_i^{h_p} \left(\frac{\partial h_p}{\partial \alpha} - \frac{\dot{H}_p}{\dot{V}} \frac{\partial V}{\partial \alpha} \right) \qquad (9.27)$$

式中:$i = 1,2,3$;α 依次对应 V_{ax}、V_{ay}、V_{az}。

$$k_i^\varphi = \omega_i^{\theta_H} \frac{\partial \theta_H}{\partial \alpha} + \omega_i^{h_p} \frac{\partial h_p}{\partial \alpha} \qquad (9.28)$$

式中：$i=4,5,6$；α 依次对应 x_a、y_a、z_a；$\omega_i^{\theta_H}$、$\omega_i^{h_p}$ 为加权系数。

如果法向导引只控制弹道倾角，则计算公式为

$$k_i^\varphi = \omega_i^{\theta_H}\left(\frac{\partial \theta_H}{\partial \alpha} - \frac{\dot{\theta}_H}{\dot{V}}\frac{\partial V}{\partial \alpha}\right) \tag{9.29}$$

式中：$i=1,2,3$；α 依次对应 V_{ax}、V_{ay}、V_{az}。

$$k_i^\varphi = \omega_i^{\theta_H}\frac{\partial \theta_H}{\partial \alpha} \tag{9.30}$$

式中：$i=4,5,6$；α 依次对应 X_a、Y_a、Z_a；$\omega_i^{\theta_H}$ 为加权系数。

如果法向导引只用于控制射程，则计算公式为

$$k_i^\varphi = \omega_i^\varphi \left(\frac{\partial L}{\partial \alpha} - \frac{\dot{L}}{\dot{V}}\frac{\partial V}{\partial \alpha}\right) \tag{9.31}$$

式中：$i=1,2,3$；α 依次对应 V_{ax}、V_{ay}、V_{az}。

$$k_i^\varphi = \omega_i^\varphi \frac{\partial L}{\partial \alpha} \tag{9.32}$$

式中：$i=4,5,6$；α 依次对应 X_a、Y_a、Z_a；ω_i^φ 为加权系数。

②横向导引。

如果横向导引用于控制轨道倾角，则计算公式为

$$k_i^\psi = \omega_i^\psi \left[\frac{\partial I}{\partial \alpha} - \frac{\dot{I}}{\dot{V}}\frac{\partial V}{\partial \alpha}\right] \tag{9.33}$$

式中：$i=1,2,3$；α 依次对应 V_{ax}、V_{ay}、V_{az}。

$$k_i^\psi = \omega_i^\psi \frac{\partial I}{\partial \alpha} \tag{9.34}$$

式中：$i=4,5,6$；α 依次对应 X_a、Y_a、Z_a；I 为轨道倾角。

如果横向导引用于控制横向偏差，则计算公式为

$$k_i^\psi = \omega_i^\psi \left[\frac{\partial H}{\partial \alpha} - \frac{\dot{H}}{\dot{V}}\frac{\partial V}{\partial \alpha}\right] \tag{9.35}$$

式中：$i=1,2,3$；α 依次对应 V_{ax}、V_{ay}、V_{az}。

$$k_i^\psi = \omega_i^\psi \frac{\partial H}{\partial \alpha} \tag{9.36}$$

式中：$i=4,5,6$；α 依次对应 X_a、Y_a、Z_a；ω_i^ψ 为加权系数。

(3) 半长轴关机情况。

①法向导引。

如果法向导引用于控制弹道倾角，则计算公式为

$$k_i^\varphi = \omega_i^p \left[\frac{\partial \theta_H}{\partial \alpha} - \frac{\dot{\theta}_H}{\dot{a}}\frac{\partial a}{\partial \alpha}\right] \tag{9.37}$$

式中：$i=1,2,\cdots,6$；α 依次对应 V_{ax}、V_{ay}、V_{az}、X_a、Y_a、Z_a；ω_i^φ 为加权系数。

如果法向导引用于控制近地点幅角，则计算公式为

$$k_i^\varphi = \omega_i^\varphi \left[\frac{\partial \omega}{\partial \alpha} - \frac{\dot{\omega}}{\dot{a}} \frac{\partial a}{\partial \alpha} \right] \tag{9.38}$$

式中：$i=1,2,\cdots,6$；α 依次对应 V_{ax}、V_{ay}、V_{az}、X_a、Y_a、Z_a；ω_i^φ 为加权系数。

②横向导引。如果横向导引用于控制轨道倾角，则计算公式为

$$k_i^\psi = \omega_i^\psi \left[\frac{\partial I}{\partial \alpha} - \frac{\dot{I}}{\dot{a}} \frac{\partial a}{\partial \alpha} \right] \tag{9.39}$$

式中：$i=1,2,\cdots,6$；α 依次对应 V_{ax}、V_{ay}、V_{az}、X_a、Y_a、Z_a；ω_i^ψ 为加权系数。

如果横向导引用于控制横向偏差，则计算公式为

$$k_i^\psi = \omega_i^\psi \left[\frac{\partial H}{\partial \alpha} - \frac{\dot{H}}{\dot{a}} \frac{\partial a}{\partial \alpha} \right] \tag{9.40}$$

式中：$i=1,2,\cdots,6$；α 依次对应 V_{ax}、V_{ay}、V_{az}、X_a、Y_a、Z_a；ω_i^ψ 为加权系数。

以上偏导数和相关变量采用与关机方程系数计算相似的求差法来计算。各式中加点变量的计算公式为

$$\dot{H} = \frac{\partial H}{\partial V_x}\dot{V}_x + \frac{\partial H}{\partial V_y}\dot{V}_y + \frac{\partial H}{\partial V_z}\dot{V}_z + \frac{\partial H}{\partial X}V_x + \frac{\partial H}{\partial Y}V_y + \frac{\partial H}{\partial Z}V_z + \frac{\partial H}{\partial t} \tag{9.41}$$

$$\dot{L} = \frac{\partial L}{\partial V_x}\dot{V}_x + \frac{\partial L}{\partial V_y}\dot{V}_y + \frac{\partial L}{\partial V_z}\dot{V}_z + \frac{\partial L}{\partial X}V_x + \frac{\partial L}{\partial Y}V_y + \frac{\partial L}{\partial Z}V_z + \frac{\partial L}{\partial t} \tag{9.42}$$

$$\dot{V} = \frac{V_x \dot{V}_x + V_y \dot{V}_y + V_z \dot{V}_z}{V} \tag{9.43}$$

$$\dot{\theta}_H = \frac{\partial \theta_H}{\partial V_x}\dot{V}_x + \frac{\partial \theta_H}{\partial V_y}\dot{V}_y + \frac{\partial \theta_H}{\partial V_z}\dot{V}_z + \frac{\partial \theta_H}{\partial X}V_x + \frac{\partial \theta_H}{\partial Y}V_y + \frac{\partial \theta_H}{\partial Z}V_z \tag{9.44}$$

$$\dot{I} = \frac{\partial I}{\partial V_x}\dot{V}_x + \frac{\partial I}{\partial V_y}\dot{V}_y + \frac{\partial I}{\partial V_z}\dot{V}_z + \frac{\partial I}{\partial X}V_x + \frac{\partial I}{\partial Y}V_y + \frac{\partial I}{\partial Z}V_z \tag{9.45}$$

$$\dot{a} = \frac{\partial a}{\partial V_x}\dot{V}_x + \frac{\partial a}{\partial V_y}\dot{V}_y + \frac{\partial a}{\partial V_z}\dot{V}_z + \frac{\partial a}{\partial X}V_x + \frac{\partial a}{\partial Y}V_y + \frac{\partial a}{\partial Z}V_z \tag{9.46}$$

9.3.2 闭路制导

大部分导弹在主动段飞出大气层前采用摄动制导，飞出大气层后一般采用闭路制导。闭路制导的形式比较多样，其核心原则是将目标或终端约束信息引入制导回路中，通过实现制导指令的闭环计算提高制导精度。这里介绍一种基于"需要速度"的闭路制导方法，其定义为根据导弹当前的状态（速度 V_D、位置 r_D 和时间 t）与目标的位置 r_T，实时确定"需要速度" V_{aR}，并求出 $\Delta V = V_{aR} - V_D$；而后控制导弹推力方向，使导弹的绝对加速度 a 与 ΔV 一致，以保证 ΔV 在最短

时间内达到零;当 $\Delta V = 0$ 时,发动机关机。按照需要速度的定义,关机后导弹将经过被动段飞行命中目标。闭路制导相比摄动制导具有更高的制导精度,但弹上计算量较大。

基于"需要速度"的闭路制导,其基本原理如图 9.13 所示。

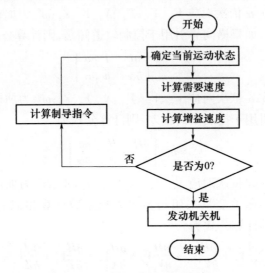

图 9.13 闭路制导的基本原理

下面给出闭路制导具体的计算步骤。

1. 由导航系统求取实时运动状态

已知视速度 $\boldsymbol{\omega} = [\omega_{xA}, \omega_{yA}, \omega_{zA}]^T$ 和引力加速度 $\boldsymbol{g} = [g_{xA}, g_{yA}, g_{zA}]^T$,利用下列公式,将发射惯性系中运动状态由上一时刻递推至当前时刻,公式如下

$$\begin{cases} x_{Ai+1} = x_{Ai} + \left[V_{axAi} + \frac{1}{2}(\omega_{xAi+1} - \omega_{xAi} + g_{xAi}\Delta t) \right] \Delta t \\ y_{Ai+1} = y_{Ai} + \left[V_{ayAi} + \frac{1}{2}(\omega_{yAi+1} - \omega_{yAi} + g_{yAi}\Delta t) \right] \Delta t \\ z_{Ai+1} = z_{Ai} + \left[V_{azAi} + \frac{1}{2}(\omega_{zAi+1} - \omega_{zAi} + g_{zAi}\Delta t) \right] \Delta t \\ V_{axAi+1} = V_{axAi} + \omega_{xAi+1} - \omega_{xAi} + \frac{1}{2}(g_{xAi+1} + g_{xAi})\Delta t \\ V_{ayAi+1} = V_{ayAi} + \omega_{yAi+1} - \omega_{yAi} + \frac{1}{2}(g_{yAi+1} + g_{yAi})\Delta t \\ V_{azAi+1} = V_{azAi} + \omega_{zAi+1} - \omega_{zAi} + \frac{1}{2}(g_{zAi+1} + g_{zAi})\Delta t \end{cases} \quad (9.47)$$

其中,发射点初始位置和速度计算公式如下

$$\begin{cases} \boldsymbol{R}_{A0} = [0,0,0] \\ \boldsymbol{V}_{A0} = \boldsymbol{\omega}_e \times \boldsymbol{R}_0 \\ \Delta t = t_{i+1} - t_i \end{cases} \tag{9.48}$$

式中:Δt 为递推步长,可根据情况选取。

从而得到导弹当前时刻在地心惯性系的位置和速度,记为

$$\begin{cases} \boldsymbol{r}(t) = [x_A(t) \quad R + y_A(t) \quad z_A(t)]^T \quad (\boldsymbol{r}_D) \\ \boldsymbol{V}_a(t) = [V_{axA}(t) \quad V_{ayA}(t) \quad V_{azA}(t)]^T \quad (\boldsymbol{V}_D) \\ \boldsymbol{r}(t) \quad \boldsymbol{V}_a(t) \Rightarrow T \end{cases} \tag{9.49}$$

式中:T 为预测轨道周期,计算方程如下所示

$$\begin{cases} T = \sqrt{\dfrac{a^3}{\mu}} \left(\arccos \dfrac{1-\nu_D}{e} + \arccos \dfrac{1-\nu_M}{e} \right) + \\ \sqrt{\dfrac{a^3}{\mu}} e \left[\sin\left(\arccos \dfrac{1-\nu_D}{e} \right) + \sin\left(\arccos \dfrac{1-\nu_M}{e} \right) \right] \\ \nu_D = \dfrac{V_D^2 r_D}{\mu} \quad a = -\dfrac{\mu}{2E} \quad E = \dfrac{V^2}{2} - \dfrac{\mu}{r} \\ \nu_M = \dfrac{V_M^2 r_M}{\mu} \quad P = \dfrac{n^2}{\mu} \quad h = |\boldsymbol{r} \cdot \boldsymbol{V}| \quad e = \sqrt{1 - \dfrac{p}{a}} \\ V_M^2 = \mu \left(\dfrac{2}{r_M} - \dfrac{1}{a} \right) \end{cases} \tag{9.50}$$

其中,r_M、V_M 为预测轨道上目标点的位置、速度。

2. 计算瞬时速度倾角

瞬时速度倾角可利用以下公式求得:

$$\Theta_a(t) = \arcsin \dfrac{\boldsymbol{r}(t) \cdot \boldsymbol{V}_a(t)}{\boldsymbol{r}(t) \cdot \boldsymbol{V}_a(t)} \tag{9.51}$$

3. 计算当前点的弹下点纬度 ϕ_D 和经度 λ_D

定义地心距长度为 $r = \|\boldsymbol{r}(t)\|$,则弹下点纬度计算公式为

$$\begin{cases} \boldsymbol{r}^o = \left[\dfrac{x_A}{r} \quad \dfrac{R+y_A}{r} \quad \dfrac{z_A}{r} \right]^T \\ \phi_D = \arcsin(\boldsymbol{r}^o \cdot \boldsymbol{\omega}_e^o) \end{cases} \tag{9.52}$$

将 $\boldsymbol{r}_D(t)$ 由发射惯性系转换至地心惯性系,进而计算经度 λ_D,表示如下

$$\begin{cases} \begin{bmatrix} X_A(t) \\ Y_A(t) \\ Z_A(t) \end{bmatrix} = \begin{bmatrix} \cos\phi_0\cos\alpha_0 & \sin\phi_0 & -\cos\phi_0\sin\alpha_0 \\ -\sin\phi_0\cos\alpha_0 & \cos\phi_0 & \sin\phi_0\sin\alpha_0 \\ \sin\alpha_0 & 0 & \cos\alpha_0 \end{bmatrix} \begin{bmatrix} x_D(t) \\ y_D(t) \\ z_D(t) \end{bmatrix} \\ \lambda_{OD}^A = \arctan\dfrac{Z_A(t)}{Y_A(t)} \quad \lambda_{OD} = \lambda_{OD}^A \pm \omega_e \cdot t_{OD} \\ \lambda_D^A = \lambda_O^A \pm \lambda_{OD}^A \\ \lambda_D = \lambda_O \pm \lambda_{OD} = \lambda_O \pm \lambda_{OD}^A \pm \omega_e \cdot t_{OD} \end{cases} \quad (9.53)$$

4. 计算当前点与目标点之间的绝对射程

当前点与目标点之间的绝对射程为

$$\beta_{DM} = \arccos[\sin\phi_D \cdot \sin\phi_M + \cos\phi_D\cos\phi_M\cos(\lambda_M - \lambda_D + \omega_e \cdot T)] \quad (9.54)$$

其中,ϕ_M、λ_M 为目标点经纬度。

5. 求取需要速度

首先,计算需要速度大小:

$$\begin{cases} P = [r(t) \cdot R_M(1 - \cos\beta_{DM})]/[r(t) - R_M(\cos\beta_{DM} - \sin\beta_{DM} \cdot \tan\Theta_a(t))] \\ V_{aR} = \sqrt{\mu \cdot P}/[r(t)\cos\Theta_a(t)] \end{cases} \quad (9.55)$$

其中,R_M 为目标点地心距。

其次,计算需要速度方向,公式如下

$$\begin{cases} \sin\alpha_D = \cos\phi_M \cdot \dfrac{\sin(\lambda_{DM}^A)}{\sin\beta_{DM}} \\ \cos\alpha_D = \dfrac{\sin\phi_M - \cos\beta_{DM} \cdot \sin\phi_D}{\sin\beta_{DM}\cos\phi_D} \end{cases} \quad (9.56)$$

其中,$\lambda_{DM}^A = \lambda_M - \lambda_D$。

进而得到需要速度在北天东坐标系中的矢量为

$$\begin{bmatrix} V_{aRN} \\ V_{aRS} \\ V_{aRE} \end{bmatrix} = V_{aR}\begin{bmatrix} \cos\Theta_a(t)\cos\alpha_t \\ \sin\Theta_a(t) \\ \cos\Theta_a(t)\sin\alpha_t \end{bmatrix} \quad (9.57)$$

需要速度在发射惯性系中的矢量为

$$\begin{bmatrix} V_{aRX}^A \\ V_{aRY}^A \\ V_{aRZ}^A \end{bmatrix} = M_2[-\alpha_0]M_2[-\phi_0]M_2[-\lambda_{OD}^A]M_3[\phi_D]\begin{bmatrix} V_{aRN} \\ V_{aRS} \\ V_{aRE} \end{bmatrix} \quad (9.58)$$

由于 V_{aR} 与 V_D 大小不等,二者所对应的飞行时间不等、射程角不等,需要进

行迭代求解，用 V_{aR} 代替 $V_D(t)$ 再计算飞行时间（记为 T_i），迭代终止条件为 $|T_{i+1} - T_i| < \varepsilon$，其中 ε 根据落点精度选定。

6. 计算增益速度

增益速度计算公式如下

$$\Delta V = V_D - V_{aR} \tag{9.59}$$

7. 由增益速度确定弹体在发射惯性坐标系的姿态角

由增益速度确定弹体在发射惯性坐标系的姿态角，即制导指令

$$\begin{cases} \phi_T = \arctan \dfrac{\Delta V^A_{aRY}}{\Delta V^A_{aRX}} \\ \psi_T = \arctan \dfrac{\Delta V^A_{aRZ}}{\sqrt{\Delta V^{A\,2}_{aRX} + \Delta V^{A\,2}_{aRY}}} \end{cases} \tag{9.60}$$

由于推力有限，不可能是瞬时使导弹的速度达到需要速度 V^A_{aR}，为此制导过程是迭代的，直到某一时刻 t_k，当导弹实际速度 $V_a(t_k)$ 等于 $V^A_{aR}(t_k)$，则达到制导目的，此时发动机关机。

9.3.3 制导系统的面向对象类体系

制导系统主要包括 4 部分工作，分别为飞行程序角计算、导引量计算、真速度与真位置计算、关机方程判断。同时，制导系统也关联了飞行程序计算函数、关机方程、导引系统等对象。

图 9.14 所示为制导系统类体系。

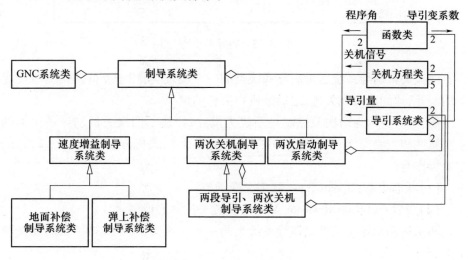

图 9.14 制导系统类体系

制导系统类是制导系统的基类,为制导系统建模提供统一接口。

图9.15所示为制导系统类设计,描述了制导系统类的主要属性和主要操作,它含有俯仰飞行程序角函数指针、偏航飞行程序角函数指针、当前导航视速度、当前导航位置、当前导航速度、GNC系统指针、导引计算系统指针、关机方程系统指针等。它的主要操作有:

(1)初始化:Init_Navi_Param,初始化速度、位置函数。

(2)状态更新:UpdateState,状态更新函数。

(3)关机方程:CutOffEquation,关机方程函数。

(4)返回对象信息:Set_Prog_Angle,计算当前俯仰、偏航飞行程序角函数;Set_Steer_Signal,计算当前法向、横向导引信号函数。

```
CGuideSystem(制导系统类)
CFunction* pPhiFun;(俯仰飞行程序角函数指针)
CFunction* pPsiFun;(偏航飞行程序角函数指针)
CVector Real_W;(当前导航视速度)
CVector Navi_R;(当前导航位置)
CVector Navi_V;(当前导航速度)
CGNCSystem* pGNC;(GNC系统指针)
CSteerSystem* pStr;(导引计算系统指针)
CCutOffESystem* pCut;(关机方程系统指针)
void Init_Navi_Param(CVector& V,CVector& R,CVector& W,double t);
(初始化速度、位置函数)
virtual void UpdateState(double t);(状态更新函数)
int  CutOffEquation(double t,int j);(关机方程函数)
virtual void Set_Prog_Angle(double t);(计算当前俯仰、偏航飞行
程序角函数)
virtual void Set_Steer_Signal(double t);(计算当前法向、横向导引
信号函数)
```

图9.15 制导系统类

两次关机制导系统类是制导系统类的一个实现类,用于支持两次关机情况下的制导,比如主机先关机,之后游机再关机的情况。

图9.16所示为两次关机制导系统类设计,描述了两次关机制导系统类的主要属性和主要操作,它含有关机方程系统指针1、关机方程系统指针2,它的主要操作有:

(1)状态更新:UpdateState,状态更新函数。

(2)设置:Set_CutOffSystem_Model,设置关机方程模型函数。

两次启动制导系统类是制导系统类的一个实现类,用于支持两次启动情况下的制导。

图9.17所示为两次启动制导系统类设计,由于两次启动火箭飞行段有5

```
┌─────────────────────────────────────────────────────────────┐
│ CBiCutGuide(两次关机制导系统类)                              │
├─────────────────────────────────────────────────────────────┤
│ CCutOffESystem *pCut1;(关机方程系统指针1)                    │
│ CCutOffESystem *pCut2;(关机方程系统指针2)                    │
│ virtual void UpdateState(double t);(状态更新函数)            │
│ void Set_CutOffSystem_Model(CCutOffESystem* pCut10,CCutOffESystem* │
│ pCut20);(设置关机方程模型函数)                               │
└─────────────────────────────────────────────────────────────┘
```

图 9.16　两次关机制导系统类设计

段,分别为第一次启动段、滑行段、第二次启动段、末修段、调姿段,所以它关联了 2 个导引计算系统指针和 5 个关机方程指针。这 7 个指针描述了两次启动制导系统类的主要属性和主要操作,具体包括导引计算系统指针 1、导引计算系统指针 2、关机方程系统指针 1、关机方程系统指针 2、关机方程系统指针 3、关机方程系统指针 4、关机方程系统指针 5,它的主要操作有:

(1)初始化:Init_Steer_Model,导引计算系统模型初始化函数;Init_CutOff_Model,关机方程系统模型初始化函数。

(2)状态更新:UpdateState,状态更新函数。

(3)计算:Set_Steer_Signal,计算当前法向、横向导引信号函数。

```
┌─────────────────────────────────────────────────────────────┐
│ CBiStartGuide(两次启动制导系统类)                            │
├─────────────────────────────────────────────────────────────┤
│ CSteerSystem* pStr1;(导引计算系统指针1)                      │
│ CSteerSystem* pStr2;(导引计算系统指针2)                      │
│ CCutOffESystem* pCut1;(关机方程系统指针1)                    │
│ CCutOffESystem* pCut2;(关机方程系统指针2)                    │
│ CCutOffESystem* pCut3;(关机方程系统指针3)                    │
│ CCutOffESystem* pCut4;(关机方程系统指针4)                    │
│ CCutOffESystem* pCut5;(关机方程系统指针5)                    │
│ void Init_Steer_Model(CSteerSystem *pStr10,CSteerSystem *pStr20);(导引计 │
│ 算系统模型初始化函数)                                        │
│ void Init_CutOff_Model(CCutOffESystem *pCut10,CCutOffESystem *pCut20, │
│ CCutOffESystem *pCut30,CCutOffESystem *pCut40,CCutOffESystem *pCut50); │
│ (关机方程系统模型初始化函数)                                 │
│ virtual void UpdateState(double t);(状态更新函数)            │
│ virtual void Set_Steer_Signal(double t);(计算当前法向、横向导引信号函数) │
└─────────────────────────────────────────────────────────────┘
```

图 9.17　两次启动制导系统类设计

两段导引、两次关机制导系统类是两次关机制导系统类的一个实现类,它用于支持两段导引、两次关机情况下的制导。

图 9.18 所示为两段导引、两次关机制导系统类设计,描述了两段导引、两次关机制导系统类的主要属性和主要操作,它含有导引计算系统指针 1、导引计算系统指针 2,它的主要操作有:

(1)初始化:Init_Steer_Model,导引计算系统模型初始化函数;Init_CutOff_

Model，关机方程系统模型初始化函数。

（2）状态更新：UpdateState，状态更新函数。

CBiSteerCutGuide(两段导引、两次关机制导系统类)
CSteerSystem* pStr1;(导引计算系统指针1) CSteerSystem* pStr2;(导引计算系统指针2)
void Init_Steer_Model(CSteerSystem *pStr10,CSteerSystem *pStr20);(导引计算系统模型初始化函数) virtual void UpdateState(double t);(状态更新函数)

图9.18　两段导引、两次关机制导系统类设计

速度增益制导系统类是制导系统类的一个实现类，它是制导系统的一个实现类。

图9.19所示为速度增益制导系统类设计，描述了速度增益制导系统类的主要属性和主要操作，它含有火箭指针、需要速度、增益速度、落点纬度、落点经度、落点虚拟目标修正经度、落点虚拟目标修正纬度、标准弹道飞行时间等。它的主要操作有：

（1）状态更新：UpdateState，状态更新函数。

（2）关机方程：CutOffEquation，关机方程函数。

（3）制导计算：Calcu_Required_Vel，计算需要速度矢量函数；Calcu_Delta_Vel，计算增益速度函数。

CDelta_Vel_Guide(速度增益制导系统类)
CRocket* pRocket;(火箭指针) CCoordinate Required_Vel;(需要速度) CVector CDelta_Vel;(增益速度) double Mlati;(落点纬度) double Mlongi;(落点经度) double DeltLong;(落点虚拟目标修正经度) double DeltLat;(落点虚拟目标修正纬度) double m_AllStageT;(标准弹道飞行时间)
virtual void UpdateState(double t);(状态更新函数) int CutOffEquation(double t,int j);(关机方程函数) virtual void Calcu_Required_Vel(double t,CVector Navi_R,CVector Navi_V,int j);(计算需要速度矢量函数) virtual void Calcu_Delta_Vel();(计算增益速度函数)

图9.19　速度增益制导系统类

地面补偿制导系统类是速度增益制导系统类的一个实现类，它是在事先计算扰动引力等非制导工具误差的影响并得到修正量，在运行过程中根据当前状态进行修正以保证关机点精度。

图9.20所示为地面补偿制导系统类设计，描述了地面制导补偿系统类的

主要属性和主要操作,它的主要操作有:

(1)关机方程:CutOffEquation,关机方程函数。

(2)制导计算:Calcu_Required_Vel,计算需要速度矢量函数;Calcu_Delta_Vel,计算增益速度函数,重载父类函数以实现补偿。

```
CCloseLoop_Delta_Vel_Guide(地面补偿系统类)

    int CutOffEquation(double t,int j);(关机方程函数)
    virtual void Calcu_Required_Vel(double t,CVector Navi_R,CVector
    Navi_V,int j);(计算需要速度矢量函数)
    virtual void Calcu_Delta_Vel();(计算增益速度函数)
```

图9.20　地面制补偿系统类设计

弹上实时补偿制导系统类是速度增益制导系统类的一个实现类,它用于弹上实时修正扰动引力等非制导工具误差的影响,相比地面补偿,它具有更好的适应性。

图9.21所示为弹上实时补偿制导系统类设计,描述了弹上实时补偿制导系统类的主要属性和主要操作,它的主要操作有:

(1)关机方程:CutOffEquation,关机方程函数。

(2)制导计算:Calcu_Required_Vel,计算需要速度矢量函数;Calcu_Delta_Vel,计算增益速度函数,重载父类函数以实现补偿。

```
CTraj_Real_Time_Delta_Vel_Gudie(弹上实时制导系统类)

    int CutOffEquation (double t,int j);(关机方程函数)
    virtual void Calcu_Required_Vel(double t,CVector Navi_R,CVector
    Navi_V,int j);(计算需要速度矢量函数)
    virtual void Calcu_Delta_Vel();(计算增益速度函数)
```

图9.21　弹上实时制导系统类设计

9.4　控制系统的面向对象类体系

控制系统类是一抽象类,为控制网络算法的实现提供了公共的接口。以线性放大器为例,控制系统类体系如图9.22所示。

图9.23所示为控制系统类设计,描述了控制系统类的主要属性和主要操作,它含有GNC系统指针等。它的主要操作有:

(1)初始化:Set_T_Begin,设置开始时间函数。

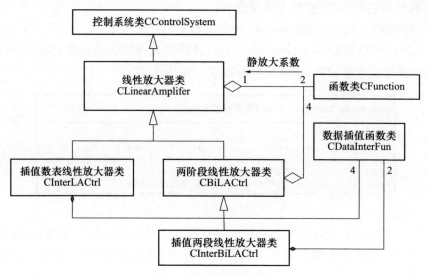

图 9.22 控制系统类体系

（2）状态更新：UpdateState，状态更新函数。

（3）返回对象信息：Get_Delta，返回发动机偏转角；Get_Alpha_in_Balance，返回瞬时平衡假设下的攻角；Get_Beta_in_Balance，返回瞬时平衡假设下的侧滑角；Get_Delta，返回发动机偏转角；Get_Steer_Value，返回导引量。

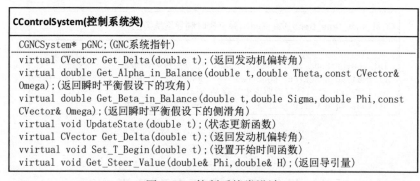

图 9.23 控制系统类设计

线性放大器类是控制系统类的实现类，主要实现了由一阶放大环节计算偏转角的情况，并可计算瞬时平衡假设下的攻角、侧滑角。

图 9.24 所示为线性放大器类设计，描述了线性放大器类的主要属性和主要操作，它包括俯仰静放大系数函数指针、偏航静放大系数函数指针、静放大系数函数指针对象、俯仰偏转角放大系数函数指针、偏航偏转角放大系数函数指针等。它的主要操作有：

(1)初始化:Init,初始化函数;Set_T_Begin,设置开始时间函数。

(2)状态更新:UpdateState,状态更新函数。

(3)返回对象信息:Get_Delta,返回发动机偏转角;Get_Alpha_in_Balance,返回瞬时平衡假设下的攻角;Get_Beta_in_Balance,返回瞬时平衡假设下的侧滑角;Get_Delta,返回发动机偏转角;Get_Steer_Value,返回导引量。

插值数表线性放大器类是线性放大器类的实现类,用通用插值函数实现了线性放大器类中的静放大系数计算函数。在构造函数中调用父类的初始化函数实现初始化。

图 9.25 所示为插值数表线性放大器类设计,描述了插值数表线性放大器类的主要属性和主要操作,它含有俯仰静放大系数函数指针对象、偏航静放大系数函数指针对象、gamma 静放大系数函数指针对象、俯仰偏转角放大系数函数指针对象、偏航偏转角放大系数函数指针对象。它的主要操作为返回对象信息:Get_A0phi,返回俯仰静放大系数;Get_A0psi,返回偏航静放大系数,重载父类函数。

```
CLinearAmplifer(线性放大器类)
─────────────────────────────────────────
CFunction* pA0_phi;(俯仰静放大系数函数指针)
CFunction* pA0_psi;(偏航静放大系数函数指针)
CFunction* pA0_gamma;(gamma静放大系数函数指针)
CFunction* pK_phi;(俯仰偏转角放大系数函数指针)
CFunction* pK_psi;(偏航偏转角放大系数函数指针)
─────────────────────────────────────────
void Init(CFunction* pAphi,CFunction* pApsi,CFunction* pAgamma,CFunction* pKphi,CFunction* pKH);(初始化函数)
virtual CVector Get_Delta(double t);(返回发动机偏转角)
virtual double Get_Alpha_in_Balance(double t,double Theta,const CVector& Omega);(返回瞬时平衡假设下的攻角)
virtual double Get_Beta_in_Balance(double t,double Sigma,double Phi,const CVector& Omega);(返回瞬时平衡假设下的侧滑角)
virtual void UpdateState(double t);(状态更新函数)
virtual CVector Get_Delta(double t);(返回发动机偏转角)
vvirtual void Set_T_Begin(double t);(设置开始时间函数)
virtual void Get_Steer_Value(double& Phi,double& H);(返回导引量)
```

图 9.24　线性放大器类设计

```
CLinearAmplifer(插值数表线性放大器类)
─────────────────────────────────────────
CDataInterFun A0phiFun;(俯仰静放大系数数表插值函数)
CDataInterFun A0psiFun;(偏航静放大系数数表插值函数)
CDataInterFun A0gammaFun;(gamma静放大系数数表插值函数)
CDataInterFun KphiFun;(俯仰偏转角放大系数数表插值函数)
CDataInterFun KpsiFun;(偏航偏转角放大系数数表插值函数)
─────────────────────────────────────────
double Get_A0phi(double t);(返回俯仰静放大系数)
double Get_A0psi(double t);(返回偏航静放大系数)
```

图 9.25　插值数表线性放大器类设计

两段线性放大器类是线性放大器类的实现类,用于分两阶段计算放大系数的情况。

图 9.26 所示为两段线性放大器类设计,描述了两段线性放大器类的主要属性和主要操作,它含有俯仰静放大系数函数指针 1、偏航静放大系数函数指针 1、静放大系数函数指针 1、俯仰偏转角放大系数函数指针 1、偏航偏转角放大系数函数指针 1,俯仰静放大系数函数指针 2、偏航静放大系数函数指针 2、静放大系数函数指针 2、俯仰偏转角放大系数函数指针 2、偏航偏转角放大系数函数指针 2,它的主要操作有:

(1) 初始化:Init1,初始化静放大系数函数;Init2,初始化偏转角放大系数函数。

(2) 状态更新:UpdateState,状态更新函数。

(3) 返回对象信息:Get_Steer_Value,返回导引量。

CBiLACtrl(两段线性放大器类)
CFunction* pA0_phi1;(俯仰静放大系数函数指针1)   CFunction* pA0_psi1;(偏航静放大系数函数指针1)   CFunction* pA0_gamma1;(gamma静放大系数函数指针1)   CFunction* pK_phi1;(俯仰偏转角放大系数函数指针1)   CFunction* pK_psi1;(偏航偏转角放大系数函数指针1)   CFunction* pA0_phi2;(俯仰静放大系数函数指针2)   CFunction* pA0_psi2;(偏航静放大系数函数指针2)   CFunction* pA0_gamma2;(gamma静放大系数函数指针2)   CFunction* pK_phi2;(俯仰偏转角放大系数函数指针2)   CFunction* pK_psi2;(偏航偏转角放大系数函数指针2)
void Init(CFunction* pAphi1,CFunction* pApsi1,CFunction* pAgamma1,CFunction* pAphi2, CFunction* pApsi2, CFunction* pAgamma2);(初始化静放大系数函数)   void Init(CFunction* pKphi1,CFunction* pKpsi1,CFunction* pKH1,CFunction* pKphi2,CFunction* pKH2);(初始化偏转角放大系数函数)   virtual void UpdateState(double t);(状态更新函数)   virtual void Get_Steer_Value(double& Phi,double& H);(返回导引量)

图 9.26 两段线性放大器类设计

插值两段线性放大器类是两段线性放大器类的实现类,用通用插值函数实现了两段线性放大器类中的静放大系数计算函数。在构造函数中调用父类的初始化函数实现初始化连接。

图 9.27 所示为插值两段线性放大器类设计,描述了插值两段线性放大器类的主要属性和主要操作,它含有俯仰静放大系数函数指针 1、偏航静放大系数函数指针 1、静放大系数函数指针 1、俯仰偏转角放大系数函数指针 1、偏航偏转角放大系数函数指针 1,俯仰静放大系数函数指针 2、偏航静放大系数函数指针 2、静放大系数函数指针 2、俯仰偏转角放大系数函数指针 2、偏航偏转角放大系数函数指针 2。

CInterBiLACtrl(插值两段线性放大器类)
CDataInterFun A0phiFun1;(俯仰静放大系数数表插值函数1)
CDataInterFun A0psiFun1;(偏航静放大系数数表插值函数1)
CDataInterFun A0gammaFun1;(gamma静放大系数数表插值函数1)
CDataInterFun KphiFun1;(俯仰偏转角放大系数数表插值函数1)
CDataInterFun KpsiFun1;(偏航偏转角放大系数数表插值函数1)
CDataInterFun A0phiFun2;(俯仰静放大系数数表插值函数2)
CDataInterFun A0psiFun2;(偏航静放大系数数表插值函数2)
CDataInterFun A0gammaFun2;(gamma静放大系数数表插值函数2)
CDataInterFun KphiFun2;(俯仰偏转角放大系数数表插值函数2)
CDataInterFun KpsiFun2;(偏航偏转角放大系数数表插值函数2)

图 9.27 插值两段线性放大器类设计

第 10 章 远程火箭弹道设计及其面向对象建模

10.1 远程火箭弹道设计问题建模

10.1.1 弹道设计问题的数学描述

远程火箭的弹道设计是指基于动力学方程设计一条满足各种约束的运动轨迹。一般将决定飞行状态量的参数称为轨迹设计的控制变量。

对于弹道导弹与运载火箭,由于主要在射面内飞行,因此首先需要确定的控制变量是发射方位角 A_0;其次在飞行过程中,由飞行程序决定实时的运动状态,这里的飞行程序一般是指上升段俯仰角 $\varphi_{pr}(t)$ 的变化规律。对于存在横向机动的情况,还包括偏航角 $\psi_{pr}(t)$ 的变化规律。

因此,远程火箭弹道设计的控制变量主要是发射方位角和飞行程序。由于飞行程序一般认为是关于时间的函数,因此弹道设计的本质是泛函求解问题。如果将飞行程序用有限个参数进行表示,则弹道设计问题将转化为考虑约束条件的非线性微分方程组求解问题。如果追求弹道在某一性能指标下最优,则弹道设计问题可转化为非线性优化问题。

以不考虑横向机动的情况为例,弹道设计问题的数学描述可以表示为:在给定初始状态下,选择合适的发射方位角 A_0 和俯仰程序角 $\varphi_{pr}(t)$,使由此积分动力学微分方程所获得的飞行轨迹,满足预先设定的过程约束和终端约束。

10.1.2 弹道设计主要约束条件建模

本节介绍远程火箭弹道设计需满足的主要约束条件。

1. 垂直起飞

远程火箭一般采用垂直发射,这种方式的好处是降低了对发射平台的要求,保证火箭起飞过程的稳定。垂直起飞段的时间应合理选择,通常垂直段应至少保证延续到发动机进入额定工作状态的时刻,此时控制机构也能正常地控制火箭进行转弯。

火箭的垂直起飞由俯仰程序角进行控制,因此该约束可以表示为

$$\varphi_{pr}(t) = 90° \quad (0 \leqslant t \leqslant t_{cz}) \tag{10.1}$$

式中:t_{cz} 为垂直起飞时间。

2. 火箭转弯的法向过载不能过大

为了保证火箭在转弯过程中的稳定飞行,确保火箭结构安全,需要对法向过载进行限制。法向过载的定义如下所示:

$$n_y = \frac{(P_e + Y^\alpha)\alpha}{mg_0} = \frac{v\dot{\theta} - g\cos\theta}{g_0} \tag{10.2}$$

其中:

$$Y^\alpha = C_y^\alpha qS \tag{10.3}$$

由式(10.3)可以看出限制法向过载就要限制攻角 α,以及攻角和动压的乘积 $q\alpha$ 值。飞行时作用在火箭上的空气动力矩,以及由此造成的法向过载也与 $q\alpha$ 值成正比,因此通常要求在跨声速及出现大动压的转弯段弹道上攻角为 0 或尽可能小。这样火箭只在重力法向分量 $-mg\cos\theta$ 作用下转弯,这种转弯称为零攻角转弯或重力转弯。重力转弯减少了速度的阻力损失,同时也在空气动力急剧变化的跨音速段改善了控制系统的工作条件。

基于上述分析,对法向过载的约束可以转化为对攻角的约束,表示为

$$|\alpha| \leqslant \alpha'_{\max} \tag{10.4}$$

式中:$\alpha'_{\max}$ 为允许最大攻角,该约束的取值在不同飞行阶段是不同的。

3. 俯仰程序角变化应连续,角速度 $\dot{\varphi}_{pr}(t)$ 和角加速度 $\ddot{\varphi}_{pr}(t)$ 要有限制

由于俯仰角具有明确的物理意义,俯仰程序角 $\varphi_{pr}(t)$ 必须是连续的。同时,由于火箭所能提供的最大控制力矩是有限的,为了避免出现超出控制能力的俯仰角变化,应对俯仰程序角速度 $\dot{\varphi}_{pr}(t)$ 和角加速度 $\ddot{\varphi}_{pr}(t)$ 进行限制。该约束表示如下

$$\begin{cases} |\dot{\varphi}_{pr}(t)| \leqslant (\dot{\varphi}_{pr})_{\max} \\ |\ddot{\varphi}_{pr}(t)| \leqslant (\ddot{\varphi}_{pr})_{\max} \end{cases} \tag{10.5}$$

式中:$(\dot{\varphi}_{pr})_{max}$ 为允许最大角速度;$(\ddot{\varphi}_{pr})_{max}$ 为允许最大角加速度。

4. 应保证可靠的级间分离条件

为保证级间的可靠分离,要求分离时产生的扰动尽可能小,这样不致增大飞行干扰。因此,通常要求分离时的飞行程序角不能剧烈变化,将其设定为常值,表示如下

$$\varphi_{pr}(t) = \varphi_c \quad (t_1 \leq t \leq t_2) \tag{10.6}$$

式中:φ_c 为常值俯仰程序角;t_1 和 t_2 为某一次级间分离前后的起始时间。

5. 残骸落点满足落区要求

对于运载火箭发射或弹道导弹飞行试验,前几级残骸必须落到预定区域,以免危害航区的人员和财产安全。一般会根据航区地理特征预先给定一个落区中心点,通过计算实际残骸落点相对于落区中心点的偏差描述落点位置约束。该约束可以表示为

$$\begin{cases} \Delta L_j \leq (\Delta L)_{max} \\ \Delta H_j \leq (\Delta H)_{max} \end{cases} \tag{10.7}$$

式中:ΔL_j 和 ΔH_j 分别为第 j 级残骸的落点相对于该级落区中心点的纵向偏差和横向偏差;$(\Delta L)_{max}$ 和 $(\Delta H)_{max}$ 分别为该落区的纵向边界和横向边界大小。

6. 终端状态满足要求

无论运载火箭发射卫星至预定轨道还是弹道导弹命中目标,共同点都是需要飞行轨迹的终端状态满足相应的约束条件,一般由等式约束表示如下

$$\boldsymbol{x}_f = \boldsymbol{x}_f^* \tag{10.8}$$

式中:对于运载火箭,$\boldsymbol{x}_f$ 为飞行终端的轨道根数,$\boldsymbol{x}_f^*$ 为预先设定的标准轨道根数;对于弹道导弹,$\boldsymbol{x}_f$ 为飞行终端弹头落点位置,$\boldsymbol{x}_f^*$ 为预先设定的目标点位置。

10.2 弹道设计的工程方法

10.2.1 飞行程序的参数化描述

以俯仰飞行程序角为例,由于具有明确的物理意义,俯仰程序角必然是连续的,也可以认为是无限维的,确定一个连续俯仰程序角使飞行轨迹满足过程约束和终端约束是比较复杂的。为了简化求解,一般对俯仰程序角进行参数化,将其用有限个参数进行表示,这样只需要对少数参数进行设计和优化,即可确定一个连续的俯仰程序角变化规律。

下面以某三级远程火箭为例,讨论俯仰飞行程序角的参数化描述方法。需

要指出的是,这里只给出了一种较为常用的参数化方法,并不能保证其是最优的,应根据具体应用问题选择不同方法。

1. 一级飞行程序的参数化描述

远程火箭第一级基本上是在稠密大气层内飞行,为了减小气动阻力,同时也要考虑降低法向过载,在满足其他约束的条件下,要求攻角尽可能小。

首先根据对程序的要求,将一级俯仰程序角变化分成3段,如图10.1所示。

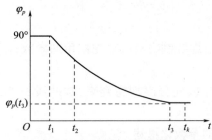

图 10.1　一级俯仰程序角变化规律

下面分别介绍每段飞行程序的选择方法。

$0 \sim t_1$:垂直上升段,此段俯仰飞行程序角为$90°$;

$t_1 \sim t_3$:转弯段,前期$(t_1 \sim t_2)$为有攻角转弯,此段应在气动力急剧变化的跨声速段之前结束,以减小气动载荷和气动干扰,即在$Ma(t_2) = 0.7 \sim 0.8$时使攻角尽可能收敛至0。在后续大动压段$(t_2 \sim t_3)$,攻角很小,进行重力转弯。

该段弹道设计的特点是对攻角α有特殊要求,工程上可以选择如下所示的攻角变化规律

$$\alpha(t) = -4\alpha_m Z(1-Z) \tag{10.9}$$

式中:

$$Z = e^{-a(t-t_1)} \tag{10.10}$$

式中:α_m为一级攻角绝对值的最大值,也称一级最大负攻角;a为一级攻角设计常数,一般取0至1之间,且a越大,则弹道转弯越快。

式(10.9)所描述的$\alpha(t)$的变化规律曲线如图10.2所示。

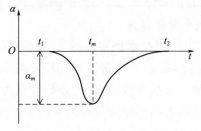

图 10.2　一级攻角变化变化规律

在已知此段攻角 $\alpha(t)$ 后,结合瞬时平衡假设可得俯仰程序角的计算方法,具体计算公式如下

$$\begin{cases} \delta_\varphi = \alpha \dfrac{C_{y1}^\alpha q S_r (x_p - x_g)}{R_c (x_b - x_g)} \\ \Delta\varphi = \dfrac{\delta_\varphi}{a_0^\varphi} \\ \varphi = \theta + \alpha \\ \varphi_{pr} = \varphi - \Delta\varphi + \omega_{ez} t \end{cases} \quad (10.11)$$

式中,R_c 为控制力梯度,即控制力对等效舵偏角的导数;x_b 为控制力作用中心到火箭前端的距离。

$t_3 \sim t_k$:常值段,由于级间分离即将到来,故此段一般保持俯仰程序角为常值,即 $\varphi_{pr}(t) = \varphi_{pr}(t_3)$。

2. 二级飞行程序的参数化描述

远程火箭的第二级飞行一般处于比较稀薄的大气环境中,气动力干扰作用减弱。在工程中,该段俯仰程序角变化规律可简化为随时间变化的线性关系。为保证分离的可靠性,各级程序角的起始和结束段均保持为常值。因此,一般情况下,各级俯仰程序角可划分为 3 段,即开始和结束时的常值段和中间的匀速下降段,如图 10.3 所示。

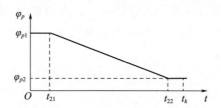

图 10.3 二级俯仰程序角变化规律

在匀速下降段的俯仰程序角满足下式:

$$\varphi_{pr}(t) = \varphi_{pr1} + \dot\varphi_{p2}(t - t_{21}) \quad (t_{21} \leqslant t < t_{22}) \quad (10.12)$$

式中:φ_{pr1} 为一二级分离时的程序角;$\dot\varphi_{p2}$ 为二级俯仰角斜率。

3. 三级飞行程序的参数化描述

远程火箭第三级在飞行时基本处于稀薄大气层或真空中。此段飞行程序设计除了满足各项过程约束,还需要满足主动段终端状态约束。对于运载火箭,主动段终端状态等价于入轨参数,是有效载荷准确入轨的关键指标;对于弹道导弹,该终端状态将直接影响导弹射程与命中精度。下面分别进行讨论。

1) 弹道导弹的第三级程序

弹道导弹的第三级程序变化一般采用与第二级程序相同的规律,即认为该段飞行程序仍随时间线性变化。为保证分离的可靠性,各级程序角的起始和结束段均保持为常值。因此,在一般情况下,各级俯仰程序角可划分为 3 段,即开始和结束时的常值段和中间的匀速下降段,如图 10.4 所示。

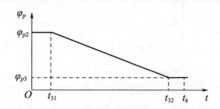

图 10.4 三级俯仰程序角变化规律

在匀速下降段的俯仰程序角满足下式:

$$\varphi_{pr}(t) = \varphi_{pr2} + \dot{\varphi}_{p3}(t - t_{31}) \quad (t_{31} \leqslant t < t_{32}) \qquad (10.13)$$

式中:φ_{pr2} 为二三级分离时的程序角;$\dot{\varphi}_{p3}$ 为三级俯仰角斜率。

2) 运载火箭的第三级程序

运载火箭的第三级飞行程序设计与有效载荷的工作轨道有关,一般对于近地工作轨道,火箭能力足够满足直接入轨条件,此时发动机也只需要工作一次,这种条件下可将三级俯仰程序角设计为只有一次匀速下降段,其变化规律如图 10.4 所示。

对于发射地球同步转移轨道(简称 GTO 轨道)的情况,发动机一次工作可能难以满足入轨要求,此时运载火箭将配备具备二次启动能力的发动机,这样三级俯仰程序角可设计为 3 个匀速下降段,分别为一次启动下降段、滑行段、二次启动下降段,俯仰程序角变化规律如图 10.5 所示。

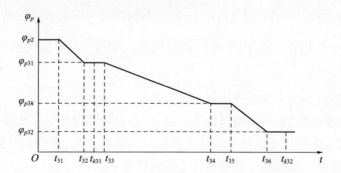

图 10.5 三级二次动力段俯仰程序角变化规律

图 10.5 所示的俯仰程序角变化规律满足如下公式：

$$\varphi_{pr}(t) = \begin{cases} \varphi_{p2} & \\ \varphi_{p2} + \dot{\varphi}_{p31}(t - t_{31}) & (t_{31} \leq t < t_{32}) \\ \varphi_{p31} & \\ \varphi_{p31} + \dot{\varphi}_{p3h}(t - t_{33}) & (t_{33} \leq t < t_{34}) \\ \varphi_{p3h} & \\ \varphi_{p3h} + \dot{\varphi}_{p32}(t - t_{35}) & (t_{35} \leq t < t_{36}) \\ \varphi_{p32} & \end{cases} \quad (10.14)$$

式中：$\dot{\varphi}_{p31}$ 为三级一次启动段的俯仰程序角斜率；$\dot{\varphi}_{p3h}$ 为滑行段的俯仰程序角斜率；$\dot{\varphi}_{p32}$ 为三级二次启动段的俯仰程序角斜率。

10.2.2　弹道设计的牛顿迭代法

牛顿迭代法是求解非线性方程 $f(x) = 0$ 根的一种重要数值方法，其基本思想是将非线性方程转化为线性方程求解，设 $f(x)$ 在包含 x_k 的某一个区间上连续可微，则可将 $f(x)$ 在 x_k 附近进行泰勒展开，即

$$f(x) = f(x_k) + f'(x_k)(x - x_k) + \frac{f''(x_k)(x - x_k)^2}{2!} + \cdots \quad (10.15)$$

如果 $f'(x_k) \neq 0$，取泰勒展开式的线性部分近似代替 $f(x)$，得到 $f(x) = 0$ 的近似方程 $f(x) \approx f(x_k) + f'(x_k)(x - x_k) = 0$，将此方程的根记作 x_{k+1}，则得到

$$x_{k+1} = x_k - \frac{f(x_k)}{f'(x_k)} \quad (k = 0, 1, 2, \cdots) \quad (10.16)$$

这就是经典的牛顿迭代公式，也称牛顿–拉夫逊(Newton – Raphson)方法。

牛顿迭代法的几何意义是：当取初始值 x_k 过 $(x_k, f(x_k))$ 作 $f(x)$ 的切线，其切线方程为 $f(x) - f(x_k) = f'(x_k)(x - x_k)$，与切线与 x 轴的交点就是 $x_{k+1} = x_k - \frac{f(x_k)}{f'(x_k)}$ $(k = 0, 1, 2, \cdots)$，由于这一明显的几何意义，牛顿迭代法也被称为切线法。

在弹道设计中，牛顿迭代法具有实现简单、收敛速度快等优点，但该方法对于初始值比较敏感，若初始值选择不合适，则很有可能导致结果发散。另外，由于牛顿迭代法的本质是求解非线性方程的一类数值方法，其只能寻找满足要求的可行解，并不能找到某一性能指标下的最优解。

应用牛顿迭代法时，偏导数的计算精度对收敛结果有显著影响。在实际使用中一般采用求差法计算偏导数，下面以弹道导弹和运载火箭上升段的弹道设

计为例,分别介绍牛顿迭代法的应用。

10.2.3 基于落点目标约束的弹道导弹标准弹道设计

弹道导弹的弹道设计将弹头落点偏差为零作为终端约束。采用牛顿迭代法进行弹道设计的关键是偏导数的计算。这里以某型三级固体弹道导弹弹道设计问题为例,弹道设计参数为三级俯仰程序角斜率$\dot{\varphi}_{p3}$和发射方位角A_0,给出求差法计算偏导数的步骤,如下所示。

(1)对于已知的第k步设计变量$(\dot{\varphi}_{p3}^{(k)}, A_0^{(k)})$,计算相应的弹道,得到一组落点偏差$(\Delta L^{(k)}, \Delta H^{(k)})$;

(2)对各变量单独引入小偏差$(\delta\dot{\varphi}_{p3}, \delta A_0)$,由此得到一组新变量$(\dot{\varphi}_{p3}^{(k)} + \delta\dot{\varphi}_{p3}, A_0^{(k)} + \delta A_0)$,再次计算相应弹道,得到新的一组落点偏差$(\Delta L^{(k)}(+\delta), \Delta H^{(k)}(+\delta))$;

(3)计算偏导数,公式如下

$$\begin{cases} \dfrac{\partial \Delta L^{(k)}}{\partial \dot{\varphi}_{p3}} = \dfrac{\Delta L^{(k)}(+\delta) - \Delta L^{(k)}}{\delta\dot{\varphi}_{p3}} \\ \dfrac{\partial \Delta L^{(k)}}{\partial A_0} = \dfrac{\Delta L^{(k)}(+\delta) - \Delta L^{(k)}}{\delta A_0} \\ \dfrac{\partial \Delta H^{(k)}}{\partial \dot{\varphi}_{p3}} = \dfrac{\Delta H^{(k)}(+\delta) - \Delta H^{(k)}}{\delta\dot{\varphi}_{p3}} \\ \dfrac{\partial \Delta H^{(k)}}{\partial A_0} = \dfrac{\Delta H^{(k)}(+\delta) - \Delta H^{(k)}}{\delta A_0} \end{cases} \quad (10.17)$$

利用求差法计算偏导数,小偏差增量选择要恰当,不合适的偏差可能引起迭代发散,一般需要多次预先计算确定。为保证偏导数的计算精度,也可采用理查德外推法,如下所示

$$\begin{cases} f_{x_i}'(x^i) \approx \dfrac{4}{3} \dfrac{\omega_i\left(\dfrac{h}{2}\right) - \omega_i\left(-\dfrac{h}{2}\right)}{h} - \dfrac{1}{6} \dfrac{\omega_i(h) - \omega_i(-h)}{h} \\ \omega_i(h) = f(x_1^0, \cdots, x_i^0 + h, \cdots, x_n^0) \end{cases} \quad (10.18)$$

其中,一般取$\dfrac{h}{x} = 10^{-3}$较为合适。

采用理查德外推法计算偏导数的优势在于计算精度较高,且对增量选取不敏感。但该方法增加了计算时间成本,对于上述2个设计参数的迭代问题,采用求差法计算一次偏导数矩阵仅需计算2条弹道,而理查德外推法需计算8条弹道,因此可根据计算量和精度进行权衡。

10.2.4　基于入轨根数约束的运载火箭上升段弹道设计

运载火箭的轨迹设计以满足入轨根数为终端约束。这里以 GTO 发射轨道设计问题为例,给出基于牛顿迭代法的求解过程。

由于一二级发射轨道设计时主要考虑的是残骸落区约束,而三级发射轨道设计时主要考虑入轨要求,两者约束条件有较大差异。为了减少设计参数,同时简化约束条件,在基于牛顿迭代法的 GTO 发射轨道设计过程中,对一二级发射轨道和三级发射轨道分开设计。

一级发射轨道设计以一级最大负攻角 α_m 为设计变量,以满足一级残骸射程约束为迭代终止条件;二级发射轨道设计以二级俯仰程序角斜率 $\dot{\varphi}_{p2}$ 为设计变量,以满足二级残骸射程约束为迭代终止条件。由于一二级发射轨迹设计的终端约束均以残骸落点偏差为条件,这与弹道导弹在弹道设计时以弹头落点偏差为终端约束是相似的,因此可以沿用弹道导弹弹道设计的牛顿迭代方法。下面主要介绍为满足三级火箭入轨条件而建立的牛顿迭代公式。

三级发射轨道设计采用与三级俯仰程序角相关的 3 个参数作为迭代设计参数,同时为了保证入轨轨道倾角要求,将发射方位角 A_0 也作为设计参数,则迭代参数组 U 表示如下:

$$U = (\dot{\varphi}_{p31}, \dot{\varphi}_{p3h}, \dot{\varphi}_{p32}, A_0)^{\mathrm{T}} \tag{10.19}$$

其中,由于发射地球同步轨道卫星的运载火箭第三级具有两次动力段,因此对应的第三级俯仰程序角有 3 个匀速下降段,分别为三级一次动力段的 $\dot{\varphi}_{p31}$、中间滑行段的 $\dot{\varphi}_{p3h}$ 和三级二次动力段的 $\dot{\varphi}_{p32}$。设计发射方位角和三级程序角的主要目的是保证星箭分离时的入轨要求。

发射轨道设计的任务是保证星箭分离点的位置、速度满足转移轨道的入轨条件。工程上给出的转移轨道指标一般由经典轨道根数组成,但在实际弹道设计时,直接在程序中以轨道根数为判断条件会造成牛顿迭代收敛过程较慢,难以得到满意结果,因此需要对轨道根数判断条件进行转化。这里采用如式(10.20)所示的 4 个条件作为入轨判断条件,当迭代设计参数满足该条件时,即认为设计结果满足要求,迭代停止:

$$\begin{cases} |r_p^{(k)} - r_p^*| \leqslant \varepsilon_r \\ |V_p^{(k)} - V_p^*| \leqslant \varepsilon_V \\ |\omega^{(k)} - \omega^*| \leqslant \varepsilon_\omega \\ |i^{(k)} - i^*| \leqslant \varepsilon_i \end{cases} \tag{10.20}$$

式中：$(r_p^{(k)}, V_p^{(k)}, \omega^{(k)}, i^{(k)})$ 分别为根据迭代设计第 k 步时得到的位置 $\boldsymbol{r}^{(k)}$ 和速度 $\boldsymbol{v}^{(k)}$ 计算得到的入轨点参数：近地点地心距 r_p，近地点速度 V_p，近地点角距 ω 以及轨道倾角 i。带有上标 $*$ 的参数表示标准值，$(\varepsilon_r, \varepsilon_V, \varepsilon_\omega, \varepsilon_i)$ 分别表示 4 个参数指标的误差限。

基于牛顿迭代法的基本原理，建立如式（10.21）所示的递推迭代公式，当满足该式时，迭代结束。

$$\begin{bmatrix} \dot{\varphi}_{p31}^{(k+1)} \\ \dot{\varphi}_{3h}^{(k+1)} \\ \dot{\varphi}_{p32}^{(k+1)} \\ A_0^{(k+1)} \end{bmatrix} = \begin{bmatrix} \dot{\varphi}_{p31}^{(k)} \\ \dot{\varphi}_{3h}^{(k)} \\ \dot{\varphi}_{p32}^{(k)} \\ A_0^{(k)} \end{bmatrix} + \begin{bmatrix} \dfrac{\partial r_p^{(k)}}{\partial \dot{\varphi}_{p31}} & \dfrac{\partial r_p^{(k)}}{\partial \dot{\varphi}_{p3h}} & \dfrac{\partial r_p^{(k)}}{\partial \dot{\varphi}_{p32}} & \dfrac{\partial r_p^{(k)}}{\partial A_0} \\ \dfrac{\partial V_p^{(k)}}{\partial \dot{\varphi}_{p31}} & \dfrac{\partial V_p^{(k)}}{\partial \dot{\varphi}_{p3h}} & \dfrac{\partial V_p^{(k)}}{\partial \dot{\varphi}_{p32}} & \dfrac{\partial V_p^{(k)}}{\partial A_0} \\ \dfrac{\partial \omega^{(k)}}{\partial \dot{\varphi}_{p31}} & \dfrac{\partial \omega^{(k)}}{\partial \dot{\varphi}_{p3h}} & \dfrac{\partial \omega^{(k)}}{\partial \dot{\varphi}_{p32}} & \dfrac{\partial \omega^{(k)}}{\partial A_0} \\ \dfrac{\partial i^{(k)}}{\partial \dot{\varphi}_{p31}} & \dfrac{\partial i^{(k)}}{\partial \dot{\varphi}_{p3h}} & \dfrac{\partial i^{(k)}}{\partial \dot{\varphi}_{p32}} & \dfrac{\partial i^{(k)}}{\partial A_0} \end{bmatrix}^{-1} \begin{bmatrix} r_p^* - r_p^{(k)} \\ V_p^* - V_p^{(k)} \\ \omega^* - \omega^{(k)} \\ i^* - i^{(k)} \end{bmatrix} \quad (10.21)$$

上述递推公式中，偏导数矩阵的计算量是比较大的，该矩阵计算结果的准确性直接影响到迭代进程的收敛性。下面给出求差法计算偏导数的步骤。

（1）对于已知的第 k 步设计变量 $(\dot{\varphi}_{p31}^{(k)}, \dot{\varphi}_{p3h}^{(k)}, \dot{\varphi}_{p32}^{(k)}, A_0^{(k)})$，计算相应发射轨道，得到一组入轨参数 $(r_p^{(k)}, V_p^{(k)}, \omega^{(k)}, i^{(k)})$。

（2）对各变量单独引入小偏差 $(\delta\dot{\varphi}_{p31}, \delta\dot{\varphi}_{p3h}, \delta\dot{\varphi}_{p32}, \delta A_0)$，由此得到一组新变量 $(\dot{\varphi}_{p31}^{(k)} + \delta\dot{\varphi}_{p31}, \dot{\varphi}_{p3h}^{(k)} + \delta\dot{\varphi}_{p3h}, \dot{\varphi}_{p32}^{(k)} + \delta\dot{\varphi}_{p32}, A_0^{(k)} + \delta A_0)$，再次计算相应轨道，得到新的一组入轨参数 $(r_p^{(k)}(+\delta), V_p^{(k)}(+\delta), \omega^{(k)}(+\delta), i^{(k)}(+\delta))$。

（3）计算偏导数。以发射方位角 A_0 为例，其相关偏导数计算如式（10.22）所示，其他偏导数项的计算与此类似。

$$\begin{cases} \dfrac{\partial r_p^{(k)}}{\partial A_0} = \dfrac{r_p^{(k)}(+\delta) - r_p^{(k)}}{\delta A_0} \\ \dfrac{\partial V_p^{(k)}}{\partial A_0} = \dfrac{V_p^{(k)}(+\delta) - V_p^{(k)}}{\delta A_0} \\ \dfrac{\partial \omega^{(k)}}{\partial A_0}_k = \dfrac{\omega^{(k)}(+\delta) - \omega^{(k)}}{\delta A_0} \\ \dfrac{\partial i^{(k)}}{\partial A_0} = \dfrac{i^{(k)}(+\delta) - i^{(k)}}{\delta A_0} \end{cases} \quad (10.22)$$

图 10.6 所示为基于牛顿迭代法的弹道设计流程。

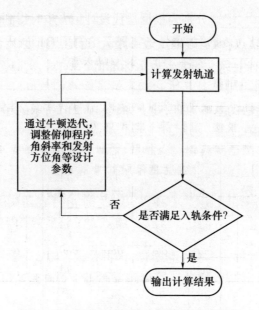

图 10.6　基于牛顿迭代法的弹道设计流程

10.2.5　仿真算例

1. 弹道导弹的弹道设计

这里采用基于牛顿迭代法的弹道设计方法，仅对三级程序角斜率和发射方位角两个参数进行迭代设计，以弹头落点总偏差小于 10m 为设计指标。初值发射方位角为 90°，初始三级俯仰角斜率为 $-6°/s$，迭代收敛过程如图 10.7 和图 10.8 所示。

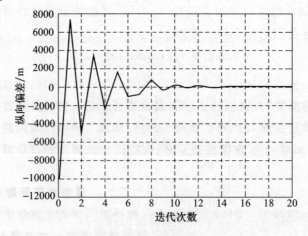

图 10.7　纵向偏差

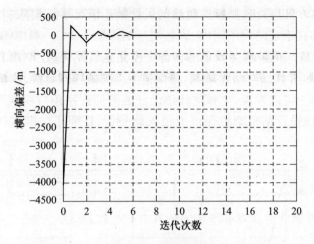

图 10.8 横向偏差

由图 10.7 和图 10.8 可以看出,牛顿迭代法具有较强的收敛特性,在给定初值弹头落点总偏差为 11km 左右,经过有限次迭代后,能够收敛至一个较好的结果,使落点总偏差减小至 9m 左右。

2. 运载火箭的轨迹设计

假设发射点地理经度 $\lambda_0 = 0°$,地理纬度 $B_0 = 20°$,地表垂直高度 $H_0 = 0\mathrm{m}$。表 10.1 所示为发射程序角参数与发射方位角的设计结果。

表 10.1 设计参数迭代结果

参数	符号/单位	初值	迭代结果
发射方位角	$A_0/(°)$	97.00	97.5597
三级一次俯仰程序角斜率	$\dot{\varphi}_{p31}/(°/\mathrm{s})$	−0.10	−0.0851
三级滑行段俯仰程序角斜率	$\dot{\varphi}_{p3h}/(°/\mathrm{s})$	−0.50	−0.6398
三级二次俯仰程序角斜率	$\dot{\varphi}_{p32}/(°/\mathrm{s})$	−0.10	−0.0709

由表 10.1 中的设计参数,复算弹道,得到入轨参数复算结果如表 10.2 所示。

表 10.2 入轨参数复算结果

参数名称	符号/单位	与标准值偏差
近地点地心距	r_p/km	−0.4251
近地点速度	$V_p/(\mathrm{m/s})$	−0.3213
近地点角距	$\omega/(°)$	0.0050
轨道倾角	$i/(°)$	−0.0012

由表 10.2 可以看出，牛顿迭代法的设计结果满足设计要求，计算得到的入轨参数偏差均在给定的误差限内，满足给定的入轨条件。

根据表 10.1 和表 10.2 所示的俯仰程序角迭代结果，绘制出一二三级俯仰程序角曲线，如图 10.9 所示。其中，标准值为某次发射地球同步轨道卫星任务的标准程序角。可以发现，牛顿迭代法设计的俯仰程序角与标准程序角是比较接近的，利用该设计结果能够保证卫星入轨条件，证明了牛顿迭代法在弹道设计中的可行性。

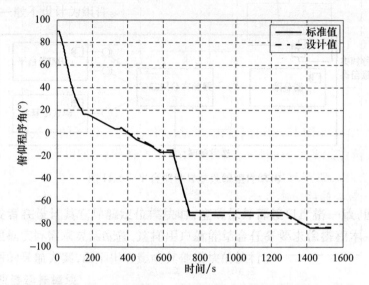

图 10.9　基于牛顿迭代法的俯仰程序角设计结果

10.3　弹道设计的优化方法

10.3.1　弹道优化问题的描述

弹道设计问题是在给定飞行器初始状态条件下寻找一个可行解，使飞行轨迹满足各项过程约束和终端约束。从理论上讲，满足这些约束的轨迹有无数条，对应的控制量也有很多组。但在实际工程中，有时并不满足于寻找一个可行轨迹，为了充分发挥飞行器的能力，需要在轨迹设计的基础上对某一性能指标进行优化，从而获得该性能指标下的最优轨迹，这类问题称为弹道优化问题。

从优化的角度讲，一个优化问题由优化目标和约束条件组成。对于弹道优化问题，优化目标一般根据实际飞行任务确定，而约束条件除了初始状态约束和动力学约束,过程约束和终端约束还需要结合飞行任务确定。本节以某型三级运载火箭发射卫星至 GTO 轨道为例,介绍弹道优化基本方法。

用优化方法进行 GTO 发射轨道设计需要选择合适的目标函数,以火箭运载能力为优化目标具有重要的工程应用价值。对于同样的优化问题,在工程中可以采用多种优化算法进行求解,优化问题的建立与具体优化算法间没有必然联系。

1. 优化目标

运载火箭的运载能力是对于相同的运行轨道而言的,这里讨论的是地球同步轨道,此时运载能力是指运载火箭进入地球同步转移轨道所能搭载的有效载荷的质量。显然,优化的目标是使可搭载的有效载荷质量最大,等价于星箭分离时三级剩余推进剂质量最大,将其转化为求解最小值,则该优化目标可表示为

$$\min -m_p(t_{3k}) \tag{10.23}$$

式中:$m_p(t_{3k})$ 为三级关机时刻 t_{3k} 时对应的推进剂质量。

2. 优化变量

采用优化方法进行弹道设计,可以适当放宽对优化变量个数的限制。这里将二、三级俯仰程序角与发射方位角 A_0 联合作为优化变量。对各级俯仰飞行程序角进行参数化描述,得到优化模型的完整参数组 U,如下所示

$$U = (A_0, \alpha_m, \dot{\varphi}_{p2}, t_{22}, \dot{\varphi}_{p31}, \dot{\varphi}_{p3h}, \dot{\varphi}_{p32}, t_{32}, t_{33}, t_{34}, t_{35}, t_{36}, t_{k31}, t_{k32})^T \tag{10.24}$$

其中,时间参数的含义可参考图 10.3 和图 10.5,总计 14 个优化参数。

3. 约束条件

对于 GTO 发射轨道设计问题,所设计的发射轨道必须满足终端入轨条件,这里采用半长轴 a、偏心率 e、轨道倾角 i 和近地点角距 ω 作为入轨条件,则所建立优化模型的终端入轨约束条件可表示为

$$\begin{cases} |a - a^*| < \varepsilon_a \\ |e - e^*| < \varepsilon_e \\ |i - i^*| < \varepsilon_i \\ |\omega - \omega^*| < \varepsilon_\omega \end{cases} \tag{10.25}$$

式中:上标带 * 的入轨参数为其标准值;ε 为入轨参数约束的误差限。

由于是对星箭分离时刻的三级剩余推进剂质量寻优,显然,该剩余质量不能为负,实际任务中考虑到需要为推进剂留有一定余量,提高发射的可靠性。因此,将推进剂剩余质量约束表示为

$$m_p(t_{3k}) \geq m_{p\min} \tag{10.26}$$

运载火箭在主动段弹道设计时还需考虑动压和过载约束,这是由火箭的结构承载能力所决定的。动压和过载约束表示如下

$$q = \frac{1}{2}\rho V^2 \leq q_{\max} \tag{10.27}$$

$$n = \frac{\sqrt{Y_1^2 + Z_1^2}}{g_0} \leq n_{\max} \tag{10.28}$$

式中:Y_1、Z_1 分别为火箭在箭体系下的升力和侧向力。

为了降低优化求解时间,需对残骸落区约束进行一定简化。由于残骸的侧向运动相对于纵向运动是小量,对残骸落点的横向偏差不作限制,仅对纵向偏差进行约束,则一、二级残骸落点约束为

$$\begin{cases} |\Delta L_1| \leq (\Delta L_1)_{\max} \\ |\Delta L_2| \leq (\Delta L_2)_{\max} \end{cases} \tag{10.29}$$

式中:ΔL_1 和 ΔL_2 分别为一、二级残骸射程相对于对应落区中心点的距离偏差;$(\Delta L_1)_{\max}$ 和 $(\Delta L_2)_{\max}$ 分别为一、二级残骸落点纵向范围。

为了提高优化效率,减小搜索空间,结合弹道设计实际特点,需要对14个优化参数进行约束,表示如下

$$\begin{cases} (A_0)_{\min} \leq A_0 \leq (A_0)_{\max}, 0 < \alpha_m \leq (\alpha_m)_{\max} \\ (\dot\varphi_{p2})_{\min} \leq \dot\varphi_{p2} \leq (\dot\varphi_{p2})_{\max}, (\dot\varphi_{p31})_{\min} \leq \dot\varphi_{p31} \leq (\dot\varphi_{p31})_{\max} \\ (\dot\varphi_{p3h})_{\min} \leq \dot\varphi_{p3h} \leq (\dot\varphi_{p3h})_{\max}, (\dot\varphi_{p32})_{\min} \leq \dot\varphi_{p32} \leq (\dot\varphi_{p32})_{\max} \\ (t_{32})_{\min} \leq t_{32} \leq (t_{32})_{\max}, (t_{33})_{\min} \leq t_{33} \leq (t_{33})_{\max} \\ (t_{34})_{\min} \leq t_{34} \leq (t_{34})_{\max}, (t_{35})_{\min} \leq t_{35} \leq (t_{35})_{\max} \\ (t_{36})_{\min} \leq t_{36} \leq (t_{36})_{\max}, (t_{k31})_{\min} \leq t_{k31} \leq (t_{k31})_{\max} \\ (t_{k32})_{\min} \leq t_{k32} \leq (t_{k32})_{\max}, (t_{22})_{\min} \leq t_{22} \leq (t_{22})_{\max} \end{cases} \tag{10.30}$$

其中,上述参数的上下限需要根据实际任务经过初步计算确定,合适的参数范围能加快收敛速度。

4. 优化算法

对于GTO发射轨道设计问题,由于待优化的目标函数与设计参数之间仍然是强非线性关系,且优化参数较多,约束形式复杂,一般采用非线性优化算法进行参数寻优,常用的优化方法在10.3.2节进行介绍。

10.3.2 常用优化算法简介

目前用于弹道设计的优化算法很多,需要根据情况合理选择。下面主要介绍模拟退火算法(SA)和罚函数法。

1. 模拟退火算法

模拟退化方法是一种随机性的全局优化方法,其基本思想源于固体的退火过程。其思想最早是由 Metropolis 等于 1953 年提出的,但未受到科学界的足够重视。直到 1983 年,Kirkpatrick 等首先认识到固体退火过程与组合优化问题之间的相似性,给出了一种模拟固体退火过程的迭代算法——模拟退火算法,这一方法才逐渐引起人们的重视,并在解决大规模组合优化问题中获得了成功的应用。

考虑如下的优化问题

$$\min f(\boldsymbol{x}), \boldsymbol{x} \in \boldsymbol{R}^n \tag{10.31}$$

模拟退火方法的基本思想是将优化问题比拟成一个物理系统,将优化问题的目标函数 $f(\boldsymbol{x})$ 比拟成物理系统的能量 $E(\boldsymbol{x})$,模拟退火方法从某一较高的初始温度 $T_0 > 0$ 开始,通过模拟物理系统逐步降温以达到最低能量状态的退火过程来获得优化问题的全局最优解。模拟退火算法的基本步骤可概述为:

(1) 任给初始点 $\boldsymbol{x}^{(0)}$,足够大的初始温度 $T_0 > 0$,令 $\boldsymbol{x}^{(i)} = \boldsymbol{x}^{(0)}$, $k = 0$,计算能量值 $E(\boldsymbol{x}^{(0)})$。

(2) 若在该温度下达到内循环停止条件,则转第 3 步;否则从邻域 $N(\boldsymbol{x}^{(i)})$ 中随机选取一个解 $\boldsymbol{x}^{(j)}$,计算能量差 $\Delta E_{ij} = E(\boldsymbol{x}^{(j)}) - E(\boldsymbol{x}^{(i)})$,若 $\Delta E_{ij} \leq 0$,则令 $\boldsymbol{x}^{(i)} = \boldsymbol{x}^{(j)}$;否则若 $p = \exp(-\Delta E_{ij}/T_k) > \eta$ (η 为 $(0,1)$ 上均匀分布的随机数),则令 $\boldsymbol{x}^{(i)} = \boldsymbol{x}^{(j)}$,重复第 2 步。

(3) 置 $T_{k+1} = d(T_k)$, $k = k + 1$;若满足结束准则,则计算结束;否则返回第 2 步。其中 $d(T_k)$ 为降温方式。

上述算法常称为经典模拟退火方法(简称 CSA),下面介绍其改进型算法。考虑如下的简单约束优化问题

$$\begin{aligned} &\min \quad f(\boldsymbol{x}) \\ &\text{s. t. } \boldsymbol{x} \in [\boldsymbol{x}^D, \boldsymbol{x}^U] \end{aligned} \tag{10.32}$$

式中: $\boldsymbol{x} = (x_1, x_2, \cdots, x_n)^T$; f 为实值函数。

下面给出一种新解产生方法:假设某一状态下决策变量 $\boldsymbol{x}$ 取值 $(x_1, x_2, \cdots, x_n)^T$;从当前解 $\boldsymbol{x} = (x_1, x_2, \cdots, x_n)^T$ 中随机选取一个分量 x_r 产生随机扰动: $x'_r = x_r + \text{rand.scale.}(x_r^U - x_r^D)$,然后进行边界处理得到新解

$$x_r^N = \begin{cases} x_r^U - (x_r^D - x'_r) & (x'_r < x_r^D) \\ x'_r & (x_r^D \leq x'_r \leq x_r^U) \\ x_r^D + (x'_r - x_r^U) & (x'_r > x_r^U) \end{cases} \tag{10.33}$$

这样处理之后,任意两个可行解满足互为临近解或互不为临近解的条件,

即每个点(包括边界点)的邻域规模相同,新解的产生概率相同,保证了算法要求的收敛性条件;同时,产生随机扰动的分量随机选取。因此,改进后的模拟退火算法实现步骤为:

(1)设定初始温度 T_{max},每个温度下迭代次数 L_{max},邻域规模因子 scale,温度下降因子 dt。

(2)随机产生初始解 $\boldsymbol{x}^0 = (x_1^0, x_2^0, \cdots, x_n^0)^T \in [\boldsymbol{x}^D, \boldsymbol{x}^U]$,计算目标函数值 $fun^0 = f(\boldsymbol{x}^0)$。

(3)判断是否满足终止条件,若满足,则结束;否则,令 $T = T \cdot dt, L = 1$,转入(4)。

(4)从 $\{1, 2, \cdots, n\}$ 中随机选取一个数 r,使 $\boldsymbol{x}^0$ 中第 r 个变量产生随机扰动:$x_r = x_r^0 + rand \cdot scale \cdot (x_r^u - x_r^d)$,其中 rand 为 -1 到 1 之间一个随机数。如果 x_r 超出上下边界,则按式(10.33)进行边界处理,从而得到一个新解 $\boldsymbol{x}(x_1, x_2, \cdots, x_n)$,计算新解的目标函数 $fun = f(\boldsymbol{x})$。

(5)计算目标函数 $Df = fun - fun^0$,根据 Metropolis 法则,判断是否接受新解。若接受,则令 $\boldsymbol{x}^0 = \boldsymbol{x}, fun^0 = fun$,转入(6);否则转入(4)。

(6)若满足 $L < L_{max}$,转入(3),否则令 $L = L + 1$,转入(4)。

在第 5 步中,根据 Metropolis 法则,判断是否接受新解指:若 $Df \geq 0$,则接受新解;否则,若 $p = \exp(-Df/T) > \eta$(η 为 $(0,1)$ 上均匀分布的随机数),则接受新解。

该算法有以下几个可调参数,分别为:

(1)初始温度 T_{max}:主要根据目标函数差来确定,保证初始接受率足够高即可。

(2)终止条件:在最优解未知的情况下,终止条件比较难确定,一般采取两种准则:一是给定终止温度;二是连续多次降温,能量函数值不再下降。

(3)温度下降因子 dt:一般取 $0.95 \sim 0.98$。

(4)同一温度迭代次数 L_{max}:L_{max} 选取与问题规模和解空间大小有关。

(5)邻域规模因子 scale:邻域规模因子与解空间来的规模具有直接关系。

2. 罚函数法

罚函数法是应用最广泛的一种求解非线性规划问题的数值解法。罚函数的基本思想是将有约束的最优化问题通过罚因子的选择分解为一系列求罚函数极小值的问题,从而将原问题转化为一系列无约束极值问题。

对优化问题

$$\begin{aligned} &\min \quad f(X) \\ &s.t. \quad g_i(X) = 0 \quad (i = 1, 2, \cdots, m) \end{aligned} \qquad (10.34)$$

第 10 章
远程火箭弹道设计及其面向对象建模

罚函数是将原目标函数 $f(\boldsymbol{X})$ 变为一个增广目标函数,称为罚函数 P,如下所示:

$$P(\boldsymbol{X},m_k) = f(\boldsymbol{X}) + m_k \sum_{i=1}^{m} [g_i(\boldsymbol{X})]^2 \qquad (10.35)$$

式中:m_k 是一个很大的正数,称为罚因子。当 $g_i(\boldsymbol{X}) \neq 0$ 时,即不满足等式约束时,罚函数的值 $P(\boldsymbol{X},m_k)$ 将非常大,只有当 $g_i(\boldsymbol{X}) = 0$ 时,罚函数 P 才等于原函数 $f(\boldsymbol{X})$,$m_k \sum_{i=1}^{m}[g_i(\boldsymbol{X})]^2$ 称为惩罚项。

求 $P(\boldsymbol{X},m_k)$ 的极小值是一个无约束的最优化问题

$$\min P(\boldsymbol{X},m_k) = \min \left\{ f(\boldsymbol{X}) + m_k \sum_{i=1}^{m} [g_i(\boldsymbol{X})]^2 \right\} \qquad (10.36)$$

它等价于求原函数 $f(\boldsymbol{X})$ 在等式约束 $g_i(\boldsymbol{X}) = 0$ 下的最优化问题。通过上述转化,可以将优化问题中严格的等式约束转化为无约束问题进行处理;当然,对于违反一般约束的解,也可以对其施加"惩罚",使目标函数明显增大,从而使优化搜索方向向可行域内移动。

罚函数的思想对处理具有复杂约束的弹道优化设计问题是非常有效的,因为这类问题的可行解范围一般是未知的,而且解空间也不大,采用这种方法可以使算法尽快收敛至可行解空间,提高了优化搜索效率。

10.3.3 仿真算例

假设发射点地理经度 $\lambda_0 = 102.000°$,地理纬度 $B_0 = 28.000°$,地表垂直高度 $H_0 = 0\mathrm{m}$。采用某型带助推三级运载火箭相关参数作为仿真数据。

以火箭运载能力最大为优化目标,等价于星箭分离时刻三级剩余推进剂质量最大。优化算法选择自适应模拟退火算法,是一种全局优化算法。经过优化可得到满足约束条件的最优弹道。根据优化结果,表 10.3 给出了主要过程约束复算设计结果,表 10.4 给出了基于优化方法的入轨参数复算结果。

表 10.3 主要过程约束复算结果

参数名称	符号/单位	设计结果	上限
法向过载	n	7.0×10^{-5}	1.0×10^{-4}
最大动压	$q_{\max}(\mathrm{N/m^2})$	2.7×10^{-4}	3.0×10^{4}

由表 10.3 可以看出,在发射轨道优化过程中设置的主要 2 个约束条件均能得到满足,证明了优化方法的可靠性。

表 10.4 基于优化方法的入轨参数复算结果

参数	符号/单位	下边界	设计结果	上边界
半长轴	$a(\text{km})$	24465.0	24472.49	24480
偏心率	e	0.60	0.73	0.80
轨道倾角	$i(°)$	25.0	27.18	30.0
近地点角距	$\omega(°)$	175.0	179.38	185.0

由表 10.4 可以看出,优化后得到的入轨参数值均满足约束条件,下面将优化后的推进剂剩余量与优化前的值进行比较,如表 10.5 所示。

表 10.5 推进剂剩余量的优化结果比较

参数名称	单位	优化前	优化后	增加值
推进剂剩余量	kg	401.65	560.04	158.39

由表 10.5 可以看出,通过优化,主动段关机点推进剂增加了 158.39kg,优化效果十分明显。

从衡量火箭运载能力角度来看,增加的剩余推进剂是不被消耗的,这部分"干重"可以作为富余的有效载荷质量,即发射同样的轨道,运载火箭可以多携带的载荷质量,等价于火箭运载能力提升了 158.39kg,这对后续的发射任务规划是十分有意义的。

图 10.10 给出了通过优化方法得到的各级程序角与牛顿迭代法设计程序角的比较结果。

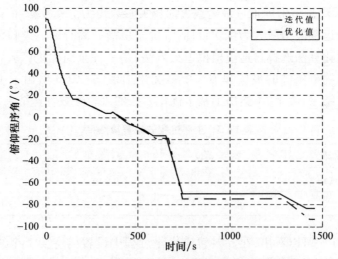

图 10.10 基于优化方法的俯仰程序角设计结果

由图 10.10 可以看出，对一级俯仰程序角，两种方法的设计结果相差不大，从二级开始，两种方法的设计结果逐渐有区别，这也说明对三级推进剂剩余量影响较大的是二、三级发射轨道，尤其是三级发射轨道。

10.4 弹道设计及优化的面向对象建模

10.4.1 弹道设计与优化类体系

图 10.11 给出了弹道设计与优化的类体系。弹道设计与优化的类体系包括设计与优化算法类、局部设计与优化算法类、全局设计与优化算法类、基于牛顿迭代算法类、模拟退火算法类、罚函数算法类、通用方程类、弹道方程类、运行导弹类、运行运载火箭类、弹道优化运行类等，其中设计与优化算法类是一个抽象类，为弹道设计与优化建模提供统一接口，分为局部设计与优化算法类和全局设计与优化算法类。

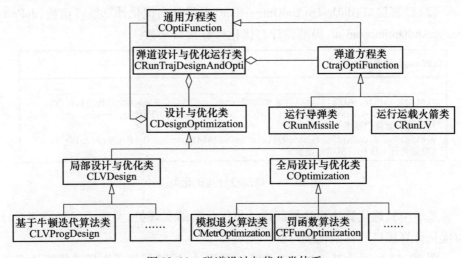

图 10.11　弹道设计与优化类体系

图 10.12 所示为设计与优化类，描述了设计与优化类的主要属性和主要操作，它的主要操作有：

（1）初始化：Init，初始化函数。初始化通用方程和方程计算设计与优化参数。

（2）设计与优化计算：doDesignAndOptimizionCal，设计与优化计算计算接口函数。根据输入参数进行局部设计与优化或者全局设计与优化。

```
CDesignOptimization(设计与优化类)
----------------------------------------
COptiFunction *pOptiFunction;(通用方程指针对象)
virtual int Init(COptiFunction *pOptiFunction, void *pparam);(初始化函数)
virtual void doDesignAndOptimizionCal(std::string OutPutDir, void* res);(设计
与优化计算接口函数)
```

图 10.12　设计与优化类设计

10.4.2　局部设计与优化类

局部设计与优化类是一个抽象类,为局部设计与优化建模提供统一接口。局部设计与优化主要是实现了父类(设计与优化类)的接口,并提供局部设计与优化计算接口。

图 10.13 所示为局部设计与优化类设计,描述了局部设计与优化类的主要属性和主要操作,它的主要操作有:

(1)初始化:Init,初始化函数。

(2)计算接口:doDesignAndOptimizionCal,设计与优化计算接口函数;doPartDesignAndOptimizionCal,局部设计与优化计算接口函数。

```
CLVDesign(弹道设计类)
----------------------------------------
virtual int Init(COptiFunction *pOptiFunction, void *pparam);(初始化函数)
virtual void doDesignAndOptimizionCal(std::string OutPutDir, void* res);(设计
与优化计算接口函数)
virtual void doPartDesignAndOptimizionCal(std::string OutPutDir, void* res);
(局部设计与优化计算接口函数)
```

图 10.13　局部设计与优化类设计

基于牛顿迭代算法类是局部设计与优化类的实现类,实现了父类局部设计与优化计算接口和初始化接口。

图 10.14 所示为基于牛顿迭代算法类设计,描述了基于牛顿迭代算法类的主要属性和主要操作。它的主要操作有:

(1)初始化:Init,初始化函数。

(2)计算接口:doPartDesignAndOptimizionCal,局部设计与优化接口函数。

(3)计算函数:Get_NewParam,牛顿迭代法计算新的设计参数函数;Get_PartialDeriva_Richard,理查德外推法求解偏导数函数;Get_Droppoint_Param_By_ThreeStage,根据设计参数调用通用方程计算接口进行计算得到方程计算结果函数等。

```
CLVProgDesign(基于牛顿迭代算法类)
```
```
virtual int Init(COptiFunction *pOptiFunction, void *pparam);(初始化函数)
virtual void doPartDesignAndOptimizionCal(std::string OutPutDir, void* res);
(局部设计与优化接口函数)
int Get_NewParam(double Deriva[], double Delta[], double x[], int n);
(牛顿迭代法计算新的设计参数函数)
int Get_PartialDeriva_Richard(double A0, double DPhi3, double Deriva[], int j);
(理查德外推法求解偏导数函数)
DROPPOINT Get_Droppoint_Param_By_ThreeStage(double A0, double DPhi3, int i);
(根据设计参数调用通用方程计算接口进行计算得到方程计算结果函数等)
```

图 10.14　基于牛顿迭代算法类设计

10.4.3　全局设计与优化类

全局设计与优化类是一抽象类,为全局设计与优化建模提供统一接口。全局设计与优化类主要是提供全局设计与优化计算接口。

图 10.15 所示为全局设计与优化类设计,描述了全局设计与优化类的主要属性和主要操作。它的主要操作有：

(1) 初始化:Init,初始化函数。

(2) 计算接口:doDesignAndOptimizionCal,设计与优化计算接口函数;doOverSituDesignAndOptimizionCal,全局设计与优化计算接口函数等。

```
COptimizationTool(全局设计与优化类)
```
```
virtual int Init(COptiFunction *pOptiFunction, void *pparam);(初始化函数)
virtual void doDesignAndOptimizionCal(std::string OutPutDir, void* res);(设计
与优化计算接口函数)
virtual void doOverSituDesignAndOptimizionCal (std::string OutPutDir, void*
res);(全局设计与优化计算接口函数)
```

图 10.15　全局设计与优化类设计

模拟退火算法类是全局设计与优化类的实现类,它实现了全局设计与优化计算接口。

图 10.16 所示为模拟退火算法类设计,描述了模拟退火算法类的主要属性和主要操作。它的主要操作有：

(1)初始化:Init,初始化函数;Init,初始化函数。

(2)计算接口:doOverSituDesignAndOptimizionCal,全局设计与优化计算接口函数。

(3)优化计算函数:ComputeIndividualFitness,模拟退火算法优化过程中性

能指标计算函数等。

```
CMetrOptimization(模拟退火算法类)
─────────────────────────────────────────────────────────────
virtual int Init(COptiFunction *pOptiFunction, void *pparam);(初始化函数)
virtual void doOverSituDesignAndOptimizionCal(std::string OutPutDir,
 void* res);(全局设计与优化计算接口函数)
int ComputeIndividualFitness(INDIVIDUAL &p);(模拟退火算法优化过程
 中性能指标计算函数)
```

图 10.16　模拟退火算法类设计

罚函数算法类是全局设计与优化类的实现类,它实现类全局设计与优化计算接口。

图 10.17 所示为罚函数算法类设计,描述了罚函数算法类的主要属性和主要操作。它的主要操作有:

(1)初始化:Init,初始化函数。

(2)计算接口:doOverSituDesignAndOptimizionCal,全局设计与优化计算接口函数。

(3)优化计算函数:ComputeIndividualFitness,罚函数算法优化过程中性能指标计算函数等。

```
CFFunOptimization(罚函数算法类)
─────────────────────────────────────────────────────────────
virtual int Init(COptiFunction *pOptiFunction, void *pparam);
 (初始化函数)
virtual void doOverSituDesignAndOptimizionCal(std::string OutPutDir,
 void* res);(全局设计与优化计算接口函数)
int ComputeIndividualFitness(INDIVIDUAL &p);(罚函数算法优化过程中性
 能指标计算函数)
```

图 10.17　罚函数算法类设计

10.4.4　弹道设计与优化运行类

弹道设计与优化运行类是调用设计与优化算法进行弹道规划计算的实现类。

图 10.18 所示为弹道设计与优化运行类设计,描述了弹道设计与优化运行类的主要属性和主要操作,它的主要属性有设计与优化算法类指针对象、弹道方程指针对象。它的主要操作有:

(1)初始化:Init,初始化函数。
(2)计算接口:RunTrajDesignAndOptiCal,弹道设计与优化计算函数。

CRunTrajDesignAndOpti(弹道设计与优化运行类)
CDesignOptimization * pDesignOptimization;(设计与优化算法指针对象) CtrajOptiFunction * ptrajOptiFunction;(弹道方程指针对象)
int Init(void *pparam);(初始化函数) void RunTrajDesignAndOptiCal ();(弹道设计与优化计算函数)

图 10.18　弹道设计与优化运行类设计

弹道设计与优化运行对象弹道规划计算实现流程为:
(1)初始化。弹道设计与优化运行对象调用设计与优化对象初始化函数。
(2)弹道设计与优化计算。弹道设计与优化运行对象调用设计与优化对象的 doDesignAndOptimizionCal(设计与优化计算接口)计算。以调用模拟退火算法类为例,弹道设计与优化对象循环计算的流程包括4个步骤,第一步生成种群,第二步调用弹道方程对象初始化,第三步调用弹道方程对象进行弹道计算,第四步计算种群函数值。

图 10.19 所示为基于模拟退火算法的弹道设计与优化运行对象时序,描述了弹道设计与优化运行对象弹道规划计算的过程。

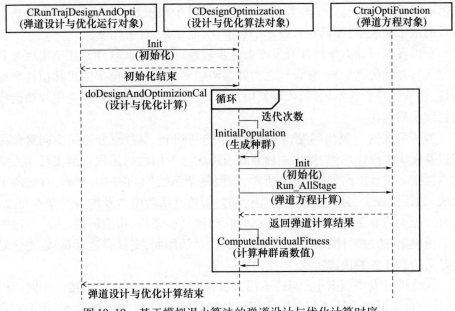

图 10.19　基于模拟退火算法的弹道设计与优化计算时序

第 11 章 远程火箭飞行动力学通用仿真软件设计与开发

11.1 基本设计思想

远程火箭飞行动力学软件是远程火箭动力学理论与工程实践之间的桥梁，可以显著提高航天发射任务分析设计效率和水平。近几十年，国外在航天动力学软件开发方面取得显著进步，开发出了诸如 JAT、STK、Freeflyer、ASTOS 等通用产品。国外的实践表明，功能丰富、科学高效、界面友好的飞行动力学软件，能够有力促进飞行动力学与控制关键技术的进步和积累，提高航天任务分析与设计的水平和效率，推动航天技术的标准化、商业化、自主化发展。

我国在飞行动力学软件开发方面起步较晚，多数仿真软件专注于实现某类特定飞行器的仿真分析，在设计之初并未考虑到底层逻辑框架的可移植性和通用性，使软件维护成本较高，代码复用性较差，不利于软件的拓展应用和功能模块持续积累迭代。

为了解决这一突出问题，在前面各章的基础上，本章充分运用面向对象编程以及模块化设计思想，提出一种兼顾通用性与专用性的远程火箭飞行动力学仿真框架。设计思路如图 11.1 所示，按照复杂系统"自顶向下分解，自底向上集成"的建模理念，分析远程火箭飞行动力学仿真活动中涉及的各类基本对象，结合远程火箭等飞行器软硬件体系结构，构建要素完备、功能解耦、接口规范的计算模块集，通过对计算模块"搭积木"式的灵活编配，支撑弹道计算、轨迹规划等各类仿真任务的快速实现。

该软件开发中，相同功能的不同方法将被实现，且被封装为接口相同的组件，用户可根据需求选择相应的一组组件协同完成特定的仿真任务，真正实现任务驱动模式下"场景+对象"自由组合的仿真环境。同时，基于组件的开发方法保证了软件代码的可复用性、可扩展性,能够帮助软件功能不断完善,提升软件开发效率,增强软件可维护性。

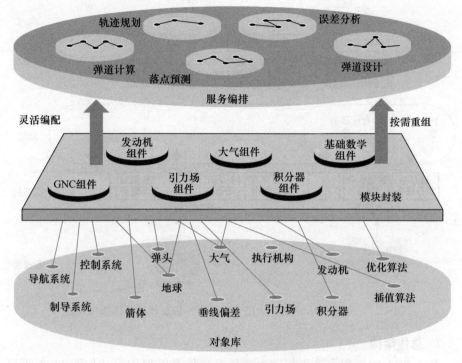

图 11.1 远程火箭飞行动力学仿真软件设计思路

11.2 软件设计方案

11.2.1 软件架构设计

软件架构包括软件各组成单元的结构、关系,以及制约它们的设计原则与指南,是软件开发人员对系统进行设计的依据。远程火箭动力学仿真软件开发中特别关注软件的模块复用性、应用灵活性和可拓展性,在充分考虑当前分层架构、管道架构、面向服务架构、微服务架构等主流架构风格特点的基础上,优选面向服务架构(SOA)作为本软件的基本架构。SOA架构的最大优点是其针对业务所具有的适配性、灵活性、可重构性等,而这正是开发远程火箭飞行动力学软件所期望达到的主要目标。

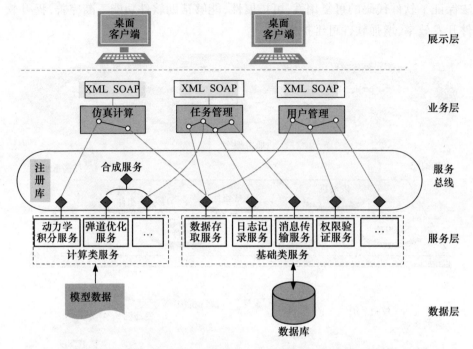

图 11.2 基于 SOA 的远程火箭飞行动力学仿真软件总体架构设计

1. 总体架构

基于 SOA 的远程火箭飞行动力学仿真软件总体架构设计如图 11.2 所示。软件架构由展示层、业务层、服务层和数据层组成。软件架构各层说明如下。

1) 展示层

展示层主要面向用户,为用户提供交互操作界面,主要实现业务层所有任务的交互操作和结果呈现。

2) 业务层

业务层涵盖远程火箭飞行动力学仿真软件的所有功能,包括想定配置、任务管理、数据管理、组件管理、数据可视化显示等业务。如果服务层是积木,业务层就是对这些积木的搭建。通过对服务层中提供的服务组件进行合理编排,实现具体的功能。

3) 服务层

服务层是软件的核心层,主要为用户提供各项服务,包括仿真计算服务、任务管理服务、组件管理服务、数据管理服务等。仿真计算服务是本软件设计的核心部分,由轨迹递推、导航、制导、控制、优化等一些核心服务组件组合而成,核心服务组件又由粒度更小的基础服务组件组合而成,这种模块化的设计方式可保障用户自由选择基础组件来执行某一类仿真任务,是实现任务驱动模式下"场景+对象"自由组合式仿真框架的关键支撑。

关于仿真计算服务的组件化设计在11.2.2节有更加详细的介绍。

4)数据层

数据层负责对各类数据资源的操作和管理,包括各类任务数据、对象数据、模型数据、仿真数据、用户数据、日志数据等。这些数据主要存储在数据服务器中。

2. 部署架构

远程火箭飞行动力学仿真软件涉及大量计算任务,因此主要考虑"C/S + 分布式"部署架构。如图 11.3 所示,客户端主要包括可视化子系统,用于实现任务管理、组件管理、数据管理和结果呈现。对于客户端界面程序的开发,使用 Qt 进行开发,有利于跨平台使用。

服务端部署在远端或云端,主要提供计算服务和数据库服务,用于各种计算服务的高效执行和各类仿真数据的管理,同时采用分布式架构部署多台服务器,便于开展大规模并行计算。

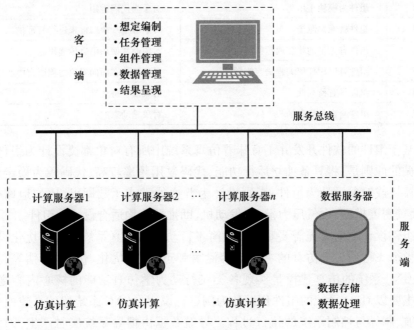

图 11.3 部署架构

11.2.2 服务组件设计

组件设计的目的是实现代码复用和模块化编程,提供用户根据需要可自由搭配功能模块的能力。设计内容是将具备独立计算功能的对象按照一定规范进行封装,或将几个相互关联的对象打包为一个具备独立计算功能的模块并进行封装,形成功能覆盖全面、接口规范的基础功能组件。类似螺丝、齿轮等零部件是构成复杂机械结构的基本组成单元,软件基础功能组件也是实现远程火箭复杂动力学系统仿真任务的基本组成单元,有了这些组件,用户便可根据不同仿真任务流程,灵活对基础组件进行组合,以便快速实现特定任务功能。通过对基础功能组件的体系化、标准化设计,确保远程火箭飞行动力学仿真软件的通用性、易拓展性和可复用性,有效降低软件开发难度。

对于实际开发人员,需要区别组件与对象之间的差别,如表 11.1 所示,一个组件可以包含一个或多个对象,组件服务一般以动态链接库的形式存在。

表 11.1 组件和对象的区别

序号	组件	对象
1	组件可以由一个类构成,也可以由多个类组成,或者是一个完整的应用程序	对象是某一个类的实例化
2	组件为模块重用	对象为代码重用
3	组件就像黑匣子	对象通过一个白框来进行特征描述
4	组件有大量的相互通信机制	对象通常使用消息传递机制
5	组件可以用任何编程语言实现	对象只能在面向对象编程语言中实现
6	组件具有持久性	对象没有持久性
7	组件通常是静态的	对象是动态的

基于组件的软件开发并不意味着仿真系统中所有对象都要设计为组件,这里遵循的原则是:将具备独立运行功能、代码复用频率较高、代码较为稳定且复杂的模块或对象设计为组件;否则设计为普通的类或函数即可,比如地球引力场、大气密度模型、大气压力模型、发动机、助推器等均适合设计为组件。

组件设计之前首先需要对远程火箭飞行动力学仿真系统进行模块化设计。远程火箭飞行动力学仿真的主要内容涵盖弹道设计、优化、仿真、评估等,其中针对 GNC 系统的仿真建模是实现各类飞行动力学仿真功能的核心内容之一,下面主要以 GNC 系统的组件化设计为例进行说明。GNC 系统的仿真建模即模拟导航、制导与控制系统的执行过程。导航数据由惯导系统实时产生,因此基于导航数据的飞行仿真常见于实物仿真或半实物仿真中。日常应用更多的则是基于动力学模型的飞行仿真,依托轨道或弹道递推来获取导弹当前位置、速度、姿态等状态信息,这种仿真模式常见于火箭发射任务设计、弹道误差分析、可达域分析、残骸落区分析等场景。不管是导航系统实时提供导航数据,还是通过动力学积分获取火箭当前状态数据,均是为制导和控制系统提供数据,实现对远程火箭的动态控制,直至控制火箭达到预期终端状态要求。

结合以上分析可知远程火箭 GNC 仿真系统主要由导航定位模块、轨迹递推模块、制导模块和控制模块四大功能独立的模块组成,它们之间的关系如图 11.4 所示。

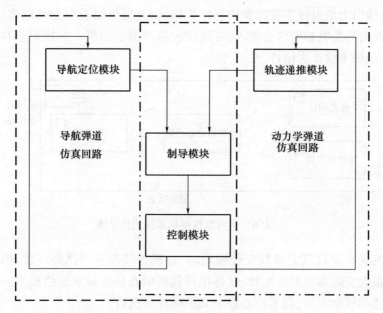

图 11.4　远程火箭 GNC 仿真模块组成及其关系

1. 导航定位模块

在远程火箭飞行动力学仿真中,导航定位模块为独立运行模块,因此适合设计为组件。导航定位模块实时为远程火箭等飞行器提供状态信息,图 11.5 展示了几种常见导航定位组件集,包括平台惯性导航系统、捷联惯性导航系统等纯惯性导航系统,也存在惯性导航与其他导航方式相结合的组合导航模式。

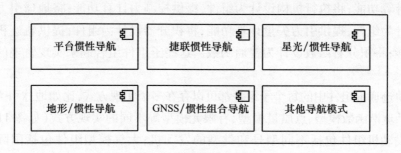

图 11.5　导航定位组件集

软件开发实践中,不同导航定位模型应具有相同的外部接口。以平台惯性导航模型为例(如图 11.6 所示),主要设计两个外部接口,一个为请求接口(required interfaces),需要获取导航积分初值;另一个为提供接口(provided interfaces),用于输出实时状态信息。该组件是由 3 个功能独立的子组件组合而成,即平台 IMU 组件、地球引力场组件和积分器组件,IMU 组件提供视加速度、角加速度;地球引力场组件需要位置信息作为输入,并提供当前引力矢量值;积分器组件需要火箭发射初值作为输入,并提供火箭当前状态值。导航积分右函数功能简单,一般不设计为组件。

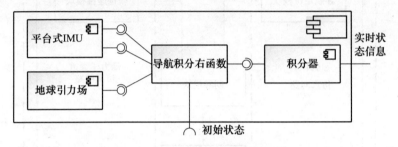

图 11.6 平台惯性导航系统组件结构

开发者在设计其它导航定位模块时,应确保外部接口严格一致,但内部子组件可根据实际需求灵活配置,这样用户就能结合任务要求像搭积木一样灵活选择合适的导航方案,而不担心影响其他模块的执行。

2. 轨迹递推模块

图 11.7 展示了轨迹递推组件结构。轨迹递推功能的实现需要多个计算模块的协同配合,主要包括推力计算模块、气动力计算模块、控制力计算模块、引力计算模块、积分器等。考虑到各模块的工作独立性,以及通用性和复用性需求,将发动机对象、助推器对象、大气压力模型对象分别设计为组件,并提供推力计算功能;将大气密度模型对象、箭体对象分别设计为组件,并协同提供大气阻力计算功能;将执行机构设计为组件,提供控制力计算功能;将地球引力场对象设计为组件,提供引力矢量计算功能;将积分器设计为组件,提供轨迹积分计算功能;将积分右函数设计为普通函数。这些子组件组合起来实现轨迹的单步积分。

轨迹递推组件中的每个子组件都可以存在多个实现方式,比如地球引力场组件包括球谐函数模型、点质量模型、有限元模型等不同的实现方式(如图 11.8 所示);发动机组件包括不同型号和类型的发动机;大气模型组件包括国际标准 1976 大气模型、HarrisPriester 大气模型等;执行机构包括气动舵、栅格舵、遥摆

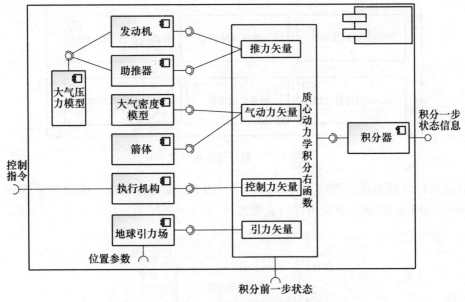

图 11.7 轨迹递推组件结构

发动机等;积分器包括欧拉积分、龙格库塔积分等。这些子组件有相同的外部接口,因此可以自由替换,实现不同类型的仿真任务。

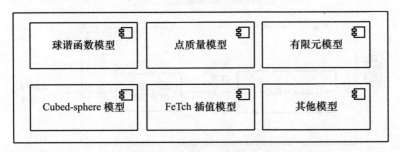

图 11.8 地球引力场组件集

3. 制导模块

制导模块的核心是制导算法。火箭实际飞行中制导算法由箭载计算机实施计算,是基于火箭实时状态信息、测量信息及其他先验信息在线计算制导指令一类算法。如图 11.9 所示,远程火箭常用的制导算法包括闭路制导算法、摄动制导算法、预测校正制导算法、Lambert 制导算法、E 制导算法及其他制导算法等。

不同制导算法组件的外部接口一致,即包含一个请求接口和一个提供接口,用于接收导航定位组件提供的状态信息,并输出制导指令信息。不同制导

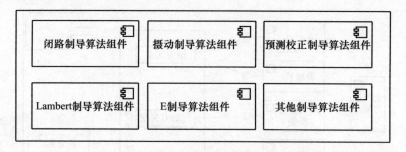

图 11.9　制导算法组件集

算法组件内部实现流程均不同,图 11.10~图 11.12 分别展示了摄动制导、Lambert 制导和闭路制导算法组件的实现细节。

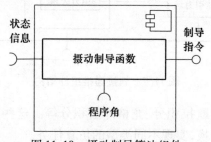

图 11.10　摄动制导算法组件

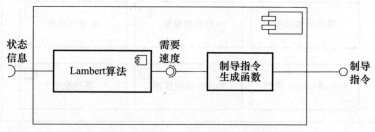

图 11.11　Lambert 制导算法组件

4. 控制模块

火箭控制系统是火箭自动稳定和控制火箭绕质心运动的弹上整套装置,主要由控制指令计算模块和执行机构组成。其主要功能是:在各种干扰情况下,稳定火箭姿态,保证火箭飞行姿态角偏差在允许范围内;根据制导指令,控制火箭姿态角,以调整火箭的飞行方向,修正飞行轨迹,使火箭准确满足终端状态要求。

图 11.13 展示了基于 PID 控制器的控制系统组件。控制系统组件实时获取火箭姿态信息和制导指令,通过 PID 控制器实时计算控制指令并驱动执行机构工作,用于火箭姿态稳定和姿态控制。

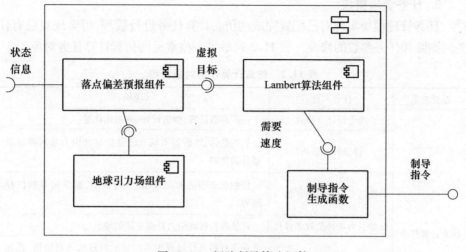

图 11.12　闭路制导算法组件

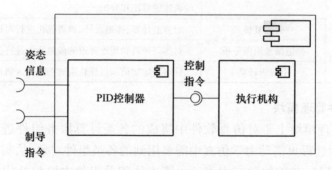

图 11.13　PID 控制系统组件

11.2.3　功能模块设计

软件设计了想定编配、任务管理、组件管理、数据管理等功能模块。

1. 想定编配模块

按照任务驱动模式下"场景 + 对象"自由组合的仿真运行框架构想设计想定编配模块的主要功能。想定编配用于新建计算任务,软件提供向导式新建任务功能,可直接在任务管理模块维护的任务数据库中选择已有任务,也可以重新建立全新的任务。新建任务主要是按照任务流程在组件管理模块维护的组件库中自由选择所需要的组件,并配置各组件对应的参数。完成想定编配后,将任务执行所需要的组件添加到一个组件容器中,形成一个仿真单元,即可通过远程服务器进行仿真计算。

2. 任务管理模块

任务管理模块实现对已配置完成的仿真计算任务进行管理,可实现对已有任务的删除和任务参数的修改。表 11.2 列举了一些常见的仿真计算任务对象。

表 11.2 仿真计算任务对象介绍

系统对象	任务名称	说明
仿真计算任务	弹道设计与仿真	包括弹道计算、弹道设计、弹道优化等
	弹道特性分析	利用数值、解析等不同方法分析扰动引力场对弹道及制导的影响
	扰动引力场模型评估	评估扰动引力标准模型、重构模型、垂线偏差数值模型等
	扰动引力场补偿效果评估	评估各种扰动引力补偿方法的效果
	弹道预报	在飞行器飞行过程中实时显示经过的飞行轨迹,并预报未来一段时间的飞行轨迹,可实现实时飞行轨迹和理论轨迹的对比和分析
	弹道复核	对弹道计算、弹道设计、弹道优化进行对比和分析
	弹道偏差原因分析	对实时弹道和理论弹道的偏差原因进行分析
	上面级计算	针对给定轨道和目标轨道进行制导入轨计算

3. 组件管理模块

组件管理模块主要对仿真软件中集成的各类计算服务组件进行管理。表 11.3 所示为远程火箭动力学仿真中需要用到的各类组件对象,从实际出发分为火箭本体、环境、基础数学三大类。火箭本体相关组件主要包括构成火箭本体的各实体要素,比如箭头、箭体、发动机、执行机构、助推器、导航系统、制导系统、控制系统等;环境相关组件包括大气、引力场、高空风场等与火箭运动存在相互作用的环境实体;基础数学相关组件涵盖所有火箭飞行动力学仿真计算中的基础数学运算,比如插值、积分、优化、坐标转换等。

表 11.3 远程火箭飞行动力学仿真组件

序号	类型	名称	组件名	请求接口	提供接口
1	火箭本体	箭头	CRockeHeadItem	—	1. 返回状态参数 2. 返回尺寸参数 3. 返回姿态参数 4. 返回气动系数参数 5. 返回质量参数 6. 返回转动惯性参数

续表

序号	类型	名称	组件名	请求接口	提供接口
2	火箭本体	箭体	CRocketBodyItem	—	1. 返回状态参数 2. 返回尺寸参数 3. 返回姿态参数 4. 返回气动系数参数 5. 返回质量参数 6. 返回转动惯性参数
3	火箭本体	发动机	CEngineItem	1. 开机指令 2. 关机指令 3. 大气密度	1. 返回推力值 2. 返回质量秒耗量
4	火箭本体	助推器	CBoosterItem	1. 开机指令 2. 关机指令 3. 大气密度	1. 返回推力值 2. 返回质量秒耗量
5	火箭本体	导航系统	CNavigationSystemItem	初始状态	1. 返回状态参数 2. 返回姿态参数
6	火箭本体	制导系统	CGuidanceSystemItem	状态信息	返回制导指令
7	火箭本体	控制系统	CControlSystemItem	1. 状态信息 2. 制导指令	1. 返回控制力 2. 返回控制力矩
8	环境	正常地球	CNormalEarthItem		返回正常椭球参数
9	环境	地球引力场	CEarthGravFieldItem	正常地球参数	返回引力矢量
10	环境	日月引力场	CSunMoonGravFieldItem	日月星历信息	返回日月引力矢量
11	环境	地球大气	CAtmosModelItem	—	1. 返回大气密度 2. 返回大气压力
12	环境	高空风场	CWindFieldItem	—	返回风场强度
13	基础数学	积分算法	CIntegralItem	积分右函数	积分结果
14	基础数学	插值算法	CIntepolationItem	—	返回插值结果
15	基础数学	坐标转换	CCoordinateItem	1. 正常地球参数 2. 发射点参数	返回坐标转换结果
16	基础数学	优化算法	COptimizationItem	1. 优化目标参数 2. 优化函数 3. 约束函数	返回优化算法结果

4. 数据管理模块

数据管理模块用于对想定数据、对象数据、任务计算结果数据等进行管理，提供这些数据的导入、导出、新建、编辑、删除等操作。其中，数据编辑可针对不同对象提供不同的编辑模式。

想定是一组相关联的对象、任务的组合,将相关联的数据对象及具体任务组合在一起,以达到实际完成某个计算、分析任务的目的。想定数据管理主要实现以下功能:新建想定数据、删除想定数据、编辑/保存想定数据、导入/导出想定、想定内导入/导出任务、想定内新建/删除任务。

为了方便数据的生成、使用及复用,系统根据数据特点及面向对象原则将数据划分成不同类型的对象,并提供对象的数据管理功能,包括如下对象数据管理功能:火箭对象数据管理、发动机对象数据管理、气动模型对象数据管理、GNC 对象数据管理、环境对象数据管理等。

以火箭对象为例,数据管理包括各子级参数及上面级参数,同时也提供火箭型号管理功能。火箭数据具体包含总体、发动机、气动模型及 GNC 等数据。为了方便数据的管理及复用,将发动机、气动模型及 GNC 数据作为单独对象进行管理,火箭对象可以与这些对象进行关联,即用户可以灵活配置,选择不同的发动机、气动模型及 GNC 数据。

11.2.4 运行流程设计

软件采用任务驱动模式下"场景 + 对象"自由组合式的运行框架。在该框架下,场景是指一个计算仿真单元或任务;对象是指为了完成该任务而需要配置的对象,该系统中对象是以组件的形式进行集成和管理的。

基于上述运行框架,该软件的计算任务实现流程是:配置火箭、大气、引力场、制导、控制等组件,使用一个计算任务对象容器来包裹任务对象及其关联的各类组件,形成一个个计算服务。多个计算服务形成计算任务流,分配给计算服务器进行并行计算。软件运行基本框架如图 11.14 所示。

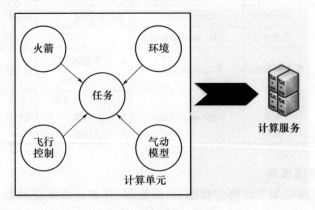

图 11.14 软件运行基本框架

软件采用的"任务驱动"运行模式,可实现根据不同任务的特点,由用户灵活进行对象配置。当所有对象配置完成后,系统将对象与任务共同生成一个计算单元并自动将其提交给计算服务器,计算结束后通过客户端显示窗口进行结果显示,该流程如图 11.15 所示。

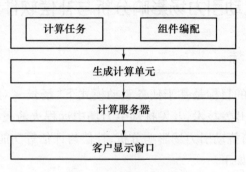

图 11.15　软件运行流程

11.2.5　软件特色

1. 通用性强

通用性主要从 3 个方面来体现。其一,平台采用分层化设计、开发,这是平台通用性的内在体现,也是平台通用性的前提条件;其二,软件服务层的服务具备通用性,因为基于组件的服务为业务层提供了统一规范接口和通信协议,能够适用于不用的应用开发;其三,软件的核心计算功能采用了模块化设计思想,支持固体导弹、液体导弹、各种型号运载火箭、航天飞机等不同飞行器的飞行动力学仿真,可完成弹道仿真、弹道设计、弹道预报、落点预报、误差分析、轨迹规划等多种仿真任务。

2. 拓展性好

拓展性体现在软件架构特性、系统部署及软件核心服务 3 个方面。首先,软件采用面向服务的架构,天然具有高可扩展性;其次,软件采用分布式部署方案,具备计算服务器集群和分布式计算功能,能通过往集群内添加新的计算服务器来横向扩展系统的计算能力,且具备多核自动并行计算的功能,能适应大规模仿真快速计算需求;最后,软件核心服务由功能独立、覆盖全面的组件自由组合而成,用户可结合新的任务需求开发新的组件,实现计算服务的灵活拓展。

3. 支持高效开发

高效性体现在应用开发效率高。软件采用基于组件的开发方法实现类库的封装,天然具有很好的代码复用性和可移植性,这种优点使软件功能可持续积累，不断完善。研究人员只需要关注自己感兴趣的模块，其他通用模块可直接应用已有成果，避免重复编写复杂代码，有助于研究人员快速实现特定功能，有效提升开发效率。

11.3 扰动引力场影响分析与补偿软件设计实例

11.3.1 设计目标

软件系统开发的目标是基于任务驱动模式下"场景 + 对象"自由组合的仿真框架和主流软件开发技术，开发扰动引力场中远程火箭飞行动力学通用仿真软件，实现远程火箭扰动引力场影响分析、补偿与评估等功能。

主要技术要求如下。

(1) 软件接口规范，可扩展性好，操作使用方便；

(2) 软件系统可提供固体弹道导弹、液体弹道导弹、运载火箭的动力学计算功能，并提供外部弹道计算模块的接口；

(3) 具备计算服务器集群和分布式计算功能，能通过往集群内添加新的计算服务器来横向扩展系统的计算能力；

(4) 具备多核自动并行计算的功能；

(5) 具备计算分析报告自动生成功能。

软件应具备的功能如表 11.4 所示。

表 11.4 扰动引力影响分析与补偿软件计算功能

任务	子任务	说明	备注
A. 弹道仿真	A.1 标准条件下的弹道计算	标准条件是指不考虑扰动引力影响，其他本体参数、环境模型参数等均采用标准值	支持并行
	A.2 偏差条件下的弹道计算	支持蒙特卡罗打靶，偏差条件需考虑扰动引力影响，还包括其他本体参数、环境模型等参数的偏差	支持并行，且支持不同扰动引力场计算模型的相互对比
B. 弹道特性分析	B.1 弹道误差传播特性分析	支持单一或综合误差对关机点参数及落点的影响特性分析	
	B.2 扰动引力场对弹道影响特性分析	可同时或分别考虑主动段、被动段扰动引力、初态误差，提供求差法、半解析法、高阶半解析法等选项	

续表

任务	子任务	说明	备注
C. 弹道诸元补偿	考虑扰动引力影响修正的弹道诸元补偿	支持对诸元修正量的快速计算，以及修正后落点精度的计算	
D. 扰动引力场重构模型精度分析	D.1 扰动引力重构模型精度分析	支持对扰动引力有限元重构模型、有限延拓重构模型的精度分析和效率分析	
	D.2 垂线偏差解算模型精度分析	支持对 Stokes–Helmert 等垂线偏差模型的解算精度分析	

11.3.2 实现流程

1. 软件计算流程

该软件的任务计算由多线程完成，计算时根据任务需求启动对应的计算线程，由计算线程执行初始化，并根据任务类型对接口参数进行赋值，最后通过 Thrift 协议调用服务端算法完成计算。任务计算流程如图 11.16 所示。

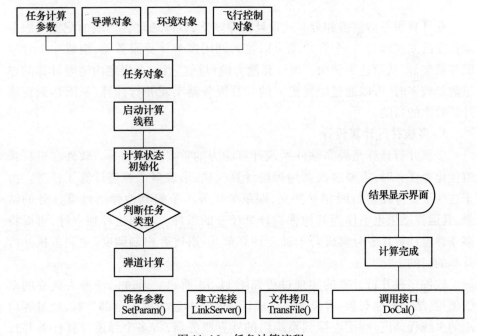

图 11.16 任务计算流程

2. 计算服务器集群和分布式设计

为了实现多用户协同工作和计算效率的提高,软件采用计算服务器集群和分布式设计思想,基本形式如图 11.17 所示。

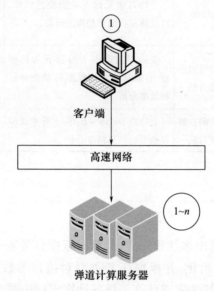

图 11.17　计算服务集群和分布式设计

在计算服务器集群和分布式设计的原则下,软件通过客户端的配置及服务端程序的安装部署,一个客户端可以接入调用多个计算服务器,组成一个计算服务器集群,从而达到横向扩展计算能力的目标。当一个想定内需要计算的弹道数量较多时,可以通过配置更多的计算服务器实现并行计算,从而达到提高计算效率的目的。

3. 多核并行计算设计

多核并行计算是提高软件系统计算能力的重要方式之一。软件在进行弹道优化等任务时,需要多次调用弹道计算模块,形成多个弹道计算子任务。由于这些子任务在运行时相互独立,即单个任务不依赖其他弹道计算任务的结果,其运算结果也不作为其他弹道计算任务的条件。利用这种独立性,可以将多条弹道计算任务分解成若干独立计算单元,通过客户端调度,达到多核并行计算的目的。

软件多核并行计算的实现过程如图 11.18 所示。通过以任务为核心的牵引架构,结合其他对象,客户端将生成计算每条弹道所需的全部参数,通过客户端的多线程调度,利用连接到系统内的计算服务器,将多个弹道计算任务并行地分发到各个计算服务器,对于客户端分发的每个计算请求,服务端都有一个单独的进程进行计算响应，以此实现多弹道的多核并行仿真计算。

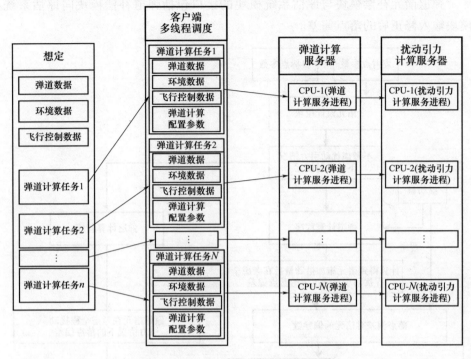

图 11.18　多核并行计算的实现过程

弹道诸元补偿是该软件中比较复杂的一个功能，主要用于实现扰动引力作用下弹道诸元修正量的快速计算和修正后的落点结果输出。

在场景中导入"考虑扰动引力影响修正的弹道诸元补偿"任务后，配置导弹对象、气动模型对象、飞行控制对象和环境对象，形成"诸元补偿计算子任务 + 四个对象"的对象容器；在环境对象中对扰动引力相关参数进行设置，进而生成诸元补偿任务计算单元；由计算服务端进行计算，最后在显示端进行数据、图形化显示。

弹道诸元补偿流程如图 11.19 所示。

弹道诸元补偿模块与弹道计算模块有 3 处交互，分别为：

（1）设计初始诸元时：弹道诸元补偿模块向弹道计算模块输入诸元初始值，弹道计算模块向补偿模块提供落点偏差是否小于设定值的判断；

（2）计算偏导数时：弹道诸元补偿模块向弹道计算模块输入摄动量，弹道计算模块输出落点偏差（纵向、横向偏差）；

（3）计算修正后的落点偏差时：补偿模块向弹道计算模块输入修正后的诸

元,弹道计算模块输出修正后的落点偏差。

弹道诸元补偿模块与评估系统模块的接口包括弹道补偿模块向评估系统模块输入修正后的落点偏差。

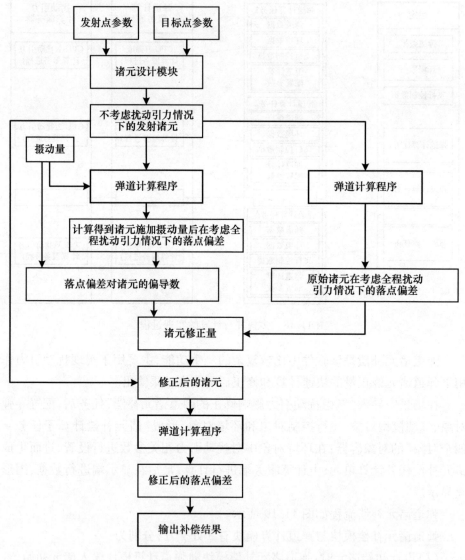

图 11.19　弹道诸元补偿流程

11.3.3　软件界面实现

软件客户端界面采用 Qt 进行开发,以利于软件的跨平台使用。图 11.20 ~

图 11.22 给出了软件的客户端界面,分别为扰动引力软件想定配置界面、扰动引力重构模型精度分析界面和垂线偏差解算精度分析界面。

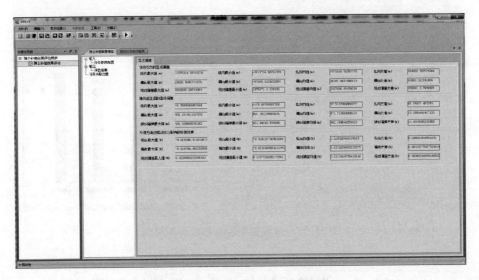

图 11.20　扰动引力软件想定配置界面

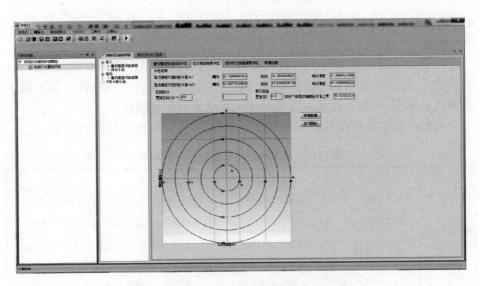

图 11.21　扰动引力重构模型精度分析界面

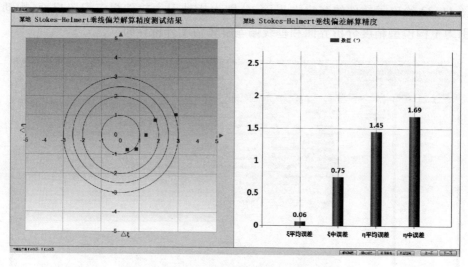

图 11.22 垂线偏差解算精度分析界面

11.4 弹道设计与优化软件设计实例

11.4.1 设计目标

弹道设计与优化软件是以弹道导弹、运载火箭等飞行器为对象,进行可行弹道设计、可达域分析和弹道优化等计算任务的仿真软件。该软件内部集成了多种优化算法,具备对其他飞行器和优化算法进行拓展的接口。

该软件基于通用仿真框架和底层类库,实现的计算功能如表 11.5 所示。

表 11.5 弹道设计与优化软件计算功能

任务	子任务	说明
弹道设计与优化	A.1 弹道计算	根据飞行器初始状态、偏差参数和计算设置参数,计算飞行轨迹
	A.2 弹道设计	根据所给的飞行器参数与约束条件,设计一条可行的飞行轨迹
	A.3 弹道优化	根据优化目标(运载能力、射程等)、优化算法的选择,在轨迹设计的基础上优化得到一条飞行轨迹
	A.4 可达域分析	根据飞行器初始状态和主要参数,计算飞行器的最大可达范围

11.4.2 实现流程

以弹道优化任务为例进行介绍。弹道优化是飞行器动力学仿真领域非常重要的一类计算需求,该软件将多种对象与常见优化算法相结合,形成了一款通用的弹道优化软件。

在场景中导入弹道优化任务后,配置飞行器对象、气动模型对象、飞行控制对象和环境对象,形成"弹道优化子任务+4个对象"的对象容器,进而生成弹道优化计算单元,通过计算服务端进行计算,最后在显示端进行数据图形化显示。

弹道优化流程如图 11.23 所示,该图体现的优化过程以运载火箭运载能力最大为优化目标,通过优化算法寻找火箭的运输能力上限,为实际工程中充分发挥火箭的运载潜力提供支撑。

下面以运载火箭为例说明弹道优化的流程。

(1) 优化任务基本参数设置主要包括 3 类参数,分别是设计参数(如发射点经纬度范围、射向、程序角等设计参数的范围)、约束条件(卫星轨道参数等)、固定参数(火箭弹道计算参数等)。发射点射向参数主要设置发射点的经纬度范围、发射方位角范围,当经度、纬度上下限或方位角上下限为相同值时,表示指定发射点或射向,此时不再优化发射点或射向。

(2) 选择优化目标,软件包括基本的最大射程优化、最大运载能力优化等目标;用户可根据实际需要进行选择,包括对优化目标中相关参数进行设置。

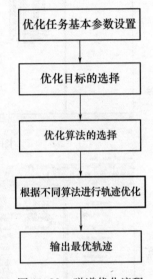

图 11.23　弹道优化流程

(3) 从软件提供的优化算法中选择其中一种优化算法,如遗传算法、多面体算法、梯度算法、模拟退火算法等。

(4) 进入优化计算,这是弹道优化的核心模块,该部分与具体选择的优化算法结合紧密,不同优化算法的程序执行逻辑不同。在弹道优化中,软件可开启多线程计算模式,从而提高优化效率。

(5) 保存优化结果,返回满足约束条件和优化目标的多组弹道和与弹道对应的发射点经纬度、射向、程序角等设计参数的优化结果。

11.4.3　软件界面实现

弹道设计与优化软件采用与扰动引力影响分析与补偿软件相同的风格进行界面设计,图 11.24 和图 11.25 所示分别为运载火箭参数配置界面和优化算法参数配置界面。

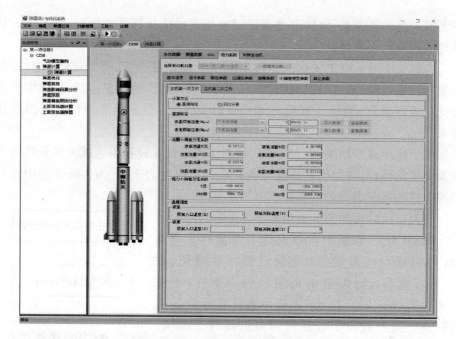

图 11.24 运载火箭参数配置界面

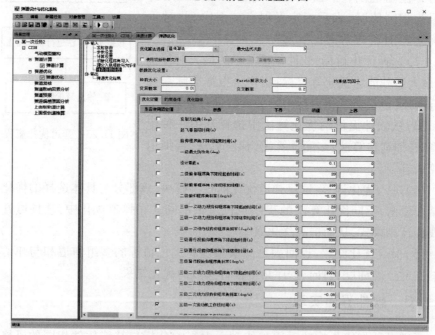

图 11.25 优化算法参数配置界面

参考文献

[1] 贾沛然,陈克俊,何力. 远程火箭弹道学[M]. 长沙:国防科技大学出版社,1997.
[2] 陈克俊,刘鲁华,孟云鹤. 远程火箭飞行动力学与制导[M]. 北京:国防工业出版社,2014.
[3] 龙乐豪,等. 导弹与航天丛书:总体设计(上册)[M]. 北京:中国宇航出版社,2009.
[4] 周浩,陈万春,殷兴良. 高超声速飞行器滑行航迹优化[J]. 北京航空航天大学学报,2006,32(5):513-517.
[5] MORIMOTO H,CHUANG J C. Minimum-fuel trajectory along entire flight profile for a hypersonic vehicle with constraint[C]. Guidance,Navigation and Control Conference and Exhibit(AIAA),1998.
[6] 孙勇,张卯瑞,梁晓玲. 求解含复杂约束非线性最优控制问题的改进 Gauss 伪谱法[J]. 自动化学报,2013,39(5):672-678.
[7] 杨希祥,江振宇,张为华. 基于粒子群算法的固体运载火箭上升段弹道优化设计研究[J]. 宇航学报,2010,31(5):1304-1309.
[8] JORRIS T R,COBB R G. Three-dimensional trajectory optimization satisfying waypoint and no-fly zone constraints[J]. Journal of Guidance,Control and Dynamics,2009,32(2):551-572.
[9] BETTS J T. Survey of numerical methods for trajectory optimization[J]. Journal of Guidance,Control and Dynamics,1998,21(2):193-206.
[10] 雍恩米,陈磊,唐国金. 飞行器轨迹优化数值方法综述[J]. 宇航学报,2008,29(2):397-406.
[11] BENSON D A. A Gauss pseudospectral transcription for optimal control[D]. Cambridge:MIT,2004.
[12] HUL,DAVID G. Conversion of optimal control problems into parameter optimization problems[J]. Journal of Guidance,Control and Dynamics,1997,20(1):57-60.
[13] GARZA D M. Application of automatic differentiation to trajectory optimization via direct multiple shooting[D]. Texas:The University of Texas at Austin,2003.
[14] RAISZADEH B,ERIC M Q. Partical validation of multibody program to optimize simulated trajectories Ⅱ (POST Ⅱ) parachute simulation with interacting forces[R]. NASA,Langley Research Center,Hampton,Virginia,2002.
[15] PATTERSON M A,RAO A V. GPOPS-Ⅱ:A MATLAB software for solving multiple-phase optimal control problems using hp-adaptive Gaussian quadrature collocation methods and sparse nonlinear programming[J]. ACM Transactions on Mathematical Software,2010,41(1):1-37.

[16] DARBY C L, HAGER W W, RAO A V. Direct trajectory optimization using a variable low-order adaptive pseudospectral method[J]. Journal of Spacecraft and Rockets, 2011(48):433-445.

[17] 谢愈,刘鲁华,汤国建,等.多约束条件下高超声速滑翔飞行器轨迹优化[J].宇航学报,2011,32(12):2499-2504.

[18] BOYD S. Vandenberghe. Convex optimization[M]. Cambridge:Cambridge University Press, 2004.

[19] ACIKMESE B, PLOEN S R. Convex programming approach to powered descent guidance for mars landing[J]. Journal of Guidance, Control and Dynamics, 2007, 30(5):1353-1366.

[20] ZHANG Z, LI J, WANG J. Sequential convex programming for nonlinear optimal control problem in UAV path planning[C]. 2017 American Control Conference, 2017.

[21] WANG Z B, GRANT M J. Minimum-fuel low-thrust transfers for spacecraft:aconvex approach[J]. IEEE Transactions on Aerospace and Electronic Systems, 2018, 54(5):2274-2290.

[22] WANG Z B, GRANT M J. Constrained trajectory optimization for planetary entry via sequential convex programming[J]. Journal of Guidance, Control and Dynamics, 2017, 40(10):2603-2615.

[23] 姚雯.飞行器总体不确定性多学科设计优化研究[D].长沙:国防科学技术大学,2011.

[24] 程国采.航天飞行器最优控制理论与方法[M].北京:国防工业出版社,1999.

[25] LI H F, LI Z Y. Indirect method of optimal ascent guidance for hypersonic vehicle[J]. Journal of Astronautics, 2011, 32(2):297-302.

[26] 吕新广,宋征宇.长征运载火箭制导方法[J].宇航学报,2017,38(9):895-902.

[27] CHAILDLER D C, SIMITH I E. Development of the iterative guidance mode with its application to various vehicles and missions[J]. Journal of Spacecraft and Rockets, 1967, 4(7):898-903.

[28] MCHENRY R L, LONG A D, COCKRELL B F, et al. The space shuttle ascent guidance and control[J]. Journal of the Astronautical Sciences, 1979, 27(1):1-38.

[29] 胡德风.导弹与运载火箭制导系统回顾与发展方向设想[J].导弹与航天运载技术,2002(5):44-48.

[30] 王东丽.远程弹道导弹迭代制导方法研究[D].哈尔滨:哈尔滨工业大学,2007.

[31] 沙钰.弹道导弹精度分析概论[M].长沙:国防科技大学出版社,1995.

[32] 陈磊,王海丽,等.弹道导弹显式制导的分析与研究[J].宇航学报,2001,22(5):46-47.

[33] 程国采.运载火箭显式制导方法研究[J].航天控制,1988,3:3-11.

[34] 陈新民,余梦伦.迭代制导在运载火箭上的应用研究[J].宇航学报,2003,24(5):484-485.

[35] 程国采.弹道导弹制导方法与最优控制[M].长沙:国防科技大学出版社,1987.

[36] 赖鹏,危志英,蔡善军,等.导弹用捷联惯导系统加速度计零偏误差校准方案研究[J].战术导弹控制技术,2004,46(3):53-59.

[37] 张鹏飞,王宇,龙兴武,等.加速度计温度补偿模型的研究[J].传感技术学报,2007,20(5):1012-1016.

[38] 刘君,吴晓燕,刘力,等.导弹控制系统设计方法综述[J].战术导弹技术,2013,2:78-81,107.

[39] 吴楠.基于Modelica的弹道导弹控制系统建模与仿真应用研究[D].长沙:国防科学技术大学,2008.

[40] EDWARDS C. A. A practical method for the design of sliding model controllers using linear matrix inequalities[J]. Automatica, 2004, 40(10):1761-1769.

[41] 曹邦武,姜长生.基于回馈递增方法的导弹鲁棒飞行器设计[J].宇航学报,2005,26(2):148-157.

[42] 郑伟.地球物理摄动因素对远程弹道导弹命中精度的影响分析及补偿方法研究[D].长沙:国防科学技术大学,2006.

[43] WERTZ J R,EVERETT D F,PUSCHELL J J. Space Mission Engineering:The New SMAD[M]. Portlan: Microcosm Press,2011.

[44] 罗亚中,孙振江,乔栋. 航天动力学软件发展评述[J]. 力学与实践,2017,39(6):549-560.

[45] 李启军,李云芝. 面向对象技术在火箭动力学仿真建模中的应用研究[J]. 指挥技术学院学报,1999,10(5):65-69;

[46] 陈磊,王海丽,吴瑞林. 面向框架的弹道仿真方法[J]. 系统仿真学报,1999,11(2):101-104.

[47] 罗亚中,唐国金,王峰,等. 运载火箭优化设计通用仿真类库设计与开发[J]. 系统仿真学报,2003,15(7):962-965.

[48] 王华,唐国金. 基于面向对象的 RVD 仿真系统的分析与设计[J]. 计算机仿真,2003,20(5):25-27.

[49] LI H,FENG Z,SHANG S S. Study on object-oriented simulation of flying vehicle[C]. Proceedings of the International Symposium on Test and Measurment,Shanghai,2001.

[50] LI K,SHANG S,LI H,et al. Simulation on the dynamic flying of one antiaircraft missile based on object-oriented[C]. Proceedings of the International Symposium on Test and Measurment,Shanghai,2001.

[51] HINCKEL,Jose. An object-oriented approach to launch vehicle performance analysis[C]. 31st Joint Propulsion Conference and Exhibit,1995.

[52] 姚雯,陈小前,郭忠全. 面向 MDO 的战略导弹动力学仿真通用类库的设计与实现[J]. 导弹与航天运载技术,2007(5):29-33.

[53] 郑伟,汤国建,黄圳圭. 航天动力学的面向对象建模[J]. 系统仿真学报,2001,13(4):423-426.

[54] 郑伟,汤国建,黄圳圭. 受控航天器的通用仿真框架[J]. 航天控制,2001,1:67-70,74.

[55] 郑伟,贾沛然,孟云鹤. 运载火箭动力学的面向对象仿真框架[J]. 系统仿真学报,2002,14(8):1010-1011,1018.

[56] 郑伟,贾沛然,范利涛. 运载火箭动力学通用仿真框架设计[C]. 总装备部第四届飞行力学学术交流年会,南宁,2001.

[57] 刘汉兵,郑伟,陈克俊. 运载火箭动力学与制导通用计算软件的设计与实现[C]. 中国 2004 年飞行力学与飞行试验学术会议,长沙,2004.

[58] 郑伟,汤国建,任萱,等. 飞行器动力学类库的设计与实现[C]. 总装备部第五届飞行力学学术交流年会,大连,2003.

[59] 郑伟,鄢小清. 飞行器动力学面向对象建模中的设计样式[J]. 系统仿真学报,2004,16(8):1627-1629.

[60] 郑伟,周伯昭. 模式切换混合系统的建模与仿真[J]. 飞行器测控技术,1998,17(3):24-27.

[61] 郑伟,周伯昭. 混合系统的面向对象仿真[J]. 系统工程与电子技术,2003,25(3):345-349.

[62] 杨炳尉. 标准大气参数的公式表示[J]. 宇航学报,1983,1:83-86.